世界大学生程序设计竞赛（ACM/ICPC）高级教程
第二册
程序设计中常用的解题策略

吴文虎　王建德　编著

中国铁道出版社
CHINA RAILWAY PUBLISHING HOUSE

内 容 简 介

本书是针对世界大学生程序设计竞赛（ACM/ICPC）而编写的第二本参考书。

ACM/ICPC 是大学生智力与计算机解题能力的竞赛，是世界公认的最具影响力的、规模最大的国际顶级赛事，被称为大学生的信息学奥林匹克。

第一册主要介绍程序设计中解题的常用思维方式。本书是第一册的继续，只是换了一个角度，分 4 方面介绍解题策略：数据关系上的构造策略；数据统计上的二分策略；动态规划中的优化策略；计算几何题的应对策略。

本书面向参加世界大学生程序设计竞赛（ACM/ICPC）的高等院校学生，也可作为程序设计爱好者的参考用书。

图书在版编目（CIP）数据

世界大学生程序设计竞赛(ACM/ICPC)高级教程. 第
2 册，程序设计中常用的解题策略/吴文虎，王建德编著
. —北京：中国铁道出版社，2012.7
　ISBN 978-7-113-14605-4

　Ⅰ.①世…　Ⅱ.①吴…②王…　Ⅲ.①程序设计－竞
赛－高等学校－自学参考资料　Ⅳ.①TP311.1

中国版本图书馆 CIP 数据核字（2012）第 083317 号

书　　名：世界大学生程序设计竞赛（ACM/ICPC）高级教程　第二册　程序设计中常用的解题策略
作　　者：吴文虎　王建德　编著

策划编辑：秦绪好	读者热线：400-668-0820	
责任编辑：翟玉峰		
编辑助理：赵　迎		
封面设计：付　魏		
封面制作：刘　颖		
责任印制：李　佳		

出版发行：中国铁道出版社（100054，北京市西城区右安门西街 8 号）
网　　址：http://www.51eds.com
印　　刷：北京铭成印刷有限公司
版　　次：2012 年 7 月第 1 版　　2012 年 7 月第 1 次印刷
开　　本：787 mm×960 mm　1/16　印张：14　字数：304 千
印　　数：1～4 000 册
书　　号：ISBN 978-7-113-14605-4
定　　价：48.00 元

前 言
FOREWORD

　　ACM/ICPC 是国际计算机协会（Association for Computing Machinery）组织的国际大学生程序设计竞赛（International Collegiate Programming Contest）的英文简称。这项赛事始于 1976 年的计算机学科竞赛，随着信息科技的迅猛发展，世界各国对计算机科学教育重要性的认识日益加深，该项赛事已经演变成为目前规模最大和最具影响力的全球性的高等学校之间的盛会。

　　这项一年一届的赛事从当年的 9 月开始，先进行各大洲地区性的预选赛，从近 2 000 所大学的 8 000 多个参赛队的预选赛中选拔出 100 个左右的队于第二年的春季参加全球总决赛。比赛强调团队精神与合作协同攻关能力，3 个学生组成一个队，共用一台计算机，一起解决 10 道左右的难题。这些题目涉及 Direct（简单题）、Computational Geometry（计算几何）、Number Theory（数论）、Combinatorics（组合数学）、Search Techniques（搜索技术）、Dynamic Programming（动态规划）、Graph Theory（图论）和 Other（其他）。可使用的计算机编程语言为：C++、C、Java 和 Pascal。但 final 赛只可以使用 C 或 C++。

　　赛题特点如下：

　　① 有实际背景，趣味性和实用性较强。

　　② 考查的知识范围比较全面（基础的与深层次的题目都有）。

　　③ 层次性较好，10 道题中会有不同水平的题。

　　④ 灵活、新颖。绝大部分没有固定解法，留有广阔的思维空间，有益于培养学生的创造能力。

　　从历年的赛题看，难度很大，涉及数学、物理、电子学、计算机科学等多种学科，特别是要用到数理逻辑、图论、集合论、组合数学、概率论、计算几何等数学知识和计算机的高效算法。在比赛现场的审题建模、构思算法、编码调试、自我测试、快速纠错的全面能力，对每一个参赛队而言都是巨大的挑战。近年，尽管已是能够进入决赛圈的队，有的也只能解对 11 道赛题中的两三道。

　　ACM/ICPC 这项国际顶级赛事比的是智力和计算机综合解题能力的

高低，赛场是大学生展示水平与才华的大舞台，是著名的高等学府计算机教育成果的直接体现，同时也是 IT 企业与世界顶尖计算机人才对话的最佳机会。因而吸引了越来越多的高校参赛，使得参赛队伍的水平上升很快，赛题的难度也在不断提高。

中国的大学参加这项赛事已有 15 年的历史，现在已有 100 多所学校的几百支队伍参加亚洲区的预选赛，每年都会有 10 多所学校进军总决赛，成绩是很好的。

ACM/ICPC 赛事属于因材施教活动，它是和国际接轨的，学生参加比赛是一个学习、观摩、交流、开阔眼界、考验心理素养和提高竞争能力的过程。特别是在与编程高手过招的时候，可以把知识运用的综合性、灵活性和探索性水平发挥到极致，体验和感受数学思维和算法艺术之美，在实践中提升科学思维能力。

科学思维能力的提高是学生今后成就事业的一个非常重要的因素，我们希望这本书能够对读者有所帮助。

王建德老师与我愉快地合作了 20 年，在本书的策划和写作中，王建德老师一如既往地花费了许多心血，总结出十分精彩的观点和思路。

清华大学的一些选手曾试用和验证过原稿中的某些算法，邓俊辉博士、徐明星博士、邬晓钧博士和朱全民老师对原稿提出过宝贵意见，在此一并感谢。

2009 年本书第一册（共 6 章，即第 1~6 章）出版后，得到许多读者的关怀。这里特别要感谢周广声老师，他对本书第一册中的一些用词和某些基本概念的陈述提出了非常中肯的修改意见。第二册共 5 章，即第 7~11 章。

限于作者的学识和水平，难免还会有疏漏和不足之处，敬请读者提出宝贵意见和建议。

清华大学计算机系教授，博士生导师
原国际信息学奥林匹克中国队总教练

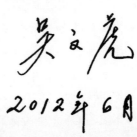

2012年6月

本书导学
ABSTRACT

策略是指把握总体行事的方针，而非具体方法。心理学家认为，在解决问题的过程中，如果主体所接触到的不是标准模式化了的问题，就需要进行创造性的思维，研究解决问题的"策略"。程序设计的解题策略，是指编程解题时所采取的一种基本方略，是带有全局性、概括性、综合性的思路。

思维方式和解题策略是相互联系的。从某种意义上讲，第一册所述的思维方式也是解题策略，而本册所述的解题策略也处处渗透着前述的思维方式。第一册主要是从思维方式的角度谈解题方法，而本册则侧重从行为特征的角度来谈，两册论述的角度有所不同，但目标是一致的。为了使读者对编程解题的策略有一个全面的了解，我们将按照题型和知识的分类，从4个方面加以讨论：

① 数据关系上的构造策略。本册介绍一些特殊类型的树和图：例如在树结构上，探讨树的划分问题、最小生成树、线段树及其扩展形式、伸展树和左偏树。利用这些特殊类型的树可优化存储结构和算法效率。另外，还引进了一种可取代树结构、且不失时空效率、容易编程实现的线性表——"跳跃表"；在图结构上，介绍利用网络流算法、匹配算法、分层图思想、平面图性质和偏序集模型解题的思路和方法，探讨选择图论模型和优化算法的基本策略。

本册在丰富数据结构知识的基础上，围绕如何合理选择数据结构来优化算法的问题，阐述构造数据关系的基本原则和方法。

② 数据统计上的二分策略。在数据统计问题上，将分治思想与相应的数据结构相结合，使得统计过程尽可能模式化，以达到提高效率的目的。

③ 动态规划上的优化策略。决定动态规划时间复杂度有3个因素：状态总数、每个状态转移的状态数、每次状态转移的时间。我们围绕这3方面，讨论优化的思路和方法。

④ 计算几何问题上的应对策略。几何题一般有3种类型：纯粹计算题、存在性问题和最佳值问题。我们结合实例介绍应对每种类型试题的基本策略，其中穿插计算平面多边形、空间长方体、半平面交和最大子矩形的基本方法。

由于读者大都熟悉搜索，况且第一册已经介绍了缩小搜索范围、确定搜索顺序、合理剪枝等优化策略，因此本册略去了对搜索问题的讨论。

我们以上述4个方面为基本构件，介绍了几十种解题策略和重要算法。对每种解题策略和算法的原理进行了必要的分析和证明，定理证明大多采用初等数学的分析方法，公式推导尽可能做到浅显和详细，并给出了计算时间的详细分析。为了帮助读者理解，对其中一些复杂的解题策略和算法附加了图示，使其过程更加具体、直观和形象，每种解题策略和算法都有具体的应用例证。全书共解析了 72 道例题，大部分例题采用"一题多解"、"多向求解"的方式进行解析，并且尽量结合实例讲述一些常用的思维方式和解题策略，以拓宽思路，使读者学会应该怎样应用算法知识来解题，以及应该怎样选择有效的算法。

读者在学习各种解题策略时，需要注意以下 3 个方面的问题：

① 梳理良好的认知结构。注重相关理论的学习，通过不断应用得以强化，形成一个脉络分明、纵横交错的知识网络。同时注意把一些常用的解题技巧和变换方法放在记忆库里，把同类问题"贮存在一起"，使知识条理化。

② 提高解题能力。平时要多看书和多解题，从书中和编程实践中寻找再发现、再创造的契机。既要注意运算结果的正确性，也要注意知识产生的过程性(概念、法则被概括的过程，数据关系被抽象的过程，解题思维被探索的过程)。要细化书本知识，如同电视屏幕中体育大赛的慢镜头式的分解，真正使自己学有所得。

③ 注重解题策略的归类分析。就某个方面的解题策略而言，其形成过程是可以逻辑化、模式化的。因此，要多考虑将解题策略归类，可以选取一些具有代表性例题，进行有系统的、集中的分类解题策略训练，形成一套局部范围内的逻辑化、模式化的解题策略方案。

编程解题离不开解题方法，解题的成功在很大程度上依赖于选择适宜的方法，而最适宜的方法来源于正确的解题策略。

目　录
CONTENTS

第 7 章　利用树状结构解题的策略 1

7.1　解决树的最大—最小划分问题的一般方法 1

7.2　利用最小生成树及其扩展形式解题 8

7.2.1　利用最小生成树解题 10

7.2.2　最小 k 度限制生成树的思想和应用 15

7.2.3　次小生成树的思想和应用 18

7.3　利用线段树解决区间计算问题 20

7.3.1　线段树的基本概念 20

7.3.2　线段树的基本操作 21

7.3.3　应用线段树解题 23

7.4　利用伸展树优化动态集合的操作 27

7.4.1　伸展树的基本操作 27

7.4.2　伸展树的效率分析 30

7.4.3　应用伸展树解题 32

7.5　利用左偏树实现优先队列的合并 33

7.5.1　左偏树的定义和性质 33

7.5.2　左偏树的操作 35

7.5.3　应用左偏树解题 41

7.6　利用"跳跃表"替代树结构 43

7.6.1　跳跃表的概况 43

7.6.2　跳跃表的基本操作 44

7.6.3　跳跃表的效率分析 47

7.6.4　应用跳跃表解题 49

小结 53

第 8 章　利用图形（网状）结构解题的策略 54

8.1　利用网络流算法解题 54

8.1.1　网络与流的概念 54

8.1.2　最大流算法的核心——增广路径 57

8.1.3　通过求最大流计算最小割切 61

8.1.4　求容量有上下界的最大流问题 65

8.1.5　网络流的应用 70

8.2 利用图的匹配算法解题 76

   8.2.1 匹配的基本概念 76

   8.2.2 计算二分图匹配的方法 77

   8.2.3 利用一一对应的匹配性质转化问题 84

   8.2.4 优化匹配算法 87

8.3 利用"分层图思想"解题 94

   8.3.1 利用"分层图思想"构建图论模型 94

   8.3.2 利用"分层图思想"优化算法 96

8.4 利用平面图性质解题 102

   8.4.1 平面图的概念 102

   8.4.2 平面图的应用实例 103

8.5 正确选择图论模型，优化图的运算 106

   8.5.1 正确选择图论模型 106

   8.5.2 在充分挖掘和利用图论模型性质的基础上优化算法 111

小结 116

第 9 章　数据关系上的构造策略 118

9.1 选择数据逻辑结构的基本原则 118

   9.1.1 充分利用"可直接使用"的信息 119

   9.1.2 不记录"无用"信息 122

9.2 选择数据存储结构的基本方法 125

   9.2.1 合理采用顺序存储结构 126

   9.2.2 必要时采用链式存储结构 126

9.3 科学组合多种数据结构 128

小结 130

第 10 章　数据统计上的二分策略 131

10.1 利用线段树统计数据 131

10.2 一种解决动态统计的静态方法 135

   10.2.1 讨论一维序列的求和问题 136

   10.2.2 将一维序列的求和问题推广至二维 137

10.3 在静态二叉排序树上统计数据 138

   10.3.1 建立静态二叉排序树 138

   10.3.2 在静态二叉排序树上进行统计 139

   10.3.3 静态二叉排序树的应用 140

10.4 在虚二叉树上统计数据 143

小结 147

第 11 章　动态规划上的优化策略 148

11.1　减少状态总数的基本策略 149

　　11.1.1　改进状态表示 149

　　11.1.2　选择适当的规划方向 152

11.2　减少每个状态决策数的基本策略 153

　　11.2.1　利用最优决策的单调性 154

　　11.2.2　优化决策量 161

　　11.2.3　合理组织状态 163

　　11.2.4　细化状态转移 164

11.3　减少状态转移时间的基本策略 166

　　11.3.1　减少决策时间 166

　　11.3.2　减少计算递推式的时间 168

小结 170

第 12 章　计算几何上的应对策略 172

12.1　应对纯粹计算题的策略探讨 172

　　12.1.1　利用二重二叉树计算长方体的体积并 173

　　12.1.2　利用多维线段树和矩形切割思想解决平面统计或空间统计问题 179

　　12.1.3　利用极大化思想解决最大子矩形问题 188

　　12.1.4　利用半平面交的算法计算凸多边形 197

12.2　应对存在性问题的策略探讨 200

　　12.2.1　直接通过几何计算求解 200

　　12.2.2　转换几何模型求解 202

12.3　应对最佳值问题的策略探讨 204

　　12.3.1　采用高效的几何模型 204

　　12.3.2　采用极限法 205

　　12.3.3　采用逼近最佳解的近似算法 211

小结 212

第 ⑦ 章

利用树状结构解题的策略

树是一个具有层次结构的集合，一种限制前件数且没有回路的连通图。在 ACM/ICPC 竞赛中，许多问题的数据关系呈树状结构，因此有关树的概念、原理、操作方法和一些由树的数据结构支持的算法，一直受到选手的重视，被广泛应用于解题过程。本章将探讨树的划分问题的策略，并介绍 4 种特殊的树状结构：

① 最小生成树及其扩展形式。

② 线段树及其扩展形式。

③ 伸展树。

④ 左偏树。

利用这些特殊类型的树可优化存储结构和提升算法效率。

最后，将介绍一种在某种情况下可取代树结构、且不失时空效率、容易编程实现的线性表——"跳跃表"。

7.1　解决树的最大—最小划分问题的一般方法

树的最大—最小划分问题可以表述为如下形式：

给定一棵 n 个结点的树以及每个结点的非负权值，要求将这棵树划分为 k 棵子树，使得其中权值和最小的那棵子树最大。即定义第 i 棵子树中所有结点的权值和为 $sum(i)$，每一种划分方案对应一个 x 值，$x=\min_{1\leqslant i\leqslant k}\{sum(i)\}$。求 x 最大值时对应的划分方案。

如今在各类竞赛中，类似树的最大–最小划分问题愈来愈多，表现形式也愈来愈多样。下面看一个例子。

【例题7.1】划分乡镇

已知某县有 n 个村庄（$1\leqslant n\leqslant 100$，其中县城可视为一个村庄），县城通往每一个村庄有且仅有一条路径。假定已经掌握了每个村庄的人数及村庄之间的连接情况，现需要将该县划分为 k 个

（1<k<n）乡。令 sum(i) 表示第 i 个乡中所有村庄的人数和（1≤i≤k），x 为最小乡的人数，即 $x=\min\limits_{1\leqslant i\leqslant k}\{\text{sum}(i)\}$。你的任务就是寻找满足如下条件的划分方案：

　　① 每一乡中的村庄必然是直接或者间接的和其他村庄相连接。

　　② 这种划分方案所对应的 x 尽可能的大。

　　要求输出你所做的划分方案。

思路点拨

　　我们将村庄作为结点，村庄的人数作为结点的权值，可以得到一棵以县城为根的树。显然，划分乡镇问题对应这棵树的最大—最小划分问题。

　　解决这类问题有多种方法，其中比较典型的解法有两种：

　　① 将原问题转化为在给定下界的情况下划分最多子树的问题。

　　② 移动"割"的算法。

　　如果两种解法巧妙结合，则可以得到更优化的算法。

　　解法 1：将原问题转化为在给定下界时划分最多子树的问题

　　初次面对这个问题，或许感到不知所措，无从下手。动态规划、贪心等方法似乎都不适用，因为不知道这个最小值是多少。这时，不妨先考虑这样一个问题：对于一个确定的下界，将树划分为若干棵子树，使得每棵子树的权值和都不小于此下界。

　　如果可以解决这个问题，便可以再通过对下界进行二分查找，求得原问题的解。事实上，只需要一个以贪心思想为基础的下述扫描算法：

　　按照深度由大至小的顺序扫描整棵树，对于扫描到的每个结点，计算以此结点为根的完全子树的权值和。若权值和大于等于给定下界，则将以这个结点为根的子树划分出来，并将其从原树中删去…，直至整棵树所剩部分的权值和小于下界，再将剩余部分归入最后划分出去的子树中，最终得到的就是一种划分数目最多的最优划分。例如，图 7-1（a）给出了一棵含 8 个结点的树，圆圈内的数字为结点的权值，设定下界为 10。按照自下而上的顺序扫描这棵树，依次删除权值和为 12、17、10 的子树，所剩部分的权值和为 6（见图 7-1（b），圆内的子树被删除，方框内为剩余子树）。显然，这棵树在下界为 10 的情况下是无法划分的，因为存在一个权值为 12 的结点。

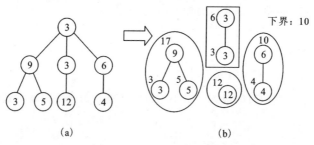

(a)　　　　　　　　　(b)

图 7-1　含 8 个结点的树

　　算法正确性的证明比较简单，这里省略。可以看出，算法的时间复杂度是线性的，已经到达了理论的下界。由此得出解法 1：

通过二分法来找到最大的下界 x，使得划分的最大子树数目不小于 k，x 即原问题的解。

虽然找到了一种解决问题的途径，但并不能说问题已经完美解决了。当我们对算法进行深入分析的时候，发现算法效率是依赖于结点权值的。更加确切地说，如果每个结点权值的上界是 c，那么算法的时间复杂度就是 $O(n \times \log_2(n \times c))$。虽然在大多数情况下，程序的实际运行效率是比较好的，但是当结点的权值范围很大或权值是实数时，算法便不能令人满意了。于是，我们自然而然地想到：是否可以找到一个计算时间不依赖于结点权值的算法呢？

解法 2：移动 "割"

在某一种划分中，如果一条边所连接的两个结点属于两个不同的子树，那么就称：在这条边上有一个 "割"。注意到，每一个割对应一棵子树，这棵子树包括割下方的所有结点去掉其他割下方的结点后剩余的结点，而只有根结点所在的子树没有与之对应的割。例如图 7-2 中，割 1 对应子树的权和为 1+9，割 2 对应子树的权为 12，割 3 对应子树的权和为 3+8，根所在子树的权和为 7+9。

于是问题就可以转化为：如何将 $k-1$ 个割分配到 $k-1$ 条边上，使其满足人们期待的最优条件。

这样，我们换了一种思维方式，把讨论的重点由划分点转化为分配割，希望能够通过这种转化找到解决问题的新途径。

下面介绍一种被称为 "移动" 的技术，一次移动被定义为 "将一个割从边 1 移到另一条与其相邻的边 2 上，并且保证边 2 一定是在边 1 的下一层"（见图 7-3）。也就是说，移动总是由上至下的。这样，我们就有可能通过一个给定的初始划分状态和一系列有限次的移动最后达到某个目标状态。

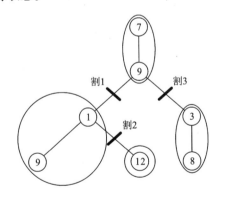
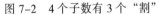
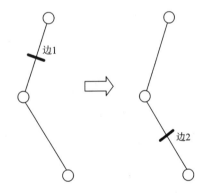

图 7-2 4 个子数有 3 个 "割" 　　图 7-3 将一个 "割" 从边 1 下移至与其相邻的边 2 上

初始状态的选择并不困难，可以任取一个度为 1 的结点为根，然后在初始时将所有的割都放到唯一与根结点相连的那条边上。这样，便有可能由初始状态达到任何一个我们想要的目标状态。问题的关键是，人们该如何制定每次移动的规则，使得终止时会达到最小子树最大的要求。而实际上，规则的制定远比人们想象的要简单许多，人们依据的还是一种贪心思想：

在进行每一步时，考虑所有可能的移动，并计算出每一种移动后在新位置的割所对应的新子树的权值和，取出其中新权值和最大的那一种，与当前未移动时子树的最小权值和进行比较，若不小于当前的最小值，则进行这步移动，否则算法就结束了。具体算法流程如下：

① 选择任何一个度为 1 的结点作为树的根，将 $k-1$ 个割都放在与根相连的唯一一条边上。

② 计算出当前划分状态下的子树权值和的最小值 $W_{\min}$。

③ 考虑所有可能的移动，找出能使移动后的割所对应的子树权值和最大（W_{now}）的一种移动。

④ 如果 $W_{\text{now}} \geq W_{\min}$，则进行这步移动，并转到步骤②。

⑤ 算法结束，$W_{\min}$ 即所求树值和的最小值，当前划分即为一种最优划分。

上述算法流程即为解法 2。这个算法用到了很多的新东西，我们无法在第一时间内用直觉来确定它是对的，需要对它进行更多的研究和分析，从理论上证明其正确性。在证明算法之前，我们用图示的方法观察移动"割"的过程。图 7-4 中，$k=4$，要求将 $k-1=3$ 个割（粗线）分配到 3 条边上，使其满足最优条件（细线为最优方案）。

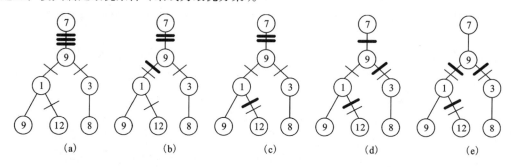

注：▬ 表示由算法进行而得到的划分；— 表示一种最优划分。

图 7-4 3 个"割"的分步移动过程，使其满足最优条件

按照上述算法，图 7-4（a）给出了最初 3 个割的位置，$W_{\min}=7$。第 1 个割左下移可使得对应子树的权值和最大（图 7-4（b），$W_{\text{now}}=12+1+9=22$），再向右下移也满足对应子树最大权值和大于等于 $W_{\min}$ 的条件（图 7-4（c），$W_{\text{now}}=12$）；第 2 个割应右下移一步（图 7-4（d），$W_{\text{now}}=3+8=11$）；第 3 个割应左下移一步（图 7-4（e），$W_{\text{now}}=1+9=10$）。至此 $W_{\min}=1+9=10$，移动过程结束。

在观察了图 7-4 后，我们发现了一个很有趣的事实：对于算法进行的每一步移动，新产生的划分状态总是在某个最优划分的"上方"，而每次操作都是将当前的划分"向下"移动一些，最后直到和某个最优划分重合为止。这就为我们的证明提供了一个很不错的思路：

我们可以在划分之间定义一种"上方"关系，然后证明算法进行中的每一种划分状态都是在某个最优划分的上方，而当一种划分是在某个最优划分上方的时候，算法一定会继续。这样，就证明了原算法的正确性。

于是，我们便试图对划分之间的"上方"关系做一个定义。自然而然的想法就是：划分 A 在划分 A' 的上方，也就是存在一种 A 的割和 A' 的割的一一对应，使得每个 A 的割都在它所对应的 A' 的割的上方。

这种定义能够形象地表现出上方的含义，不失为一种不错的定义方法，但为了在证明中更好地应用"上方"这种关系，我们还希望能够找到更加实用的性质。在这之前，先定义部分子树的概念：

部分子树的概念：若一棵 T 的子树 T' 包含了结点 v 连同 v 的某一个儿子以及这个儿子的所有后继，则称 T' 是 T 在结点 v 处的一棵部分子树。与 v 相连的唯一一条边称为 T' 的初始边（见图 7-5）。

接下来，考察在树 T 上的两个划分 A 和 A'：若 A 在 A' 上方，则对于任意一棵 T 的部分子树，若 A 中有一个割 c 在子树上，因为这个割所对应的 A' 中的割 c' 是在 c 的下方，所以 c' 也一定在这棵部分子树上。如果将划分 A 在一棵部分子树上的割的数目表示为 #(A)，得到如下性质：

部分子树的性质：若划分 A 在 A' 上方，则对于树 T 的任意一棵部分子树，都有 #(A) ≤ #(A')（见图 7-6）。

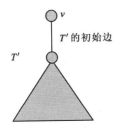

图 7-5　树 T 在结点 v 处的一棵子数 T'

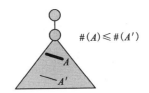

图 7-6　树 T 的任意一棵部分子树

这条性质在下面的证明过程中起到了非常重要的作用。

下面便进入解法 2 的最核心部分。为了证明算法的正确性，将试图证明如下几点：

① 在初始状态时的划分 A 是在任何一个最优划分 Q 的上方的。

② 若存在一个最优划分 Q 使得当前的划分 A 是在 Q 的上方，且 A 和 Q 不相等，则算法一定不会终止。

③ 设 A 在 Q 的上方且 A 不等于 Q，在算法进行一步后，A 变为 A'，一定还能找到一个最优划分 Q'，使得 A' 在 Q' 上方。

④ 算法会在有限步内终止，算法终止时的划分一定是一个最优划分。

证明：

①的正确性是很显然的，需要证明的是②、③、④。注意：字母 A 通常表示当前划分，字母 Q 表示一个最优划分，即对应最小子树权值最大的划分。用 $W_{\min}(A)$ 表示在当前划分下 A 的最小子树的权值。显然，对于任意一个划分 A，都有 $W_{\min}(A) \leq W_{\min}(Q)$。

②的证明过程：因为 A 和 Q 不相等，所以在 A 中必存在一个割使得在同一条边上没有 Q 的割，令 c 为满足此条件的深度最大的割，由于在以 c 所在的边为初始边的部分子树上，#(A) ≤ #(Q)，且 c 所在的边上没有 Q 的割，所以在子树中必存在一个 Q 的割 s，使得在同一条边上没有 A 的割（见图 7-7（a））。取 s 上方遇到的第一个 A 中的割 c'，将 c' 向 s 的方向移动一步（图 7-7（b）～（c）），c' 对应的新子树含 $v_5v_8v_9$，s 对应的子树为 v_8。由于 Q 是最优划分，c' 所对应的新子树的权值和 ≥ s 所对应子树的权值和 ≥ $W_{\min}(Q) \geq W_{\min}(A)$，所以算法一定会继续，且移动后的割所对应的新子树的权值和一定不小于 $W_{\min}(Q)$（图 7-7（c）～（e））。证毕。

上面的证明还得出了另一个结论：

每次经过算法移动后的割所对应的新子树的权值和一定不小于 $W_{\min}(Q)$。

这个结论将在③的证明中再次用到。

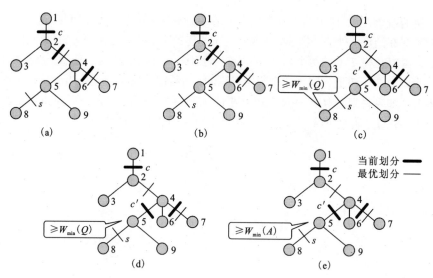

图 7-7　②的证明过程用图

③的证明过程：不妨假设算法进行的移动是将一个割 c 从边 e_1 移动到了 e_2，设边 e_1 与 e_2 交于点 v。为了构造 Q'，分以下两种情况进行讨论：

情况 1：对于在结点 v 处的每一棵部分子树 T'，都有 #(A)=#(Q)

例如图 7-8（a）中，结点 2 有两棵部分子树，在结点 2 连同以结点 3 为根的部分子树中，#(A)=#(Q)=1；结点 2 连同以结点 4 为根的部分子树中，#(A)=#(Q)=2。当前割从边 e_1 移动到 e_2 后（见图 7-8（b）），对于以 e_2 为初始边的部分子树有 #(A')=3，#(Q)=2。由于在以 e_1 为初始边的部分子树中#(A)=4，#(Q)=3，故在边 e_1 上必有 Q 的一个割，不妨设为 s。将 s 从 e_1 移动到 e_2，形成 Q'（见图 7-8（c））。这样在以 e_2 为初始边的部分子树 T' 中仍有#(A')≤#(Q')，故 A' 仍是在 Q' 上方的。所以在 T' 中，s 所对应的子树一定是包含 c 所对应的子树的。s 所对应子树的权值和≥c 对应子树的权值和≥$W_{\min}(Q)$（②的证明中得出的结论），Q' 也是一个最优划分，且 A' 是在 Q' 上方。

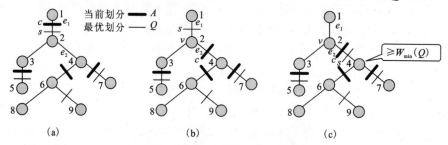

图 7-8　③的情况 1 证明过程用图

情况 2：存在结点 v 处的某棵子树 T'，使得#(A)<#(Q)

例如图 7-9（a）中，结点 2 有两棵部分子树，在结点 2 连同以结点 3 为根的部分子树中，#(A)=1，#(Q)=2。将一个割 c 从边 e_1 移动到了 e_2（见图 7-9（b））。如果在以 e_2 为初始边的子树中有#(A)<#(Q)，

则 $W_{\min}(A') \geqslant W_{\min}(Q)$，即 Q 就是符合条件的划分；若在以 e_2 为初始边的子树中 $\#(A)=\#(Q)$，则可以设存在一条从 v 出发的边 e_3 使得在以 e_3 为初始边的部分子树 T' 中 $\#(A)<\#(Q)$（见图 7-9（a））。设 s 为 Q 在 T' 中深度最小的割（见图 7-9（b）），将 s 移至 e_2 处，构成划分 Q'（见图 7-9（c）），则 A' 是在 Q' 的上方的。s 原来对应的子树含 v_5v_9，新对应的子树含 $v_4v_7v_{10}$。与情况 1 一样，s 所对应的新子树的权值和一定大于等于 $W_{\min}(Q)$。而对于结点 v 所在的子树来说，由于其包含了 s 原来对应的子树，因此 s 原对应子树的权值和也一定大于等于 $W_{\min}(Q)$（见图 7-9（d））。由于由 Q 变至 Q' 所改变的只有这两棵子树的情况，故 Q' 也是一个最优划分，且 A' 在 Q' 上方。证毕。

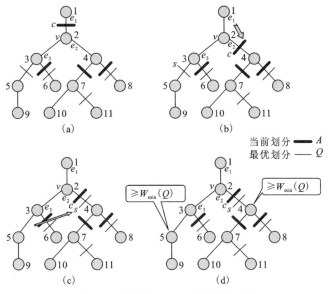

图 7-9　③的情况 2 证明过程用图

　　④的证明过程：首先，每步移动都是由上至下的，这些割不会被无限移动下去，故算法会在有限步内终止。若算法终止时不是最优划分，由③可知，一定存在一个最优划分 Q 使得当前划分 A 是在 Q 的上方。又因为 A 和 Q 不相等（A 不是最优划分），由②可知，算法一定还会继续，与算法终止矛盾，故算法终止时的划分一定为最优划分。

　　至此，算法的正确性已经证明完毕。回顾整个证明过程，"上方"的概念自始至终都起着非常重要的作用，而实际上，"上方"的概念就是一种序的关系。通过引入"上方"的概念，将状态间看似杂乱无章的关系变得有序化、有条理性，从而解决问题，这在 ACM/ICPC 竞赛中是很值得借鉴的。

　　再来关注一下算法的时间复杂度，虽然算法的描述并不复杂，但在实际操作中会发现，若只是单纯地按照算法的流程去做，时间效率是很低的，我们需要对算法进行一些必要的优化，使得它能够高效完成流程中的每一步操作。经过多年研究，这个算法目前已知的比较好的时间复杂度是 $O(k^2 rd(T)+kn)$，其中 $rd(T)$ 是树的半径，即树中任意两点间最小距离的最大值。具体的优化方法比较复杂，这里不再赘述。

以上介绍了解决树的最大 – 最小划分问题的两种解法，它们通过不同的方式思考问题，从而得到了不同的算法：解法 1 主要应用了问题转化的思想，将原问题转化为容易解决的问题，在给定下界时如何划分最多子树，如果可以解决这个问题，再通过二分查找下界求得原问题的解。这种算法的目光聚焦在结点的权值上，实现简单，时间效率也不错；而解法 2 则从另一个角度看问题，将目光集中在分割子树的"割"上面，从而得到了一个复杂度不依赖于结点权值范围的算法，其中起关键作用的是划分间的"上方"关系，这种关系实际上是一种"序"的思想。利用"序"简化问题、建立高效模型是程序设计中一种典型的优化方法。

虽然有了划分树的两种解法，但我们并不满足，还希望能够将算法扩展一下，使它的适用范围更加广泛。

优化方法 1：扩展权函数

首先来看一下权函数方面，由"每棵子树的权被定义为子树中所有结点的权之和"想到，对于一些其他的权函数，例如一棵子树中结点权的最大值、子树的直径（子树结点间路径长度的最大值）等，这个算法是不是依然适用呢？我们发现，在解法 2 的证明过程中，只有②和③的证明用到了子树的权函数，而通过更加深入观察发现，证明中只是利用了权函数的一个性质：

权函数的性质：若 T' 是 T 的任意一棵子树，则必然有 $W(T) \geqslant W(T')$，其中 $W(T)$ 表示树 T 中结点的权值和。

也就是说，只要权函数满足这个条件，这个证明就是正确的，这个算法也就是可行的。于是，对于满足特定条件的一类问题都找到了一种通用的解法，这也显示出该算法很强的可扩展性。

有了对权函数的扩展，接下来便想到了对问题的扩展。例如，将树划分为 k 棵子树，使得子树的最大值最小，或是最大值与最小值的差最小等问题，我们是不是也可以用原算法求解呢？事实证明，单纯地照搬是行不通的，因为算法有自身的特点，不可能适用于所有问题，但解决问题的思路却是可以借鉴的。在解决与这一类型有关的问题时，或许可以改变移动的规则，或修改一下"上方"的定义，从而设计出符合题目特点的算法，这些问题可引起读者思考。

优化方法 2：用解法 1 优化解法 2

在解法 2 中，初始状态是将 $k-1$ 个割放在与根相连的唯一一条边上得到的，这样做的好处是一定可以保证它在某个最优划分的上方。可是由这个初始状态移动到最优状态往往需要很多步的移动，那么有没有更好的初始状态呢？我们想到了解法 1，如果把下界设为 $\dfrac{\text{树中结点的权和}}{k-1}$，则划分出来的子树数一定不超过 $k-1$，我们将剩余的割都放在与根相连的那条边上。可以证明，这个划分状态一定是在某个最优划分的上方的，而由它达到最优状态所需要移动的步数却减少了。于是，只需要一个线性的预处理，便得到了一种更好的初始状态。这样，解法 1 和解法 2 便巧妙地结合在一起了。

7.2 利用最小生成树及其扩展形式解题

设 $G=(V,E,\omega)$ 是连通的有权无向图，G 中权值和最小的生成树称为最小生成树。设 A 是一棵最小生成树的子集，如果边(u,v)不属于 A 且 A∪{(u,v)}仍然是某一棵最小生成树的子集，就称(u,v)为集合 A 的安全边。由此引出计算最小生成树的一般思想：

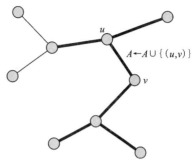

```
PROC GENERIC-MST(G,w);
  A←ϕ;
While A 没有形成一棵生成树 Do
{找出 A 的一条安全边(u,v);A←A∪{(u,v)}};
/*While*/
Return A;
End;/*GENERIC-MST*/
```

在生成树中添加一条安全边(u,v)的过程如图 7-10 所示。

图 7-10　在生成树中添加一条安全边(u,v)的过程

计算最小生成树的常用方法有 Prim 算法和 Kruskal 算法，两种算法都采用了"贪心"策略。

Prim 算法：从任一结点出发，通过不断加入安全边扩展最小生成树，直至连接了所有结点为止。图 7-11 列举了运用 Prim 算法计算最小生成树的过程。

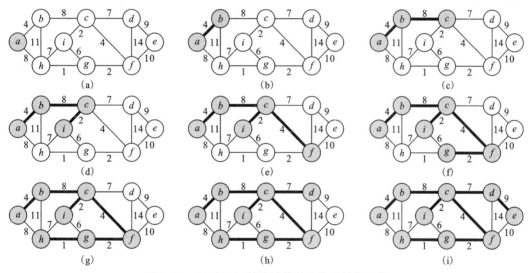

图 7-11　运用 Prim 算法计算最小生成树的过程

显然，Prim 算法采取了在一棵树上扩展的计算方式，如果用相邻矩阵存储图、一维数组来存储每个树外结点到树中结点的边所具有的最小权值 key，每次从一维数组中取出 key 值最小的结点，需要运行时间为 $O(V)$；存在$|V|$次这样的操作，所以从一维数组中取 key 值最小结点的全部运行时间为 $O(V^2)$。对每个 key 值最小的结点来说，与之相邻的每个结点都要考察一次，因此考察次数为 $O(V)$。而每确定一个结点进入生成树后，需要花费 $O(1)$时间更新与之相连的树外结点的 key 值。累计整个算法的运行时间为 $O(V^2)$，一般适用于稠密图。

Kruskal 算法：按照权值从小到大的顺序排列边。初始时，每个结点单独组成了一棵生成树。然后按照权值递增顺序扩展安全边，每扩展一条安全边，将其中的两棵生成树合并成一棵，直至

构造出连接所有结点的一棵最小生成树为止。图 7-12 列举了运用 Kruskal 算法计算最小生成树的过程。

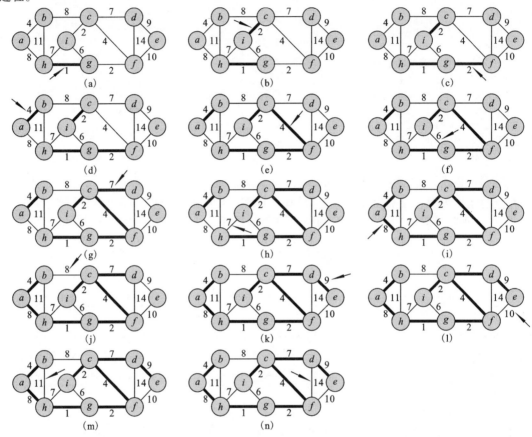

图 7-12　运用 Kruskal 算法计算最小生成树的过程

显然，Kruskal 算法采取了合并生成树的计算方式：初始化需要的时间 $O(V)$，边按照边权递增顺序排序需要的运行时间为 $O(E\lg E)$；对分离集的森林需要进行 $O(E)$ 次操作，每次操作需要时间 $O(\lg E)$。所以 Kruskal 算法的全部运行时间为 $O(E\lg E)$，一般适用于稀疏图。

在现实生活中，最小生成树的原理和算法有着广泛的应用。ACM/ICPC 竞赛中与最小生成树有关的试题一般有两类：

① 构建最小生成树。

② 应用最小生成树原理优化算法。

7.2.1　利用最小生成树解题

在竞赛中有不少构建最小生成树的试题，需要从无向图的具体结构和最小生成树的性质出发，运用各种算法在图中寻找属于最小生成树的边。

【例题7.2】动态生成最小生成树

在一个初始化为空的无向图中，不断加入新边。如果当前图连通，就求出当前图最小生成树的总权值；否则，输出−1。

 思路点拨

有两种解法，一种解法是每加入一条边，重新计算最小生成树；另一种解法是在最小生成树中加边的基础上，求新的最小生成树。显然，第二种解法的时间效率明显优于第一种解法。

由于生成树是具有 n 个点 $n−1$ 条边的连通图，如果加入一条新边，势必会形成一个环。将环上任一条边删去（可以是新加的边），则会恢复生成树的结构。显然，为了保证是最小生成树，每次删除的边必须是环上的最长边。于是得到第二种解法：

```
初始化;
While(图的信息未读完) And(图不连通)do 读入新边,加入图中;
If 图不连通 Then Exit;
计算图的最小生成树;
While 添边信息未读完 Do
{读入新边端点 x, y 和权值 c;
  在图中计算从 x 到 y 的路径;
  If 路径上的最大边长大于 c
    Then 加入新边(x,y),去掉路径上的最长边 }; /*While*/
```

这道题目的难度并不大，其中蕴含了最小生成树的一个基本性质：在最小生成树中加入一条新边，就会构成一个环。把这个环上的最长边去掉，又可以得到一棵新的最小生成树。

在竞赛中，除显性的最小生成树问题外，还有一些隐性的最小生成树问题。这些例题虽未直接呈现最小生成树的形式，但可以借助于最小生成树的原理化繁为简，化未知为已知。

【例题7.3】北极通信网络

北极的某区域共有 n 座村庄（$1 \leq n \leq 500$），每座村庄的坐标用一对整数 (x,y) 表示，其中 $0 \leq x$, $y \leq 10\,000$。为了加强联系，决定在村庄之间建立通信网络。通信工具可以是无线电收发机，也可以是卫星设备。所有的村庄都可以拥有一部无线电收发机，且所有的无线电收发机型号相同。但卫星设备数量有限，只能给一部分村庄配备卫星设备。

不同型号的无线电收发机有一个不同的参数 d，两座村庄之间的距离如果不超过 d 就可以用该型号的无线电收发机直接通信，d 值越大的型号价格越贵。拥有卫星设备的两座村庄无论相距多远都可以直接通信。

现在有 k 台（$0 \leq k \leq 100$）卫星设备，请你编一个程序，计算出应该如何分配这 k 台卫星设备，才能使所拥有的无线电收发机的 d 值最小，并保证每两座村庄之间都可以直接或间接地通信。

例如，图7-13给出了3座村庄 A、B 和 C，其中 $|AB|=10$，$|BC|=20$，$|AC|=10\sqrt{5} \approx 22.36$。

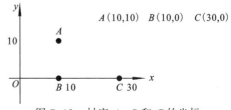

图 7-13 村庄 A、B 和 C 的坐标

如果没有任何卫星设备或只有 1 台卫星设备（$k=0$ 或 $k=1$），则满足条件的最小的 $d=20$，因为 A 和 B、B 和 C 可以用无线电直接通信；而 A 和 C 可以用 B 中转实现间接通信（即消息从 A 传到 B，再从 B 传到 C）。

如果有 2 台卫星设备（$k=2$），则可以把这两台设备分别分配给 B 和 C，这样最小的 d 可取 10，因为 A 和 B 之间可以用无线电直接通信；B 和 C 之间可以用卫星直接通信；A 和 C 可以用 B 中转实现间接通信。

如果有 3 台卫星设备，则 A、B、C 两两之间都可以直接用卫星通信，最小的 d 可取 0。

 思路点拨

首先将村庄作为结点，把所有可以互相通信的村庄连接起来，边权设为相连两个村庄的距离，构造出一个无向图。卫星设备的台数就是图的连通分支的个数。解题有两种策略：

① 正向思考：在知道卫星设备数量 k 的基础上求最小收发距离 d。

② 逆向思维：在已知距离 d 的基础上求卫星设备量 k。

显然，策略①可能比较困难，策略②相对简单。在正向思考受阻的情况下，应该"正难则反"，逆向思维。于是问题转化为：

找到一个最小的 d，使得把所有权值大于 d 的边去掉之后，连通分支的个数小于等于 k。

由此引出一个定理：

[定理 1] 如果去掉所有权值大于 d 的边后，最小生成树被分割成为 k 个连通分支，图也被分割成为 k 个连通分支。

证明：用反证法。假设原图被分割成 k'（$k' \neq k$）个连通分支，显然不可能 $k'>k$，所以 $k'<k$。因此在某一图的连通分支中，最小生成树被分成了至少两部分，不妨设其为 T_1，T_2。因为 T_1 和 T_2 同属于一个连通分支，所以一定存在 $x \in T_1$，$y \in T_2$，$w(x,y) \leq d$。又因为在整个最小生成树中，x 到 y 的路径中一定存在一条权值大于 d 的边 (u,v)（否则 x 和 y 就不会分属于 T_1 和 T_2 了），$w(x,y) \leq d<w(u,v)$，所以把 (x,y) 加入，把 (u,v) 去掉，将得到一棵总权值比最小生成树还小的生成树，这显然是不可能的。所以，原命题成立。证毕。

有了这个定理，很容易得到一个构造性算法：最小生成树的第 k 长边就是问题的解。

证明：首先，d 取最小生成树中第 k 长的边是可行的。如果 d 取第 k 长的边，将去掉最小生成树中前 $k-1$ 长的边，最小生成树将被分割成为 k 部分。由[定理 1]可知，原图也将被分割成为 k 部分（可行性）。其次，如果 d 比最小生成树中第 k 长的边小，最小生成树至少被分割成为 $k+1$ 部分，原图也至少被分割成为 $k+1$ 部分。与题意不符（最优性）。

综上所述，最小生成树中第 k 长的边是使得连通分支个数 $\leq k$ 的最小的 d，即问题的解。证毕。

一道看似毫无头绪的题目被最小生成树的算法破解了，显示出最小生成树的魅力。在这个解题过程中，一个揭示最小生成树本质特征的定理，在最小生成树和图的连通分支之间搭起了一座桥梁。

【例题7.4】机器人

在不久的将来，机器人会在 ACM/ICPC 竞赛中把快餐传送给参赛者。它们将用一个简单的正方形盘子装所有的食物。不幸的是，厨房通往参赛者休息大厅的路上将会布满多种障碍物，因此，机器人不能搬运任意大小的盘子。你的任务是计算提供食物的盘子的最大尺寸。

预想中机器人要经过的路线是在由平行的墙所构成的走廊中，而且走廊只能有 90° 拐角。走廊从 x 轴正方向开始（见图 7-14）。障碍物是柱子，由点表示，且都建在走廊的两墙之间。为了使机器人能够通过那条路，盘子不能碰到柱子或墙——只有盘子的边缘能"靠"到它们。机器人和它的盘子只能在 x 轴或 y 轴方向平移。假定机器人的尺寸小于盘子尺寸且机器人一直完全处于盘子下方。

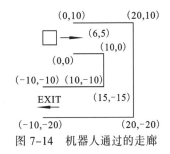
图 7-14 机器人通过的走廊

现已知一堵墙所含的水平或竖直的段数 m（$1 \le m \le 30$）、"上部"墙的所有折点（包括端点）的坐标、"下部"墙的所有折点（包括端点）的坐标（构成走廊的两墙间，起始点的 y 坐标值较大的一堵墙为"上部"墙，起始点的 y 坐标值较小的一堵墙为"下部"墙）、障碍物个数的整数 n（$0 \le n \le 100$）和 n 行个障碍物坐标，所有坐标都是绝对值小于 32 001 的整数。要求计算满足题意的盘子的最大边长。

思路点拨

解法 1： 通过二分+模拟的算法查找能够通过走廊的盘子的最大尺寸

这是比较容易想到的一种方法。为了提高查找效率，需要进行如下优化：

首先，对机器人和障碍物做一个"换位"思考，根据题意，机器人是正方形，障碍物是点（见图 7-15（a））。如果把机器人的尺寸移到障碍物上，那么机器人就成了一个点，而障碍物就是正方形了（见图 7-15（b））。显然，这两个问题是等价的。

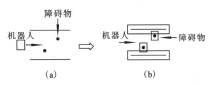
图 7-15 对机器人和障碍物做"换位"思考

要让一个点通不过，唯一的办法就是用障碍物把走廊堵住。这里的"堵住"，就是说障碍物将在走廊的两堵墙之间形成一条通路。于是，这道题就被转化成一个图论问题。

把障碍物和墙壁看做图中的点，点 $p_1(x_1, y_1)$ 和点 $p_2(x_2, y_2)$ 之间的距离 $\max\{|x_1-x_2|, |y_1-y_2|\}$ 为边的权值，障碍物的距离就是障碍点的距离；障碍物与墙壁的距离就是障碍点与墙壁上所有点的距离的最小值；两堵墙之间的距离就是走廊的最小宽度（见图 7-16）。

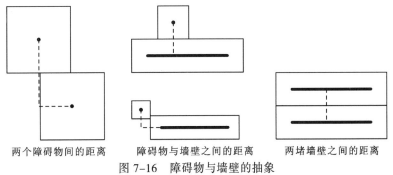

两个障碍物间的距离　　　障碍物与墙壁之间的距离　　　两堵墙壁之间的距离

图 7-16 障碍物与墙壁的抽象

把墙壁看做起点和终点。例如图 7-17（a）中的两堵墙之间有两个障碍物，在图 7-17（b）中两个障碍物被分别设为结点 x 和 y，两堵墙被分别设为起点 u 和终点 v。墙与墙之间、障碍物与障碍物之间、障碍物与墙之间连边，边长为对应的距离。问题就转化为：从起点 u 到终点 v 的所有路径中最长边的最小值是多少？因为当边长达到一条路径上的最长边时，这条路径就"通"了，走廊也就被堵住了。

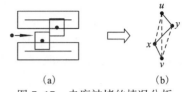

图 7-17　走廊被堵的情况分析

显然，这个问题可以用"二分+宽度优先搜索"的方法解决，时间复杂度是 $O(n^2 \times \log($边权的上限$))$。

解法 2： 通过计算图的最小生成树得出问题的解

先求出这个图的最小生成树，那么从起点到终点的路径就是所要找的路径，这条路径上的最长边就是问题的答案。这样，时间复杂度就降为 $O(n^2)$。可是怎么证明其正确性呢？用反证法。

设起点为 u，终点为 v，最小生成树上从 u 到 v 的路径为旧路径，旧路径上的最长边为 m。假设从 u 到 v 存在一条新路径且上面的最长边短于 m。

如果新路径包含 m，则新路径上的最长边不可能短于 m。与假设不符。

如果新路径不包含 m，则新路径一定"跨"过 m。如图 7-18 所示，$xa_1a_2\cdots a_ky$ 是旧路径上的一段，$xb_1b_2\cdots b_py$ 是"跨"过去的一段。

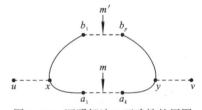

图 7-18　证明解法 2 正确性的用图

如果把 m 去掉，最小生成树将被分割成两棵子树，显然 x 和 y 分属于不同的子树（否则最小生成树包含一个环）。因此在 $xb_1b_2\cdots b_py$ 上，一定存在一条边 m'，它的端点分属于不同的子树。因为最小生成树中只有 m 的端点分属于不同的子树，所以 m' 不属于最小生成树。因此 m' 和 m 一样是连接两棵子树的边。因为新路径的最长边短于 m 且 m' 属于新路径，所以 $w(m')<w(m)$。把 m 去掉，把 m' 加入，将得到一棵新的生成树且它的总权值比最小生成树的还要小，显然不可能。

综上所述，不可能存在另一条从 u 到 v 的路径，使得它的最长边短于 m。最小生成树上从 u 到 v 的路径就是最长边最短的路径，该路径上的最长边就是问题的解。证毕。

此题还有很多解法，例如可以用类似 Dijikstra 求最短路径的方法来做。既然如此，为什么偏要选择计算最小生成树的方法呢？不仅因为它效率高、编程复杂度低，最重要的是因为它构思巧妙，颇有启发性。把一道看似计算几何的问题转化为图论模型就已经颇有新意了，再用最小生成树去解决这个图论问题，就更显得其奥妙无穷。实际上，这个思维过程是深入思考的结果。我们面临的问题是如何从 u 到 v 的众多路径中选择最佳路径。如果你在 u 和 v 之间画了两条路径，并标上最长边，准备考虑如何比较它们优劣，会出现一个环，而且环上还有一条最长边。这时，初显出最小生成树的端倪。经过反复修正、严谨证明，算法会逐渐成熟起来。所以，最小生成树的应用并不是想象的那么简单，它需要敏锐的洞察力、扎实的图论基础和积极创新的思维。

7.2.2　最小 k 度限制生成树的思想和应用

对于一个加权的无向图，存在一些满足下面性质的生成树：某个特殊结点的度为一个指定的数值。最小度限制生成树就是满足此性质且权值和最小的一棵生成树。把它抽象成数学模型：

设 $G=(V,E,\omega)$ 是连通的有权无向图，$v_0 \in V$ 是特别指定的一个结点，k 为给定的一个正整数。如果 T 是 G 的一个生成树且 $d_T(v_0)=k$，则称 T 为 G 的 k 度限制生成树。G 中权值和最小的 k 度限制生成树称为 G 的最小 k 度生成树。

显然，现实生活中的许多问题可以归结为最小 k 度生成树问题。下面来探讨求解方法：约定 T 为图 G 的一个生成树，a 和 b 为图 G 的两个边子集，$a \subset E$，$b \subset E$。在 T 中增加边集 a、去除边集 b 后得到图 T_{+a-b}，记作 $(+a,-b)$。如果 T_{+a-b} 仍然是一个生成树，则称 $(+a,-b)$ 是 T 的一个可行交换。

[引理 1] 设 T_1、T_2 是图 G 的两个不同的生成树，
$$E(T_1)\backslash E(T_2)=\{a_1,a_2,\cdots,a_n\}$$
$$E(T_2)\backslash E(T_1)=\{b_1,b_2,\cdots,b_n\}$$
则存在 $E(T_2)\backslash E(T_1)$ 的一个按照权值递增排序的边序列 b_1'，b_2'，$\cdots$，b_n'，使得 $T_2+a_i-b_i'$（$1 \leq i \leq n$）仍然是 G 的生成树。

[定理 2] 设 T 是 G 的 k 度限制生成树，则 T 是 G 的最小 k 度限制生成树当且仅当下面 3 个条件同时成立：

① 对于 G 中任何两条与 v_0 关联的边所产生的 T 的可行交换都是不可改进的。

② 对于 G 中任何两条与 v_0 不关联的边所产生的 T 的可行交换都是不可改进的。

③ 对于 T 的任何两个可行交换 $(+a_1,-b_1)$ 和 $(+a_2,-b_2)$，若 a_1、b_2 与 v_0 关联，b_1、a_2 不与 v_0 关联，则有 $\omega(b_1)+\omega(b_2) \leq \omega(a_1)+\omega(a_2)$。

证明：

必要性：设 T 是最小 k 度限制生成树，则①、②显然成立。下面证明③。由①、②可知，如果 $(+a_1,-b_2)$ 和 $(+a_2,-b_1)$ 都是 T 的可行交换，则有 $\omega(b_2) \leq \omega(a_1)$，$\omega(b_1) \leq \omega(a_2)$，故 $\omega(b_1)+\omega(b_2) \leq \omega(a_1)+\omega(a_2)$；否则，$(+a_1,-b_2)$ 或者 $(+a_2,-b_1)$ 不是 T 的可行交换，根据[引理 1]，$T'=T+\{a_1,a_2\}-\{b_1,b_2\}$ 仍然是 T 的 k 度限制生成树，则 $\omega(T) \leq \omega(T')$，故 $\omega(b_1)+\omega(b_2) \leq \omega(a_1)+\omega(a_2)$。

充分性：设 T 是 k 度限制生成树且满足①、②、③，假如有另一个 k 度限制生成树 T'，$\omega(T')<\omega(T)$，设
$$E(T')\backslash E(T)=\{a_1,a_2,\cdots,a_n\}$$
$$E(T)\backslash E(T')=\{b_1,b_2,\cdots,b_n\}$$
显然有 $\sum \omega(a_i)<\sum \omega(b_i)$，根据[引理 1]，存在一个排列 b_1'，b_2'，$\cdots$，b_n'，满足 $T+a_i-b_i'$ 仍然是 G 的生成树。由 $\omega(T')<\omega(T)$ 得 $\sum(\omega(b_i')-\omega(a_i))>0$，因而在 T 的这 n 个可行交换中，一定存在某个可以改进的交换 $(+a_i,-b_i')$。由于 T 满足①、②，则 a_i、b_i' 若同时与 v_0 关联或不关联都是不可改进的。也就是说，a_i 和 b_i' 中必定恰好有一个不与 v_0 关联。不妨设 a_i 与 v_0 无关联，因为 $D_{T'}(v_0)$ 也等于 k，所以必存在另一个交换 $(+a_j,-b_j')$，满足 a_j 与 v_0 关联，b_j' 与 v_0 无关联，且 $(\omega(b_i')-\omega(a_i))+(\omega(b_j')-\omega(a_j))>0$，此与③矛盾。因此，$T'$ 是不存在的，即 T 是 G 的最小 k 度限制生成树。

[定理3] 设 T 是 G 的最小 k 度限制生成树，E_0 是 G 中与 v_0 有关联的边的集合，$E_1=E_0\setminus E(T)$，$E_2=E(T)\setminus E_0$，$A=\{(+a,-b)|a\in E_1,b\in E_2\}$，设 $\omega(a')-\omega(b')=\min\{\omega(a)-\omega(b)|(+a,-b)\in A\}$，则 $T+a'-b'$ 是 G 的一个最小 $k+1$ 度限制生成树。

那么，如何求最小 k 度限制生成树呢？

首先考虑边界情况。先求出问题有解时 k 的最小值：把 v_0 从图中删去后，图中可能会出现 m 个连通分量，而这 m 个连通分量必须通过 v_0 来连接（见图 7-19）。所以，在图 G 的所有生成树中 $d_T(v_0)\geqslant m$。也就是说，当 $k<m$ 时，问题无解。

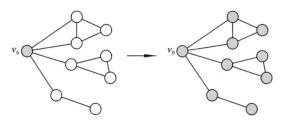

图 7-19　m 个连通分量与 v_0 连接

根据上述定理，得出算法框架：

① 先求出最小 m 度限制生成树。

② 由最小 m 度限制生成树得到最小 $m+1$ 度限制生成树。

③ 当 $d_T(v_0)=k$ 时停止。

下面分别考虑每一步：

首先将 v_0 和与之关联的边分别从图中删去，此时的图可能不再连通，对各个连通分量分别求最小生成树。接着，对于每个连通分量 V'，求一点 v_1，$v_1\in V'$，且 $\omega(v_0,v_1)=\min\{\omega(v_0,v')|v'\in V'\}$，则该连通分量通过边 (v_1,v_0) 与 v_0 相连（见图 7-20）。于是，就得到了一个 m 度限制生成树，不难证明，这就是最小 m 度限制生成树。这一步的时间复杂度为 $O(V\log_2 V+E)$。

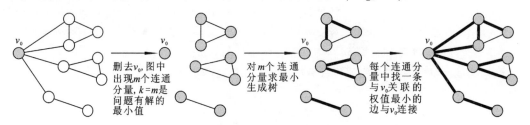

图 7-20　求最小 m 度限制生成树的过程

我们所求的树是无根树，为了解题的简便，把该树转化成以 v_0 为根的有根树。假设已经得到了最小 p 度限制生成树，如何求最小 $p+1$ 度限制生成树呢？

根据[定理2]，最小 $p+1$ 度限制生成树肯定是由最小 p 度限制生成树经过一次可行交换 $(+a_1,-b_1)$ 得到的。我们自然就有了一个最基本的想法——枚举。但是，简单枚举的时间复杂度高达 $O(E^2)$，显然是不能接受的。深入思考不难发现，任意可行的交换，必定是一条边跟 v_0 关联，另一条边与

v_0 无关联, 所以只要先枚举与 v_0 关联的边, 再枚举另一条边, 然后判断该交换是否可行, 最后在所有可行交换中取最优值即可。于是时间复杂度降到了 $O(VE)$, 但这仍然不能令人满意。进一步分析, 在原先的树中加入一条与 v_0 相关联的边后, 必定形成一个环。若想得到一棵 $p+1$ 限制生成树, 需要删去一条在环上的且与 v_0 无关联的边。删去的边的权值越大, 所得到的生成树的权值和就越小。如果每添加一条边, 都需要对环上的边一一枚举, 时间复杂度将比较高, 因为有不少边重复统计多次。例如图 7-21 (a) 给出了一棵生成树, 依次添边 (v_0,v_4)、(v_0,v_3)(见图 7-21 (b) 和图 7-21 (c))。在形成的两个环中, 边 (v_1,v_2) 和 (v_2,v_3) 分别被重复统计了两次 (见图 7-21 (d))。

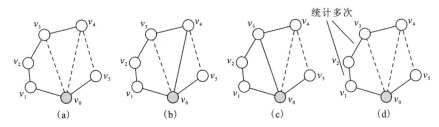

图 7-21   利用动态规划添边

此时, 动态规划便有了用武之地。设

Best(v) 为 v_0 至 v 的路径上与 v_0 无关联且权值最大的边;

father(v) 为 v 的父结点。

状态转移方程: Best(v)=max{Best(father(v)), ω (father(v),v)};

边界条件: Best[v_0]=$-\infty$, Best[v']=$-\infty$ l(v_0,v')$\in E(T)$。

状态共lVl个, 状态转移的时间复杂度 $O(1)$, 所以总的时间复杂度为 $O(V)$。故由最小 p 度限制生成树得到最小 $p+1$ 度限制生成树的时间复杂度为 $O(V)$。

综上所述, 求最小 k 度限制生成树算法总的时间复杂度为 $O(V\log_2 V+E+kV)$。

【例题7.5】通信线路

某地区共有 n 座村庄 ($1\leqslant n\leqslant 5\ 000$), 每座村庄的坐标用一对整数(x,y)表示, 其中 $0\leqslant x$, $y\leqslant 10\ 000$。为了加强联系, 决定在村庄之间建立通信网络。通信工具可以是需要铺设的普通线路, 也可以是卫星设备。卫星设备数量有限, 只能给一部分村庄配备。拥有卫星设备的两座村庄无论相距多远都可以直接通信, 而互相间铺设了线路的村庄也可以通信。现在有 k 台 ($0\leqslant k\leqslant 100$) 卫星设备, 请你编一个程序, 计算出应该如何分配这 k 台卫星设备, 才能使铺设线路最短, 并保证每两座村庄之间都可以直接或间接地通信。

思路点拨

首先构造一个完全无向图: 把村庄作为图中的结点, 任两个村庄之间连边, 边权为相连两个村庄间的距离。显然, 铺设线路的最短长度为最小生成树的边权和。

如果没有或只有一台卫星设备, 就可以直接用最小生成树来解决; 但问题是卫星设备数为 k。在这种情况下, 不妨设一个虚点 v_0, v_0 与原图中的每一个结点连接一条代价为 0 的边 (代价为 0 表

示假设该村庄拥有卫星设备）。例如，图 7-22（a）
中有 A、B、C 这 3 个村庄。

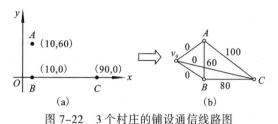

按照上述方法构造出图 7-22（b）。

按照题目要求，v_0 的度应限制为 k，即最小
生成树中 $D_T(v_0)=k$。因此这是最小度限制生成树
的一个模型，直接套用前述的算法即可。

图 7-22　3 个村庄的铺设通信线路图

【例题7.6】野餐计划

矮人虽矮却喜欢乘坐巨大的轿车，轿车大到可以将所有矮人装下。某天，n（$n \leqslant 20$）个矮人
打算到野外聚餐。为了到聚餐地点，矮人 A 要么开车到矮人 B 家中，把自己的轿车留在矮人 B 家，
然后乘坐 B 的轿车同行；要么直接开车到聚餐地点，并将车停放在聚餐地。

虽然矮人的家很大，可以停放无数量轿车，但是聚餐地点却最多只能停放 k 辆轿车。现在给
你一张加权无向图，它描述了 n 个矮人的家和聚餐地点，要你求出所有矮人开车的最短总路程。

思路点拨

首先构造一个无向的连通图：把矮人的家和聚餐地设为结点，任意两个矮人或矮人与聚餐地
之间连一条边，边权为距离。求所有矮人开车的最短总路程，应使用最小生成树算法，但其中有
明显的度限制，即最小生成树中所有聚餐地结点的度不超过 k。

前面所述的最小度限制生成树，度限制仅对一个指定结点而言，而本题是求所有聚餐地结点
的度不超过 k 的最小生成树。但这并没有带来更大的难度，因为从算法的流程来看，很容易得到
度不超过 k 的所有最小度限制生成树，这个问题还是留给读者去思考。

7.2.3　次小生成树的思想和应用

设 $G=(V,E,\omega)$ 是连通的无向图，T 是图 G 的一个最小生成树。如果有另一棵树 T_1，满足不存
在树 T'，$\omega(T')<\omega(T_1)$，则称 T_1 是图 G 的次小生成树。下面来探讨求解次小生成树的算法，约定：

由 T 进行一次可行交换得到的新的生成树所组成的集合，称为树 T 的邻集，记为 $N(T)$。

[定理 4] 设 T 是图 G 的最小生成树，如果 T_1 满足 $\omega(T_1)=\min\{\omega(T')|\ T' \in N(T)\}$，则 T_1 是 G 的
次小生成树。

证明：如果 T_1 不是 G 的次小生成树，那么必定存在另一个生成树 T'，$T' \ne T$ 使得 $\omega(T) \leqslant \omega(T')<$
$\omega(T_1)$，由 T_1 的定义式知 T 不属于 $N(T)$，则 $E(T')\backslash E(T)=\{a_1,a_2,\cdots,a_t\}$，$E(T)\backslash E(T')=\{b_1,b_2,\cdots,b_t\}$，其
中 $t \geqslant 2$。

根据[引理 1]可知，存在一个排列 $b_{i1},b_{i2},\cdots,b_{it}$，使得 $T+a_j-b_{ij}$ 仍然是 G 的生成树，且均属于 $N(T)$，
所以 $\omega(a_j) \geqslant \omega(b_{ij})$，$\omega(T') \geqslant \omega(T+a_j-b_{ij}) \geqslant \omega(T_1)$，故矛盾。所以 T_1 是图 G 的次小生成树。

通过上述定理，我们就有了解决次小生成树问题的基本思路：

首先先求该图的最小生成树 T，时间复杂度为 $O(V\log_2 V+E)$。然后求 T 的邻集中权值和最小的
生成树，即图 G 的次小生成树。如果只是简单的枚举，复杂度很高：先枚举两条边的复杂度是

$O(VE)$，再判断该交换是否可行的复杂度是 $O(V)$，则总的时间复杂度是 $O(V^2E)$。

这样的算法显得很盲目。经过简单的分析不难发现，每加入一条不在树上的边，总能形成一个环（见图 7-23）。

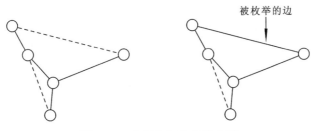

被枚举的边

图 7-23 在树上加边会形成环

只有删去环上的一条边，才能保证交换后仍然是生成树，而删去边的权值越大，新得到的生成树的权值和越小。由此可将复杂度降为 $O(VE)$。这已经前进了一大步，但仍不够好。

回顾上一个模型——最小度限制生成树，我们也曾面临过类似的问题，并且最终采用动态规划的方法避免了重复计算，使得复杂度大大降低。对于次小生成树，也可以采用类似的思想：

① 求图 G 的最小生成树 T（时间复杂度为 $O(V\log_2V+E)$）。

② 做一步预处理，通过简单的宽度优先搜索求出树上每两个结点之间的路径上的权值最大的边（时间复杂度为 $O(V^2)$）。

③ 枚举图中不在树上的边（时间复杂度为 $O(E)$）。有了刚才的预处理，就可以用 $O(1)$ 的时间得到环上权值最大的边。

由此可见，次小生成树的时间复杂度为 $O(V^2)$。

【例题7.7】秘密的牛奶运输

Farmer John 要把他的牛奶运输到各个销售点。运输过程中，可以先把牛奶运输到一些销售点，再由这些销售点分别运输到其他销售点。参见图 7-24。

运输的总距离越小，运输的成本也就越低。低成本的运输是 Farmer John 所希望的。不过，他并不想让竞争对手知道他具体的运输方案，所以他希望采用费用第二小的运输方案而不是最小的。现在请你帮忙找到该运输方案。

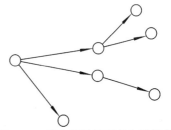

图 7-24 将牛奶运输到各个销售点

 思路点拨

首先构造无向完全图：销售点设为结点，每两个销售点之间加一条无向边，边的权值为销售点间的距离。显然运输的最小总距离对应最小生成树的边权和。而计算费用第二小的运输方案是一个典型的求次小生成树的模型，直接套用求次小生成树的算法即可。

其实，最小生成树问题的拓展形式是多种多样的，并非只有次小生成树和最小度限制生成树两种。当然，不仅仅是最小生成树，其他经典的图论模型也是如此。这就需要我们在解决实际问题中，不拘泥于经典模型，要因"题"制宜，适当地对经典模型加以拓展，建立起符合题目本身特点的模型。

但是，这并不是说经典模型已经被淘汰了。因为一切拓展都建立在原模型的基础之上，两者之间有着密切的联系。这就需要我们一方面要熟悉各种经典模型，另一方面要能够根据实际情况灵活运用，大胆创新。只有这样，才能在难度日益增加的 ACM/ICPC 竞赛中始终立于不败之地。

7.3　利用线段树解决区间计算问题

在现实生活中经常遇到与区间有关的问题，例如记录一个区间的最值（最大或最小值）、总量，并在区间的插入、删除和修改中维护这些最值、总量；再如，统计若干矩形并的总面积。线段树拥有良好的树状二分特征，从其定义和结构中可以发现，在线段树的基础上来完成这些问题的计算操作，会十分简捷和高效。

7.3.1　线段树的基本概念

一棵二叉树，记为 $T(a,b)$，参数 a、b 表示该结点区间$[a,b]$。区间的长度 $b-a$ 记为 L。递归定义 $T[a,b]$：

若 $L>1$，区间$[a,(a+b)\text{div}2]$为 T 的左儿子，区间$[(a+b)\text{div}2,b]$为 T 的右儿子。

若 $L=1$，T 为一个叶子结点，表示区间$[a,a+1]$。

例如，区间$[1,10]$的线段树表示如图 7-25 所示。

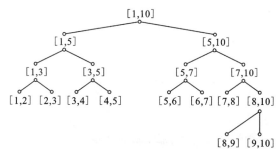

图 7-25　区间$[1,10]$的线段树

[定理 5] 线段树把区间上的任意一条线段都分成不超过 $2 \times \log_2 L$ 条线段。

证明： 先从覆盖区间的线段开始讨论，然后推广至任意线段。

① 在区间(a,b)中，如果线段(c,d)满足 $c \leqslant a$ 或 $d \geqslant b$，则该线段在区间(a,b)中被拆分的线段数不超过 $\log_2(b-a)$条。

用归纳法证明：

如果是单位区间，最多被分为一段，成立。

如果区间(a,b)的左儿子与右儿子成立，那么如果当 $c \leqslant a$ 时，有两种情况：

- 若 $d \leqslant (a+b)\text{div}2$，则该线段拆分为它左儿子区间的线段，线段数不超过 $\log_2((a+b)\text{div}2-a)$，

即不超过 $\log_2(b-a)$，成立。

- 若 $d>(a+b)\mathrm{div}2$，则相当于该线段被拆分为它左儿子区间的线段和右儿子区间的线段，线段数不超过 $1+\log_2(b-(a+b)\mathrm{div}2)$，也不超过 $\log_2(b-a)$，成立。

$d \geq b$ 的情况证明方法类似，这里不再赘述。

② 在区间 (a,b) 中，对于任意线段也用归纳法证明。

对于单位区间，最多分为一段，成立。

若 (a,b) 的左儿子与右儿子均成立，则对于线段 (c,d) 有 3 种情况：

- 若 $d \leq (a+b)\mathrm{div}2$，则 (c,d) 被拆分为 (a,b) 的左儿子区间的线段，线段数 $<\log_2((a+b)\mathrm{div}2-a)<2\log_2(b-a)$，成立。
- 若 $c>(a+b)\ \mathrm{div}2$，则 (c,d) 为 (a,b) 右儿子区间的线段，线段数 $<\log_2(b-(a+b)\ \mathrm{div}2)<2\log_2(b-a)$，成立。
- 若前 2 种情况均不成立，则 (c,d) 在 (a,b) 左儿子区间满足 $d>$ 左儿子区间的右端点，被拆分出的线段数不超过 $\log_2(b-(a+b)\ \mathrm{div}2)$；而在 (a,b) 右儿子区间满足 $c \leq$ 右儿子区间的左端点，被拆分出的线段数不超过 $\log_2((a+b)\ \mathrm{div}2-1)$，所以在 (a,b) 区间被拆分出的线段数不超过 $2\log_2(b-a)$ 条，成立。

由以上证明过程可以看出，线段树的构造实际上是用了二分的方法。线段树是平衡树，它的深度为 $\log_2 L$，能在 $O(\log_2 L)$ 的时间内完成一条线段的插入、删除、查找等工作。

如果采用动态的数据结构来实现线段树，结点的构造可以用如下数据结构：

```
Type
Tnode=^Treenode;
Treenode=record
        B,E:intege;                    /*区间*/
        Count:integer;                 /*覆盖[B,E]的线段数*/
        LeftChild,Rightchild:Tnode;    /*左右子树的根*/
    End;
```

其中 B 和 E 表示了该区间为 $[B,E]$；Count 为一个计数器，通常记录覆盖到此区间的线段条数。LeftChild 和 RightChild 分别是左右子树的根。

为了简化数据结构和方便计算，也可以采用静态数组 $B[]$、$E[]$、$C[]$、LSON[]、RSON[] 存储线段树。设线段树的子树根为 v。$B[v]$、$E[v]$ 就是 v 所表示区间的左右边界；$C[v]$ 用来作计数器；LSON[v]、RSON[v] 分别表示了 v 的左儿子和右儿子的编号。

注意，这只是线段树的基本结构。通常利用线段树的时候，需要在每个结点上增加一些特殊的数据域，并且它们是随线段的插入删除进行动态维护的。至于应该增加哪些数据域，因题而异。

7.3.2 线段树的基本操作

线段树的最基本的操作包括：建立线段树 $T(a,b)$；将区间 $[c,d]$ 插入线段树 $T(a,b)$；将区间 $[c,d]$ 从线段树 $T(a,b)$ 中删除；线段树的动态维护。

下面以静态数据结构为例，介绍这些基本操作：

1．建立线段树 $T(a,b)$

设一个全局变量 n，来记录一共用到了多少结点。开始 $n=0$。

```
PROC  BUILD(a,b);                      /*建立区间[a,b]对应的线段树*/
n←n+1;v←n;B[v]←a;E[v]←b;C[v]←0;        /*代表区间[a,b]的变量初始化*/
If b-a>1 /*若该区间存在,则分别给左右儿子编号,并递归左右子区间*/
Then {LSON[v]←n+1;BUILD(a,⌊(a+b)/2⌋);
      RSON[v]←n+1;BUILD(⌊(a+b)/2⌋,b)}      /*Then*/
End;                                   /*BUILD*/
```

2．将区间[c,d]插入线段树 $T(a,b)$

设线段树 $T(a,b)$ 的根编号为 v。如果[c,d]完全覆盖了 v 结点代表的区间[a,b]，那么显然该结点上的基数（即覆盖线段数）加 1；否则，如果[c,d]不跨越区间中点，就只对左树或者右树进行插入。否则，在左树和右树都要进行插入。注意观察插入的路径，一条待插入区间在某一个结点上进行"跨越"，此后两棵子树上都要向下插入，但是这种跨越不可能多次发生。插入区间的时间复杂度是 $O(\log_2 n)$。

```
PROC INSERT(c,d;v);        /*将区间[c,d]插入以v为根的线段树*/
If (c<=B[v])and(E[v]<=d)   /*若区间[c,d]覆盖v结点代表的区间,则覆盖该区间的线段个
                             数+1*/
Then C[v]←C[v]+1
 Else                      /*如果[c,d]不跨越区间中点,就只对左树或右树上进行插入;
                             否则在左树和右树上都要进行插入*/
{If  c<⌊(B[v]+E[v])/2⌋ Then INSERT(c,d;LSON[v]);
    If  d>⌊(B[v]+E[v])/2⌋ Then INSERT(c,d;RSON[v])};/*Else*/
End;                       /*INSERT*/
```

3．将区间[c,d]从线段树 $T(a,b)$中删除

设线段树 $T(a,b)$ 的根编号为 v。在线段树上删除一个区间与插入一个区间的方法类似。特别注意：只有曾经插入过的区间才能够进行删除。这样才能保证线段树的维护是正确的。

```
PROC DELETE(c,d;v);    /*将区间[c,d]从v结点代表的区间中删除*/
If c<=B[v] and E[v]<=d/*若区间[c,d]覆盖v结点代表的区间,则覆盖该区间的线段个数-1*/
Then C[v]←C[v]-1
 Else /*如果[c,d]不跨越区间中点,就只对左树或右树上进行删除;否则在左树和右树上都要进行删除*/
    {If c<⌊(B[v]+E[v])/2⌋ Then DELETE(c,d;LSON[v]);
        If d>⌊(B[v]+E[v])/2⌋ Then DELETE(c,d;RSON[v])};/*Else*/
End;                       /*DELETE*/
```

4．线段树的动态维护

线段树的作用主要体现在可以动态维护一些特征，例如，要得到线段树上线段并集的长度，增加一个数据域 $M[v]$

$$M[v]=\begin{cases} E[v]-B[v] & C[v]>0 \\ 0 & (C[v]=0)\wedge(v是叶结点) \\ M[LOSN[v]]+M[RSON[v]] & (C[v]=0)\wedge(v是内部结点) \end{cases}$$

只要每次插入或删除线段区间时，在访问到的结点上更新 M 的值，不妨称之为 UPDATA，就

可以在插入和删除的同时维持好 M。在求整个线段树的并集长度时，只需要访问 $M[\text{ROOT}]$ 的值。这在许多动态维护的题目中是非常有用的，它使得每次操作的维护费用只有 $\log_2 n$。

类似的，还有求并区间的个数等。这里不再深入列举。

7.3.3 应用线段树解题

线段树主要针对区间线段进行处理，常应用于几何计算问题。例如在处理一组矩形问题时，用来求解矩形并图后的轮廓周长和面积，其运算效率比普通的离散化方法要高。

用线段树解题的一般方法是：

① 分析试题，揭示问题的区间特征。

② 根据要求构建线段树。一般情况下需要对坐标进行离散处理。建树时，不要拘泥于是线段还是数值，或是其他形式，只要能够表示成区间，而且区间是由单位元素（可以是一个点、线段或数组中一个值）组成的，都可以构建线段树；也不要拘泥于一维，根据题目要求，可以构建面积树、体积树等。

③ 树的每个结点根据题目所需，设置变量记录要求的值。

④ 用树状结构来维护这些变量。如果是求结点总数，则是左右子树的结点数和+1（子根）；如果要求最值，则先是左右子树的最值再联系到本区间。利用每次插入、删除时，都只对 $O(\log_2 L)$ 个结点进行修改这个特点，在 $O(\log_2 L)$ 的时间内维护修改后相关结点的变量。

⑤ 在非规则删除操作和大规模修改数据操作中，要灵活地运用子树的收缩与叶子结点的释放，避免重复操作。

下面通过实例揭示线段树的构建过程，引导读者学会揭示问题的区间特征，学会离散坐标并用相应的区间进行描述，为线段树每个结点设置记录区间情况的参数。

【例题7.8】蛇

在平面上有 N 个点，现在要求一些线段，使其满足以下要求：

① 这些线段必须闭合。

② 线段的端点只能是这 N 个点。

③ 交于一点的两条线段成 90°。

④ 线段都必须平行于坐标轴。

⑤ 所有线段除在这 N 个点外不自交。

⑥ 所有线段的长度之和必须最短。

如果存在这样的线段，则输出最小长度，否则输出 0。显然，图 7-26 中的线段满足上述条件。

图 7-26 满足 6 条要求的线段

 思路点拨

从该题的要求入手，先构建出符合要求的图，再分析使线段长度之和最小的问题。

题目显然是要求给出一个以给定的 N 个点为结点的 N 多边形。所有线段都要和坐标轴平行，因此，每个点只能与上、下、左、右 4 个点相连。由于与一个点相连的两条线段成 90°，所以每个结点必须与一条平行于 x 轴和一条平行于 y 轴的线段相连，如图 7-27 所示。

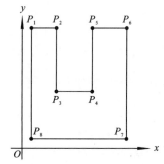

图 7-27 每个结点必须与一条平行于 x 轴和一条平行于 y 轴的线段相连

将所有点分别按照 x 坐标和 y 坐标排序后发现，在同一水平线上的点中，设这些点为 P_1，P_2，P_3，P_4，$\cdots$，P_N，P_1 要有一条平行于 x 轴的线段与其相连，就必须连它右边的点——P_2，而 P_3 如果再连 P_2，P_2 就有两条平行于 x 轴的线段和它相连，所以 P_3 只能连 P_4，P_5 只能连 P_6（见图 7-28）。同一垂直线上的点也是如此，所以线段的构造是唯一的，那么最小长度的问题就解决了。

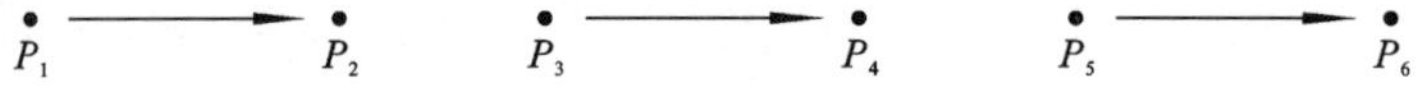

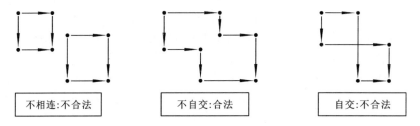

图 7-28 线段的构造是唯一的

由于解是唯一的，而线段是否相连只要按宽度优先搜索的顺序扩展就可以了，因此，关键在于判断由上述方法所构造出的线段是否合法——满足线段不在 N 个点之外自交（见图 7-29）。

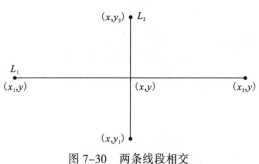

不相连:不合法　　不自交:合法　　自交:不合法

图 7-29 判断由上述方法构造出的线段是否合法

由于所有线段与两个坐标轴之一平行，有明显的区间性，可以想到用线段树判断是否自交：

① 由于只可能是与 x 轴平行的线段和与 y 轴平行的线段相交，如果线段 (x,y_1)-(x,y_2) 与线段 (x_1,y)-(x_2,y) 相交，则应该符合 $x_1<x<x_2$ 和 $y_1<y<y_2$（见图 7-30）。

由条件 $x_1<x<x_2$，可以想到先把所有的线段按 x 坐标排序。本题要注意的是，线段在端点重合不算自交，所以 x 轴坐标相同时，事件的顺序要恰当处理。如图 7-31 所示，右端点优先，与 y 轴平行的线段其次，然后到左端点。

图 7-30 两条线段相交

② 将 y 轴表示的区间建立线段树。排序后，每个线段或线段的端点称为一个事件，如图 7-32 所示，S_1、S_2、S_3、S_4 分别为一个事件。

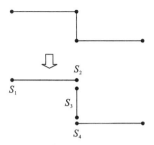

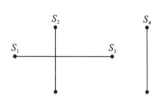

图 7-31　x 坐标相同时，事件处理的顺序　　　图 7-32　将 x 轴表示的区间建立线段树

按 x 坐标由小到大，扫描所有事件，如果遇到平行于 x 轴线段的左端点，则将它的 y 坐标当成一个点，插入到表示 y 轴区间的线段树中；如果遇到平行于 x 轴线段的右端点，则把它代表的点从线段树中删除。如果遇到与 y 轴平行的线段 $L_1(x,y_1)$-(x,y_2)，假设有线段 $L_2(x_1,y)$-(x_2,y) 与之相交，由 $x_1<x<x_2$ 可知 L_2 的左端点已经被扫描过，那么 L_2 代表的点已经插入线段树中；L_2 的右端点还没被扫描过，说明 L_2 代表的点依然存在于线段树之中。换而言之，只要还在线段树中的点，就满足 $x_1<x<x_2$。要判断 $y_1<y<y_2$ 的条件是否满足，可以在线段树中查找 $[y_1+1,y_2-1]$（在端点处可以相交）区间内是否有点存在，如果存在，就说明有线段与之相交，该图形不合法。

③ 具体实现时要注意线段树每个结点增加一个变量记录该区间内的点数，线段树的单位元（叶子结点）改成一个点，而不是一条单位线段。每次插入和删除后，只要对相关结点的变量进行改动即可。将 y 轴坐标离散后，以上过程每次执行插入、删除及查找过程的复杂度是 $O(\log_2 n)$ 级别的，由于所有线段数量是 $O(n)$ 级别的，所以整体的时间复杂度是 $O(n\log_2 n)$。

如果将本题扩展成求这些线段所有交点的个数，则只需要在查找时，把区间内的所有点统计出来即可。

线段树中的叶结点反映出区间内各种数据单一性的本质特征。我们可以根据这一特性，灵活地将子树收缩为叶子或让被收缩的叶子释放还原出区间，从而避免重复操作，提高算法效率。下面看一个实例。

【例题7.9】空心长方体

在一个三维正坐标系中，存在 N（$N\leqslant 5\ 000$）个点，现在要求一点 $P(x,y,z)$，使得 $O(0,0,0)$ 与 $P(x,y,z)$ 两个点构成的长方体内不包括 N 个点中的任何一个点（长方体边缘上可以有点），并使这个长方体的体积最大。x、y、z 均不得超过 $1\ 000\ 000$。

思路点拨

若 $P(x,y,z)$ 代表的长方体包含一点 Q，那么 P 的所有可能坐标值都大于 Q 点的坐标值，即 $P_x>Q_x$，$P_y>Q_y$，$P_z>Q_z$。

体积最大的长方体，其 P 点任意轴的坐标，都与 N 个点中的一个相同或者和边界相同。如果在某轴向上的 N 个点与 P 点的坐标不同，则 N 个点中肯定存在若干个点的坐标比 P 点坐标大，取其中最小的一个坐标取代 P 点坐标，可使得不包含 N 个点的长方体的体积增大，与题意矛盾。

在已经确定 P 的 x 坐标情况下，将所有点的 y 轴坐标排序，得到序列 $y[1]$，$y[2]$，$y[3]$，…。设置数组 max，其中 $\max[i]$ 记录 P 的 y 轴坐标为 $y[i]$ 时 z 轴坐标的最大取值。由于 y 坐标增大的同时 z 坐标的限制增多，因此数组 max 的值是单调递减的。

把所有点按 x 轴坐标排序，当 P 点的 x 坐标与第 i 个点相同时，第 i 及第 i 以后的点都不可能被 P 包含了。从小到大枚举 P 点的 x 坐标，这个过程中要不断维护数组 max。因为 P 的 x 坐标是由第 i 个点的变成第 $i+1$ 个点的，第 i 个点的坐标就会增加对数组 max 的限制。考虑第 i 个点 $Q(x,y,z)$ 增加对数组的限制。

由于 P 的所有可能坐标值都大于内含点的坐标值，因此 y 轴坐标比 Q_y 小的点和 z 轴坐标比 Q_z 小的点都不用修改，即所有满足 $y'<Q_y$ 和 $z'<Q_z$ 的点 (x,y',z') 不用调整。由于 y 坐标递增排序、数组 max 的值随 y 坐标值的递增而递减，因此，实际上就是要把图 7-33 所示的区间 $[i,j]$ 的 max 值都修改成 Q_z，而要高效地进行区间操作就可以用到线段树了。

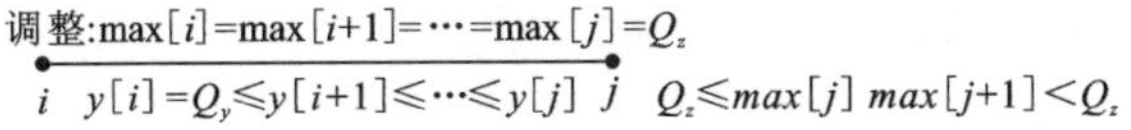

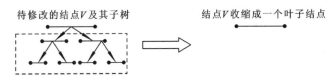

图 7-33　区间 $[i,j]$ 的 max 值修改成 Q_z

建立关于数组 max 的线段树，枚举 P 的 x 轴坐标过程中，每增加一个结点的限制，就相当于修改线段树中的一个区间内的值。修改的区间如果包含结点 V 表示的区间，那么 V 及 V 的儿子都要修改。为避免重复无意义的操作，只修改 V，由于 V 区间内的值相同，如图 7-34 所示，所以将子树 V 收缩成一个叶子结点。

图 7-34　将子树 V 收缩成一个叶子结点

相反的，如果修改的区间不完全包含结点 V，而 V 又已经被收缩成一个叶子结点，那么将这个叶子结点释放出两个儿子，如图 7-35 所示。

叶子结点V　　　　　　结点V释放出两个儿子

图 7-35　将叶子结点释放出两个儿子

所求体积为 $P_x \times \max[i] \times y[i]$ 之一，由于 P_x 是固定的，因此关键是求 $\max[i] \times y[i]$ 的最大值。线段树中每个结点要记录其表示的区间内 $\max[i] \times y[i]$ 的最大值，并且在数组被修改时，维护这个最大值。根结点的最大值与 P 点当前 x 坐标相乘，就是当前最大体积。另外，由于 P_x, P_y, $P_z \leqslant 1\,000\,000$，所以要加入 $(0,0,1\,000\,000)$、$(0,1\,000\,000,0)$、$(1\,000\,000,0,0)$。解题过程利用的是子树收缩的方法，避免了重复操作。离散后，每次修改的结点数是 $O(\log_2 n)$ 级别，相关的维护也是这个级别，所以时间复杂度为 $O(n\log_2 n)$。

该题的成功之处在于没有把线段树看做僵化不变的东西，抓住线段树叶结点的本质——区间内的各种数据是单一的。根据情况把子树收缩为叶子或让收缩后的叶子还原出子树，从而避免重复操作。

在本章节给出的线段树是一维的，仅介绍了利用线段树处理简单的几何线段或数据区间的一般方法。实际上，线段树的拓展性很广：例如，线段树既可以处理线段问题，也可以转化为对数据点的操作，因为数据点也可以被理解为特殊的区间，有关这方面的知识，将在第 10 章数据统计上的二分策略中专门阐释；再如，虽然一维线段树便于线性统计，但也可以拓展为二维线段树和多维线段树，用于平面统计和空间统计。有关这方面的知识，将在第 12 章计算几何上的应对策略中介绍。

7.4　利用伸展树优化动态集合的操作

我们知道，二叉查找树（Binary Search Tree）能够支持多种动态集合操作，因此在 ACM/ICPC 竞赛中，二叉查找树起着非常重要的作用，它可以被用来表示有序集合、建立索引或优先队列等。

作用于二叉查找树上基本操作的时间是与树的高度成正比的：对于一棵含 n 个结点二叉查找树，如果呈完全二叉树结构，则这些操作的最坏情况运行时间为 $O(\log_2 n)$；但如果呈线性链结构，则这些操作的最坏情况运行时间为 $O(n)$；而对于二叉查找树的一些变形，其基本操作在最坏情况下性能依然很好，如红黑树、AVL 树等。

下面要介绍的伸展树（Splay Tree）是二叉查找树的一种改进，虽然它并不能保证树结构始终是"平衡"的，但对于伸展树的一系列操作，可以证明其每一步操作的平摊复杂度都是 $O(\log_2 n)$。所以从某种意义上说，伸展树也是一种平衡的二叉查找树。而在各种树状数据结构中，伸展树从空间要求与编程复杂度看，都是很好用的。

7.4.1　伸展树的基本操作

与二叉查找树一样，伸展树也具有有序性。即伸展树中的每一个结点 x 都满足：该结点左子树中的每一个元素都小于 x，而其右子树中的每一个元素都大于 x。伸展树的基本操作包括：伸展操作，即伸展树做自我调整；判断元素 x 是否在伸展树中；将元素 x 插入伸展树；将元素 x 从伸展树中删除；将两棵伸展树 S_1 与 S_2 合并成为一棵伸展树（其中，S_1 的所有元素都小于 S_2 的所有元素）；以 x 为界，将伸展树 S 分离为两棵伸展树 S_1 和 S_2，其中 S_1 中所有元素都小于 x，S_2 中的所有元素都大于 x。

1. 伸展操作——Splay(x,S)

伸展操作 Splay(x,S)是在保持伸展树有序性的前提下，通过一系列旋转将伸展树 S 中的元素 x 调整至树的根部。在调整的过程中，要分以下 3 种情况分别处理：

① 结点 x 的父结点 y 是根结点。这时，如果 x 是 y 的左孩子，进行一次 Zig（右旋）操作；

如果 x 是 y 的右孩子，则进行一次 Zag（左旋）操作。经过旋转，x 成为二叉查找树 S 的根结点，调整结束，如图 7-36 所示。

② 结点 x 的父结点 y 不是根结点，y 的父结点为 z，且 x 与 y 同时是各自父结点的左孩子或者同时是各自父结点的右孩子。这时，进行一次 Zig-Zig 操作或者 Zag-Zag 操作，如图 7-37 所示。

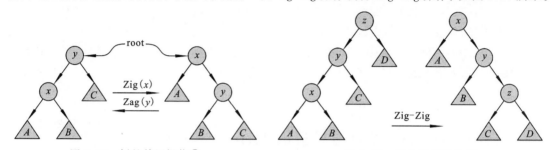

图 7-36　树的伸展操作①　　　　　　　图 7-37　树的伸展操作②

③ 结点 x 的父结点 y 不是根结点，y 的父结点为 z，x 与 y 中一个是其父结点的左孩子而另一个是其父结点的右孩子。这时，进行一次 Zig-Zag 操作或者 Zag-Zig 操作，如图 7-38 所示。

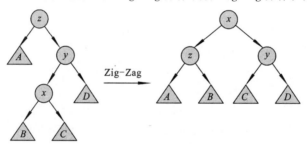

图 7-38　树的伸展操作③

执行 Splay(1,S)，将元素 1 调整到了伸展树 S 的根部，如图 7-39 所示。

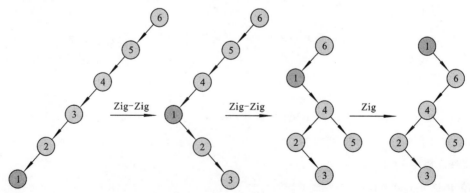

图 7-39　将元素 1 调整到伸展树的根部

再执行 Splay(2,S)，如图 7-40 所示。

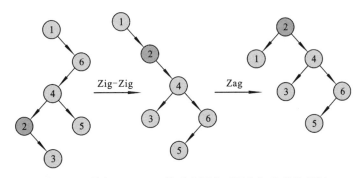

图 7-40　执行 Splay(2,S)得到比原来"平衡"些的伸展树

经过调整后，从直观上可以看出伸展树比原来"平衡"了许多。而伸展操作的过程并不复杂，只需要根据情况进行旋转就可以了，3 种旋转都是由基本的左旋和右旋组成的，实现较为简单。

利用 Splay 操作，可以在伸展树 S 上进行如下运算。

2．判断元素 x 是否在伸展树 S 表示的有序集中——Find(x,S)

首先，与在二叉查找树中的查找操作一样，在伸展树中查找元素 x。如果 x 在树中，则再执行 Splay(x,S)调整伸展树。

3．将元素 x 插入伸展树 S 表示的有序集中——Insert(x,S)

与处理普通的二叉查找树一样，将 x 插入到伸展树 S 中的相应位置上，再执行 Splay(x,S)。

4．将元素 x 从伸展树 S 所表示的有序集中删除——Delete(x,S)

首先，用在二叉查找树中查找元素的方法找到 x 的位置。如果 x 没有孩子或只有一个孩子，那么直接将 x 删去，并通过 Splay 操作，将 x 结点的父结点调整到伸展树的根结点处。否则，需向下查找 x 的后继 y，用 y 替代 x 的位置，最后执行 Splay(y,S)，将 y 调整为伸展树的根。

5．将两棵伸展树 S_1 与 S_2 合并成为一棵伸展树，其中 S_1 的所有元素都小于 S_2 的所有元素——Join(S_1, S_2)

首先，找到伸展树 S_1 中最大的一个元素 x，再通过 Splay(x,S_1)将 x 调整到伸展树 S_1 的根。然后再将 S_2 作为 x 结点的右子树。这样，就得到了新的伸展树 S，如图 7-41 所示。

6．以 x 为界，将伸展树 S 分离为两棵伸展树 S_1 和 S_2，其中 S_1 中所有元素都小于 x，S_2 中的所有元素都大于 x——Split(x,S)

首先执行 Find(x,S)，将元素 x 调整为伸展树的根结点，则 x 的左子树就是 S_1，而右子树为 S_2。然后去除 x 通往左右儿子的边，如图 7-42 所示。

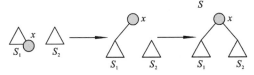

图 7-41　将两棵伸展树合并成一棵

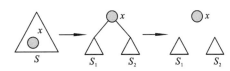

图 7-42　以 x 为界，将伸展树 S 分离为两棵伸展树 S_1 和 S_2

在伸展操作的基础上，除了上面介绍的 5 种基本操作，伸展树还支持求最大值、求最小值、求前趋、求后继等多种操作，这些基本操作也都是建立在伸展操作的基础上的。

7.4.2 伸展树的效率分析

由上述操作的实现过程可以看出，伸展树基本操作的时间效率完全取决于 Splay 操作的时间复杂度。下面，用会计方法来分析 Splay 操作的平摊复杂度。

首先定义一些符号：$S(x)$ 表示以结点 x 为根的子树。$|S|$ 表示伸展树 S 的结点个数。令 $\mu(S)=\lfloor \log_2|S| \rfloor$，$\mu(x)=\mu(S(x))$，如图 7-43 所示。

用 1 元钱表示单位代价（这里将对于某个点进行访问和旋转看做需要一个单位时间的代价）。定义伸展树不变量：在任意时刻，伸展树中的任意结点 x 都至少有 $\mu(x)$ 元的存款。

在 Splay 调整过程中，费用将会用在以下两个方面：

① 为使用的时间付费。每进行一次单位时间的操作，要支付 1 元钱。

② 当调整伸展树的形状时，需要加入一些钱或者重新分配原来树中每个结点的存款，以保持不变量继续成立。

下面给出关于 Splay 操作花费的定理：

[定理 6] 在每一次 Splay(x,S) 操作中，调整树的结构与保持伸展树不变量的总花费不超过 $3\mu(S)+1$。

证明： 用 $\mu(x)$ 和 $\mu'(x)$ 分别表示在进行一次 Zig、Zig-Zig 或 Zig-Zag 操作前后结点 x 处的存款。下面分 3 种情况分析旋转操作的花费：

情况 1： Zig 或 Zag（见图 7-44）

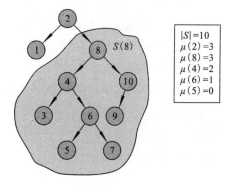

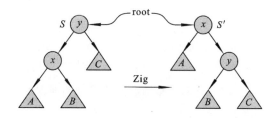

图 7-43　做伸展树效率分析用图　　　　图 7-44　证明中的情况 1

进行 Zig 或者 Zag 操作时，为了保持伸展树不变量继续成立，需要花费：

$$\mu'(x)+\mu'(y)-\mu(x)-\mu(y)=\mu'(y)-\mu(x)$$
$$\leqslant \mu'(x)-\mu(x)$$
$$\leqslant 3(\mu'(x)-\mu(x))$$
$$=3(\mu(S)-\mu(x))$$

此外，我们花费另外 1 元钱用来支付访问、旋转的基本操作。因此，一次 Zig 或 Zag 操作的花费至多为 $3(\mu(S)-\mu(x))$。

情况 2：Zig-Zig 或 Zag-Zag（见图 7-45）

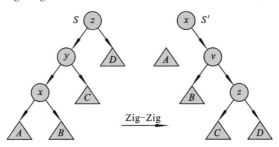

图 7-45　证明中的情况 2

进行 Zig-Zig 操作时，为了保持伸展树不变量，需要花费：

$$\mu'(x)+\mu'(y)+\mu'(z)-\mu(x)-\mu(y)-\mu(z)$$
$$=\mu'(y)+\mu'(z)-\mu(x)-\mu(y)$$
$$=(\mu'(y)-\mu(x))+(\mu'(z)-\mu(y))$$
$$\leqslant(\mu'(x)-\mu(x))+(\mu'(x)-\mu(x))$$
$$=2(\mu'(x)-\mu(x))$$

与情况 1 一样，我们也需要花费另外的 1 元钱来支付单位时间的操作。

当 $\mu'(x)<\mu(x)$ 时，显然 $2(\mu'(x)-\mu(x))+1\leqslant3(\mu'(x)-\mu(x))$，也就是进行 Zig-Zig 操作的花费不超过 $3(\mu'(x)-\mu(x))$。

当 $\mu'(x)=\mu(x)$ 时，可以证明 $\mu'(x)+\mu'(y)+\mu'(z)<\mu(x)+\mu(y)+\mu(z)$，也就是说不需要任何花费即可保持伸展树不变量，并且可以得到退回来的钱，用其中的 1 元支付访问、旋转等操作的费用。为了证明这一点，假设 $\mu'(x)+\mu'(y)+\mu'(z)>\mu(x)+\mu(y)+\mu(z)$。

联系情况 1，有 $\mu(x)=\mu'(x)=\mu(z)$。那么，显然 $\mu(x)=\mu(y)=\mu(z)$，于是可以得出 $\mu(x)=\mu'(z)=\mu(z)$。令 $a=1+|A|+|B|$，$b=1+|C|+|D|$，那么就有

$$[\log_2a]=[\log_2b]=[\log_2(a+b+1)] \tag{*}$$

不妨设 $b\geqslant a$，则有

$$[\log_2(a+b+1)]\geqslant[\log_2(2a)]=1+[\log_2a]>[\log_2a] \tag{**}$$

（ * ）与（ ** ）矛盾，所以我们可以得到 $\mu'(x)=\mu(x)$ 时，Zig-Zig 操作不需要任何花费，显然也不超过 $3(\mu'(x)-\mu(x))$。

情况 3：Zig-Zag 或 Zag-Zig（见图 7-46）

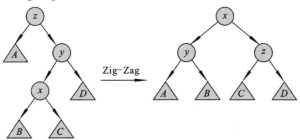

图 7-46　证明中的情况 3

与情况 2 类似，我们可以证明，每次 Zig-Zag 操作的花费也不超过 $3(\mu'(x)-\mu(x))$。

以上 3 种情况说明，Zig 操作花费最多为 $3(\mu(S)-\mu(x))+1$，Zig-Zig 或 Zig-Zag 操作最多花费 $3(\mu'(x)-\mu(x))$。那么将旋转操作的花费依次累加，则一次 Splay(x,S) 操作的费用就不会超过 $3\mu(S)+1$。

$$
\begin{array}{ll}
\text{Zig} & 3(\mu(S)-\mu(x))+1 \\
\text{Zig-Zig} & 3(\mu'(x)-\mu(x)) \\
\text{Zig-Zig} & 3(\mu'(x)-\mu(x)) \\
+ \quad \vdots & + \quad \vdots \\
\hline
\text{Splay}(x,S) & 3(\mu(S)-\mu(x))+1
\end{array}
$$

也就是说，对于伸展树的各种以 Splay 操作为基础的基本操作的平摊复杂度，都是 $O(\log_2 n)$。可见，伸展树是一种时间效率非常优秀的数据结构。

7.4.3　应用伸展树解题

伸展树作为一种时间效率很高、空间要求不大的数据结构，在解题中大有用武之地。下面就通过一个例子说明伸展树应用价值。

【例题7.10】营业额统计

Tiger 最近被公司升任为营业部经理，他上任后接受的第一项任务便是统计并分析公司成立以来的营业情况。Tiger 拿出了公司的账本，账本上记录了公司成立以来每天的营业额。分析营业情况是一项相当复杂的工作。由于节假日、大减价或其他情况时，营业额会出现一定的波动，当然一定的波动是能够接受的，但是在某些时候营业额突变得很高或是很低，这就证明公司此时的经营状况出现了问题。经济管理学上定义了一种最小波动值来衡量这种情况：

该天的最小波动值=min{|该天以前某一天的营业额−该天的营业额|}

当最小波动值越大时，说明营业情况越不稳定。而分析整个公司的从成立到现在营业情况是否稳定，只需要把每一天的最小波动值加起来就可以了。你的任务就是编写一个程序帮助 Tiger 来计算这一个值。

注：第一天的最小波动值为第一天的营业额。数据范围为天数 $n \leqslant 32\,767$，每天的营业额 $a_i \leqslant 1\,000\,000$，最后结果 $T \leqslant 2^{31}$。

思路点拨

题目的意思非常明确，关键是要每次读入一个数，并且在前面输入的数中找到一个与该数相差最小的一个。

我们很容易想到一个时间复杂度为 $O(n^2)$ 的朴素算法：每次读入一个数，再将前面输入的数依次查找一遍，求出与当前数的最小差值，记入总结果 T。但由于本题中 n 很大，这样的算法是不可能在时限内算出结果的。而如果使用线段树记录已经读入的数，就需要记下一个 2 MB 的大数组，空间需求很大。而前文提到的红黑树与平衡二叉树虽然在时间效率、空间复杂度上都比较优秀，但过高的编程复杂度却让人望而却步。于是我们想到了伸展树算法。

进一步分析本题，解题涉及对于有序集的 3 种操作：插入、求前趋、求后继。而对于这 3 种操作，伸展树的时间复杂度都非常优秀，于是我们设计了如下算法：

开始时，树 S 为空，总和 T 为零。每次读入一个数 p，执行 Insert(p,S)，将 p 插入伸展树 S。这时，p 也被调整到伸展树的根结点。这时，求出 p 点左子树中的最右点和右子树中的最左点，这两个点分别是有序集中 p 的前趋和后继。然后求得最小差值，加入最后结果 T。

由于对于伸展树的基本操作的平摊复杂度都是 $O(\log_2 n)$ 的，所以整个算法的时间复杂度是 $O(n\log_2 n)$；而空间上，可以用数组模拟指针存储树状结构，这样所用内存不超过 400 KB；编程复杂度方面，伸展树算法非常简单，程序并不复杂。虽然伸展树算法并不是本题唯一的算法，但它与其他常用的数据结构相比，还是有许多优势的。表 7-1 比较了 4 种算法（顺序查找、线段树、AVL 树和伸展树）的时间复杂度、空间复杂度和编程复杂度，从中可以看出伸展树的优越性。

表 7-1　比较 4 种算法复杂度

分　类	顺序查找	线段树	AVL 树	伸展树
时间复杂度	$O(n^2)$	$O(n\log_2 a)$	$O(n\log_2 n)$	$O(n\log_2 n)$
空间复杂度	$O(n)$	$O(a)$	$O(n)$	$O(n)$
编程复杂度	很简单	较简单	较复杂	较简单

由上面的分析介绍，可以发现伸展树有以下几个优点：

① 时间复杂度低，伸展树的各种基本操作的平摊复杂度都是 $O(\log_2 n)$。在树状的数据结构中，无疑是非常优秀的。

② 空间要求不高。与红黑树需要记录每个结点的颜色、AVL 树需要记录平衡因子不同，伸展树不需要记录任何信息以保持树的平衡。

③ 算法简单。编程容易，调试方便。伸展树的基本操作都是以 Splay 操作为基础的，而 Splay 操作中只需要根据当前结点的位置进行旋转操作即可。

虽然伸展树算法与 AVL 树在时间复杂度上相差不多，甚至有时候会比 AVL 树慢一些，但伸展树的编程复杂度大大低于 AVL 树。竞赛中使用伸展树，在编程和调试等方面都更有优势。

7.5　利用左偏树实现优先队列的合并

优先队列在 ACM/ICPC 竞赛中十分常见，在统计问题、最值问题、模拟问题和贪心问题等类型的题目中，优先队列都有着广泛的应用。二叉堆是一种常用的优先队列，它编程简单，效率高，但如果问题需要对两个优先队列进行合并，二叉堆的效率就无法令人满意了。为了解决这个问题，我们引入了左偏树。

7.5.1　左偏树的定义和性质

在介绍左偏树之前，先来回顾一下优先队列和可并堆的概念：

优先队列（Priority Queue）：一种抽象数据类型（ADT）。它是一种容器，里面有一些元素，这些元素又称队列中的结点（node）。优先队列的结点至少要包含一种性质：有序性，也就是说任意两个结点可以比较大小。为了具体起见我们假设这些结点中都包含一个键值（key），结点的大小通过比较它们的键值而定。优先队列有 3 个基本的操作：插入结点（Insert）、取得最小结点（Minimum）和删除最小结点（Delete-Min）。

可并堆(Mergeable Heap)：也是一种抽象数据类型，它除了支持优先队列的3个基本操作（Insert、Minimum、Delete-Min），还支持一个额外的操作——合并操作：$H \leftarrow Merge(H_1, H_2)$，该操作构造并返回一个包含 H_1 和 H_2 所有元素的新堆 H。

左偏树（Leftist Tree）是一种可并堆的实现。左偏树是一棵二叉树，它的结点除了和二叉树的结点一样具有左右子树指针（left,right）外，还有两个属性：键值和距离（dist）。键值是用于比较结点的大小，而距离的定义为：

结点 i 称为外结点（External Node），当且仅当结点 i 的左子树或右子树为空（left(i)=NULL 或 right(i)=NULL）。结点 i 的距离 dist(i)是结点 i 到它的后代中最近的外结点所经过的边数。特别的，如果结点 i 本身是外结点，则它的距离为 0；而空结点的距离规定为–1（dist(NULL)=–1）。左偏树的距离是指该树根结点的距离。

左偏树的定义是由其本身具备的两个基本特征引出的：

堆特征：结点的键值小于或等于它的左右子结点的键值，即 key(i)≤key(parent(i))。符合堆特征的树是堆有序的（Heap-Ordered）。有了堆特征，我们可以知道左偏树的根结点是整棵树的最小结点，于是可以在 $O(1)$ 的时间内完成取最小结点操作。

左偏特征：结点的左子结点的距离不小于右子结点的距离，即 dist(left(i))≥dist(right(i))。左偏特征是为了使我们在插入结点和删除最小结点后，以更小的代价维持堆特征。在后面就会看到它的作用。

由于左偏树的每一个结点具有堆特征和左偏特征，因此左偏树任一结点的左右子树都是左偏树。由堆特征和左偏特征可以引出左偏树的定义：左偏树是具有左偏特征的堆有序二叉树。

图 7-47 是一棵左偏树。

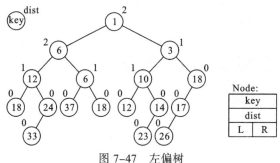

图 7-47　左偏树

左偏树（Leftist Tree）、二项堆（Binomial Heap）和 Fibonacci 堆（Fibonacci Heap）都是十分优秀的可并堆。表 7-2 列出这些可并堆的时空效率。

显然，左偏树比较均衡地协调了时间复杂度、空间复杂度和编程复杂度三者之间的矛盾。如果不需要对优先队列进行合并，则二叉堆是理想的选择。可惜合并二叉堆的时间复杂度为 $O(n)$，用它来实现可并堆，合并操作必然成为算法的瓶颈。左偏树不仅可以高效方便地实现可并堆，而且可以作为二叉堆的替代品，应用于各种优先队列，很多时候甚至比二叉堆更方便。

表 7-2 可并堆的时空效率

项　　目	二叉堆	左偏树	二项堆	Fibonacci 堆
构建	$O(n)$	$O(n)$	$O(n)$	$O(n)$
插入	$O(\log_2 n)$	$O(\log_2 n)$	$O(\log_2 n)$	$O(1)$
取最小结点	$O(1)$	$O(1)$	$O(\log_2 n)$	$O(1)$
删除最小结点	$O(\log_2 n)$	$O(\log_2 n)$	$O(\log_2 n)$	$O(\log_2 n)$
删除任意结点	$O(\log_2 n)$	$O(\log_2 n)$	$O(\log_2 n)$	$O(\log_2 n)$
合并	$O(n)$	$O(\log_2 n)$	$O(\log_2 n)$	$O(1)$
空间需求	最小	较小	一般	较大
编程复杂度	最低	较低	较高	很高

下面来分析左偏树的性质。我们知道，左偏树的任一个非叶结点必须经由它的子结点才能到达外结点。由于左偏特征，一个结点的距离实际上就是这个结点一直沿它的右边到达一个外结点所经过的边数（见图 7-47），因此引出如下性质：

性质 1：结点的距离等于它的右子结点的距离加 1，即

$$\text{dist}(i) = \text{dist}(\text{right}(i)) + 1$$

外结点的距离为 0，由于左偏特征，它的右子结点必为空结点。为了满足性质 1，前面规定空结点的距离为 -1。

在人们的印象中，平衡树具有非常小的深度，这也意味着到达任何一个结点所经过的边数很少。左偏树并不是为了快速访问所有的结点而设计的，它的目的是快速访问最小结点以及在对树修改后快速的恢复堆特征。从图 7-47 中可以看出它并不平衡，由于左偏特征的缘故，它的结构偏向左侧，不过距离的概念和树的深度并不一样，左偏树并不意味着左子树的结点数或是深度一定大于右子树。下面，我们来讨论左偏树的距离和结点数的关系。

[引理 2] 若左偏树的距离为一个定值，则结点数最少的左偏树是完全二叉树。

证明：由左偏特征可知，当且仅当对于一棵左偏树中的每个结点 i，都有 $\text{dist}(\text{left}(i)) = \text{dist}(\text{right}(i))$ 时，该左偏树的结点数最少。显然具有这样性质的二叉树是完全二叉树。

[定理 7] 若一棵左偏树的距离为 k，则这棵左偏树至少有 $2^{k+1} - 1$ 个结点。

证明：由[引理 2]可知，当这样的左偏树结点数最少的时候，是一棵完全二叉树。距离为 k 的完全二叉树高度也为 k，结点数为 $2^{k+1} - 1$，所以距离为 k 的左偏树至少有 $2^{k+1} - 1$ 个结点。

作为[定理 7]的推论，我们有：

性质 2：一棵 N 个结点的左偏树距离最多为 $\lfloor \log_2(N+1) \rfloor - 1$。

证明：设一棵 N 个结点的左偏树距离为 k，由[定理 7]可知，$N \geq 2^{k+1} - 1$，因此 $k \leq \lfloor \log_2(N+1) \rfloor - 1$。有了左偏树的堆特征、左偏特征和上面两个性质，可以开始讨论左偏树的操作了。

7.5.2　左偏树的操作

左偏树的操作包括构建左偏树、合并左偏树、插入新结点、删除最小结点和删除任意结点。

1．构建左偏树

将 n 个结点构建成一棵左偏树，这也是一个常用的操作。构建方法有两种：

构建方法 1：逐个结点插入，时间复杂度为 $O(n\log_2 n)$。

构建方法 2：仿照二叉堆的构建算法。

① 将 n 个结点（每个结点作为一棵左偏树）放入先进先出队列。

② 不断地从队首取出两棵左偏树，将它们合并之后加入队尾。

③ 当队列中只剩下一棵左偏树时，算法结束。

图 7-48 给出了实例。

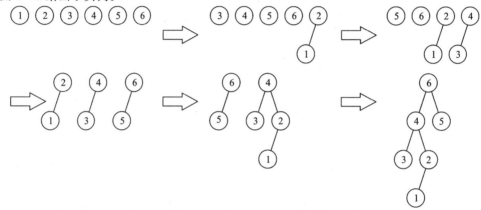

图 7-48　仿照二叉堆建左偏树

下面分析算法的时间复杂度。假设 $n=2^k$，则：

前 $\dfrac{n}{2}$ 次合并的是两棵只有 1 个结点的左偏树。

接下来的 $\dfrac{n}{4}$ 次合并的是两棵有 2 个结点的左偏树。

接下来的 $\dfrac{n}{8}$ 次合并的是两棵有 4 个结点的左偏树。

……

接下来的 $\dfrac{n}{2^i}$ 次合并的是两棵有 2^{i-1} 个结点的左偏树。

合并两棵 2^i 个结点的左偏树时间复杂度为 $O(i)$，因此算法总的时间复杂度为 $\dfrac{n}{2}\times O(1)+\dfrac{n}{4}\times O(2)+$
$\dfrac{n}{8}\times O(3)+\ldots=O(n\times\sum_{i=1}^{k}\dfrac{i}{2^i})=O(n\times(2-\dfrac{k+2}{2^k}))=O(n)$。

2．合并左偏树($C\leftarrow\text{Merge}(A,B)$)

由于合并操作是插入和删除操作的基础，因此我们做重点讨论：

有 A、B 两棵左偏树，如图 7-49 所示。$\text{Merge}(A,B)$ 把 A、B 两棵左偏树合并，返回一棵包含 A 和 B 中所有元素的左偏树 C。一般左偏树用它的根结点的指针表示。

在合并操作中，最简单的情况是其中一棵树为空（也就是该树根结点指针为 NULL），这时只需要返回另一棵树。

若 A 和 B 都非空，假设 A 的根结点小于等于 B 的根结点（否则交换 A、B），把 A 的根结点作为新树 C 的根结点，剩下的事就是合并 A 的右子树 right(A) 和 B 了（见图 7-50）。

合并了 right(A) 和 B 之后，right(A) 的距离可能会变大，当 right(A) 的距离大于 left(A) 的距离时，左偏树的左偏特征会被破坏（见图 7-51）。在这种情况下，须要交换 left(A) 和 right(A)。

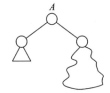

图 7-49　有 A、B 两棵左偏树　　图 7-50　将的右子树与 B 合并　　图 7-51　right(A) 的距离大于
　　　　　　　　　　　　　　　　　　　　　　　　　　　　　　　　　left(A) 的距离时须将两者交换

最后，由于 right(A) 的距离可能发生改变，所以必须更新 A 的距离：dist(A)←dist(right(A))+1。

不难验证，经这样合并后的树 C 符合堆特征和左偏特征，因此是一棵左偏树。至此左偏树的合并就完成了。图 7-52 是一个合并过程的示例（结点上方的数字为距离值）。

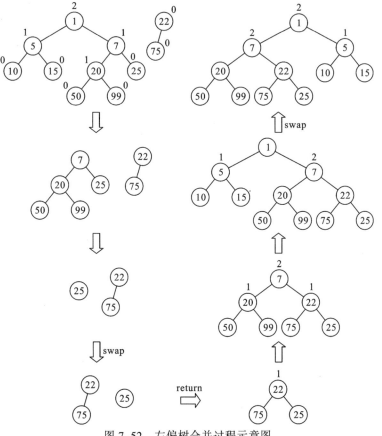

图 7-52　左偏树合并过程示意图

可以用下面的代码描述左偏树的合并过程：

```
FUNC Merge(A,B);                /*合并以 A 和 B 为根的两棵左偏树,返回合并后的左偏树的根*/
   If A=NULL Then Merge←B;  /*若其中一棵树为空，则返回另一棵树*/
If B=NULL Then Merge←A;
If key(B)<key(A) Then swap(A,B);/*假设 A 的根结点小于等于 B 的根结点(否则交换 A，B)，
把 A 的根结点作为新树 C 的根结点，合并 A 的右子树 right(A) 和 B*/
right(A)←Merge(right(A),B);
If dist(right(A))>dist(left(A))  /*当 right(A) 的距离大于 left(A) 的距离时，为维护左
偏树的左偏特征，交换 left(A) 和 right(A)*/
Thenswap(left(A),right(A));
If right(A)=NULL                 /*更新 A 的距离*/
Then dist(A)←0
   Else dist(A)←dist(right(A))+1;
Merge←A;
End;                            /*Merge*/
```

下面分析合并操作的时间复杂度。由上所述，每一次递归合并的开始，都需要分解其中一棵树，总是把分解出的右子树参加下一步的合并。根据性质 1，一棵树的距离决定于其右子树的距离，而右子树的距离在每次分解中递减，因此每棵树 A 或 B 被分解的次数分别不会超过它们各自的距离。根据性质 2，分解的次数不会超过 $\lfloor\log_2(N_1+1)\rfloor+\lfloor\log_2(N_2+1)\rfloor-2$，其中 N_1 和 N_2 分别为左偏树 A 和 B 的结点个数。因此合并操作最坏情况下的时间复杂度为 $O(\lfloor\log_2(N_1+1)\rfloor+\lfloor\log_2(N_2+1)\rfloor-2)=O(\log_2N_1+\log_2N_2)$。

3. 插入结点

单结点的树一定是左偏树，因此向左偏树插入一个结点可以看做是对两棵左偏树的合并（见图 7-53）。

下面是插入新结点的代码：

```
PROC insert(x,A);        /*在左偏树 A 中插入结点 x*/
B←MakeIntoTree(x);       /*构造含单结点 x 的左偏树*/
A←Merge(A,B);            /*合并两棵左偏树*/
End;                     /*insert*/
```

由于合并的其中一棵树只有一个结点，因此插入新结点操作的时间复杂度是 $O(\log_2 n)$。

4. 删除左偏树 A 的最小结点

由堆特征知道，左偏树的根结点是最小结点。在删除根结点后，剩下的两棵子树都是左偏树，需要把它们合并（见图 7-54）。

图 7-53　在左偏树 A 中插入结点

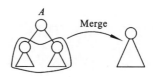

图 7-54　删除左偏树 A 的最小结点

删除最小结点操作的代码也非常简单：

```
FUNC DeleteMin(A);                /*删除左偏树 A 中的最小结点*/
  t←key(root(A));                 /*计算根结点的键值*/
  A←Merge(left(A),right(A));      /*合并左右子树*/
  DeleteMin←t;                    /*返回根结点的键值*/
End;                              /* DeleteMin*/
```

由于删除最小结点后只需要进行一次合并，因此删除最小结点的时间复杂度也为 $O(\log_2 n)$。

5. 删除任意已知结点

在这里之所以强调"已知"，是因为任意结点 x 并不是根据它的键值找出来的，左偏树本身除了可以迅速找到最小结点外，不能有效地搜索指定键值的结点。例如，不能要求删除所有键值为 100 的结点。

前面说过，优先队列是一种容器。对于通常的容器来说，一旦结点被放进去以后，容器就完全拥有了这个结点，每个容器中的结点具有唯一的对象掌握它的拥有权（ownership）。对于这种容器的应用，优先队列只能删除最小结点，因为你根本无从知道它的其他结点是什么。

但是优先队列除了作为一种容器外还有另一个作用，就是可以找到最小结点。很多应用是针对这个功能的，它们并没有将拥有权完全转移给优先队列，而是把优先队列作为一个最小结点的选择器，从一堆结点中依次将它们选出来。这样一来结点的拥有权就可能同时被其他对象掌握。也就是说某个结点虽不是最小结点，不能从优先队列那里"已知"，但却可以从其他的拥有者那里"已知"。

这种优先队列的应用也是很常见的。设想有一个闹钟，它可以记录很多个响铃时间，不过由于时间是线性的，铃只能一个个按先后次序响，优先队列就很适合用来进行这样的挑选。另一方面使用者应该可以随时取消一个"已知"的响铃时间，这就需要进行任意已知结点的删除操作了。

这种删除操作需要指定被删除的结点，这和原来的删除根结点的操作是兼容的，因为根结点肯定是已知的。上面已经提过，在删除一个结点以后，将会剩下它的两棵子树，它们都是左偏树，下面先把它们合并成一棵新的左偏树：

$$p←\text{Merge}(\text{left}(x),\text{right}(x))$$

此时 p 指向了这棵新的左偏树，如果删除的是根结点，任务就已经完成了。不过，如果被删除结点 x 不是根结点就会比较麻烦。这时 p 指向新树的距离有可能比原来 x 的距离大或者小，有可能影响原来 x 的父结点 q 的距离，因为 q 现在成为新树 p 的父结点了。于是就要仿照合并操作里面的做法，对 q 的左右子树做出调整，并更新 q 的距离。这一过程引起了连锁反应，我们要顺着 q 的父结点链一直往上进行调整，如图 7-55 所示。

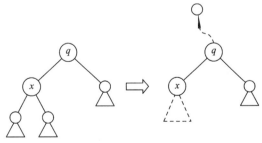

图 7-55 被删除的结点 x 不是根结点时须对 q 进行调整

新树 p 的距离为 $\text{dist}(p)$，如果 $\text{dist}(p)+1$ 等于 q 的原有距离 $\text{dist}(q)$，那么不管 p 是 q 的左子树还是右子树，都不需要对 q 进行任何调整，此时删除操作也就完成了。

　　如果 dist(p)+1 小于 q 的原有距离 dist(q)，那么 q 的距离必须调整为 dist(p)+1，而且如果 p 是左子树，说明 q 的左子树距离比右子树小，必须交换子树。由于 q 的距离减少了，所以 q 的父结点也要做出同样的处理。

　　剩下就是另外一种情况了，那就是 p 的距离增大了，使得 dist(p)+1 大于 q 的原有距离 dist(q)。在这种情况下，如果 p 是左子树，那么 q 的距离不会改变，此时删除操作也可以结束了。如果 p 是右子树，这时有两种可能：一种是 p 的距离仍小于等于 q 的左子树距离，这时直接调整 q 的距离即可；另一种是 p 的距离大于 q 的左子树距离，这时需要交换 q 的左右子树并调整 q 的距离，交换完以后 q 的右子树是原来的左子树，它的距离加 1 只能等于或大于 q 的原有距离，如果等于成立，删除操作就结束了，否则 q 的距离将增大，我们还要对 q 的父结点做出相同的处理。删除任意已知结点操作的代码如下：

```
PROC Delete(x)                      /*在左偏树中删除任意已知结点*/
q←parent(x);                        /*计算x的父结点q*/
p←Merge(left(x),right(x));          /*将x的左右子树合并成一棵新的左偏树p*/
parent(p)←q;/*q成为新树p的父结点。按照原树的结构确定p是q的左儿子或右儿子*/
If q≠NULL and left(q)=x Then left(q)←p;
If q≠NULL and right(q)=x Then  right(q)←p;
While q≠NULL Do                     /*顺着q的父结点链往上调整*/
 {If dist(left(q))<dist(right(q)) Then swap(left(q),right(q));/*若q的右子树
距离大于q的左子树距离，则交换q的左右子树*/
    If dist(right(q))+1=dist(q) Then Exit;/*如果q的右子树距离+1等于q的原有距离，
则删除操作完成*/
    dist(q)←dist(right(q))+1;        /*q的距离调整为q的右子树距离+1*/
    p←q;q←parent(q);                 /*顺着q的父结点链往上调整*/
    }                                /*While*/
End;                                 /*Delete*/
```

下面分两种情况讨论删除操作的时间复杂度。

情况 1：p 的距离减小了

　　在这种情况下，由于 q 距离只能缩小，当循环结束时，要么根结点处理完了，q 为空；要么 p 是 q 的右子树并且 dist(p)+1=dist(q)；如果 dist(p)+1>dist(q)，那么 p 一定是 q 的左子树，否则会出现 q 的右子树距离缩小了，但是加 1 以后却大于 q 的距离的情况，不符合左偏树的性质 1。不论哪种情况，删除操作都可以结束了。注意到，每一次循环，p 的距离都会加 1，而在循环体内，dist(p)+1 最终将成为某个结点的距离。根据性质 2，任何的距离都不会超过 $\log_2 n$，所以循环体的执行次数不会超过 $\log_2 n$。

情况 2：p 的距离增大了

　　在这种情况下，必然一直从右子树向上调整，直至 q 为空或 p 是 q 的左子树时停止。一直从右子树升上来说明循环的次数不会超过 $\log_2 n$（性质 2）。

　　最后我们看到这样一个事实，就是这两种情况只会发生其中一种。如果某种情况的调整结束后，已经知道要么 q 为空，要么 dist(p)+1=dist(q)，要么 p 是 q 的左子树。这 3 种情况都不会导致另一情况发生。直观上来讲，如果合并后的新子树导致了父结点的一系列距离调整，要么就一直是往小调整，要么是一直往大调整，不会出现交替的情况。

我们已经知道合并出新子树 p 的复杂度是 $O(\log_2 n)$，向上调整距离的时间复杂度也是 $O(\log_2 n)$，故删除操作的最坏情况的时间复杂度是 $O(\log_2 n)$。如果左偏树非常倾斜，实际应用情况下要比这个快得多。

由左偏树的各种操作可以看出，左偏树作为可并堆的实现，它的各种操作性能都十分优秀，且编程复杂度比较低，可以说是一个"性价比"十分高的数据结构。左偏树之所以是很好的可并堆实现，是因为它能够比较充分地利用堆中的有用信息，没有将这些信息浪费掉。根据堆特征可以知道，从根结点向下到任何一个外结点的路径都是有序的。存在越长的路径，说明树的整体有序性越强，与平衡树不同（平衡树根本不允许有很长的路径），左偏树尽大约一半的可能保留了这个长度，并将它甩向左侧，利用它来缩短结点的距离以提高性能。这里不进行严格的讨论。左偏树作为一个例子告诉我们：放弃已有的信息意味着算法性能上的牺牲。由于有序表的插入操作是按逆序发生的，保留了自然的有序性，因此是一种最好的左偏树；而平衡树的插入操作是按正序发生的，完全放弃了自然的有序性，因此是一种最坏的左偏树。图 7-56 分别列出了这两种"极端"的左偏树，其中，图 7-56（a）为最好的左偏树——有序表；图 7-56（b）为最坏的左偏树——平衡树。

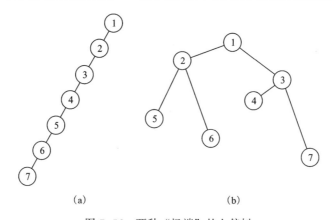

图 7-56　两种"极端"的左偏树

当然，左偏树并非一定是最好的优先队列。例如，它在时间效率上不如二项堆和 Fibonacci 堆，在空间效率上不如二叉堆。但是在很多情况下，时间复杂度、空间复杂度和编程复杂度之间是矛盾的。Fibonacci 堆时间复杂度最低，但编程复杂度让人无法接受；二叉堆的空间复杂度和编程复杂度都很低，但时间复杂度却是它的致命弱点。左偏树很好地协调了三者之间的矛盾，并且在存储性质上，没有二叉堆那样的缺陷，因此其适用范围十分广。左偏树不但可以高效方便地实现可并堆，更可以作为二叉堆的替代品，应用于各种优先队列，很多时候甚至比二叉堆更方便。

7.5.3　应用左偏树解题

【例题7.11】数字序列

给定一个整数序列 $a_1, a_2, \cdots, a_n$，求一个不下降序列 $b_1 \leqslant b_2 \leqslant \cdots \leqslant b_n$，使得数列 $\{a_i\}$ 和 $\{b_i\}$ 的各项之差的绝对值之和 $|a_1-b_1|+|a_2-b_2|+\cdots+|a_n-b_n|$ 最小（$1 \leqslant n \leqslant 10^6$，$0 \leqslant a_i \leqslant 2 \times 10^9$）。

思路点拨

如下是两个最特殊的情况：

① $a[1] \leqslant a[2] \leqslant \cdots \leqslant a[n]$，在这种情况下，显然最优解为 $b[i]=a[i]$。

② $a[1] \geqslant a[2] \geqslant \cdots \geqslant a[n]$，这时，最优解为 $b[i]=x$，其中 x 是数列 a 的中位数（为了方便讨论和程序实现，中位数都是指数列中第 $\lfloor \frac{n}{2} \rfloor$ 大的数）。

于是我们可以初步建立起这样一个思路：把 $1 \sim n$ 划分成 m 个区间。

$[q[1], q[2]-1]$，$[q[2], q[3]-1]$，$\cdots$，$[q[m], q[m+1]-1]$（$q[i]$ 为第 i 个区间的首指针，$q[m+1]=n+1$）。b 序列中每个区间的元素值取 a 序列对应区间的中位数，即

$b[q[i]]=b[q[i]+1]=\cdots=b[q[i+1]-1]=w[i]$（$w[i]$ 为 $a[q[i]],a[q[i]+1],\cdots,a[q[i+1]-1]$ 的中位数）。

显然，在上面第一种情况下 $m=n$，$q[i]=i$；在第二种情况下 $m=1$，$q[1]=1$。这样的想法究竟对不对呢？应该怎样实现？

若某序列前半部分 $a[1]$, $a[2]$, $\cdots$, $a[n]$ 的最优解为 $(u,u,\cdots,u)$，后半部分 $a[n+1]$, $a[n+2]$, $\cdots$, $a[m]$ 的最优解为 $(v,v,\cdots,v)$，那么整个序列的最优解是什么呢？若 $u \leqslant v$，显然整个序列的最优解为 $(u,u,\cdots,u,v,v,\cdots,v)$。否则，设整个序列的最优解为 $(b[1],b[2],\cdots,b[m])$，则显然 $b[n] \leqslant u$（否则把前半部分的解 $(b[1],b[2],\cdots,b[n])$ 改为 $(u,u,\cdots,u)$，由题设知整个序列的解不会变坏），同理 $b[n+1] \geqslant v$。接下来，将看到下面这个事实：

对于任意一个序列 $a[1],a[2],\cdots,a[n]$，如果最优解为 $(u,u,\cdots,u)$，那么在满足 $u \leqslant u' \leqslant b[1]$ 或 $b[n] \leqslant u' \leqslant u$ 的情况下，$(b[1],b[2],\cdots,b[n])$ 不会比 $(u',u',\cdots,u')$ 更优。

用归纳法证明 $u \leqslant u' \leqslant b[1]$ 的情况，$b[n] \leqslant u' \leqslant u$ 情况的证明方法类似。

当 $n=1$ 时，$u=a[1]$，命题显然成立。

当 $n>1$ 时，假设对于任意长度小于 n 的序列命题都成立，现在证明对于长度为 n 的序列命题也成立。首先把 $(b[1],b[2],\cdots,b[n])$ 改为 $(b[1],b[1],\cdots,b[1])$，这一改动将不会导致解变坏，因为如果解变坏了，由归纳假设可知 $a[2],a[3],\cdots,a[n]$ 的中位数 $w>u$，这样的话，最优解就应该为 $(u,u,\cdots,u,w,w,\cdots,w)$，矛盾。然后我们再把 $(b[1],b[1],\cdots,b[1])$ 改为 $(u',u',\cdots,u')$，由于 $|a[1]-x|+|a[2]-x|+\cdots+|a[n]-x|$ 的几何意义为数轴上点 x 到点 $a[1],a[2],\cdots,a[n]$ 的距离之和，且 $u \leqslant u' \leqslant b[1]$，显然点 u' 到各点的距离之和不会比点 $b[1]$ 到各点的距离之和大，也就是说，$(b[1],b[1],\cdots,b[n])$ 不会比 $(v,v,\cdots,v)$ 更优。证毕。

再回到之前的论述，由于 $b[n] \leqslant u$，作为上述事实的结论可以得知，将 $(b[1],b[2],\cdots,b[n])$ 改为 $(b[n],b[n],\cdots,b[n])$，再将 $(b[n+1],b[n+2],\cdots,b[m])$ 改为 $(b[n+1],b[n+1],\cdots,b[n+1])$，并不会使解变坏。也就是说，整个序列的最优解为 $(b[n],b[n],\cdots,b[n],b[n+1],b[n+1],\cdots,b[n+1])$。再考虑一下该解的几何意义，设整个序列的中位数为 w，则令 $b[n]=b[n+1]=w$，将得到整个序列的最优解 $(w,w,\cdots,w)$。

分析到这里，一开始的想法已经有了理论依据，算法也不难构思了。

延续一开始的思路：假设经找到前 k 个数 $a[1],a[2],\cdots,a[k]$（$k<n$）的最优解，得到 m 个区间组成的队列，对应的解为 $(w[1],w[2],\cdots,w[m])$，现在要加入 $a[k+1]$，并求出前 $k+1$ 个数的最优解。首先把 $a[k+1]$ 作为一个新区间直接加入队尾，令 $w[m+1]=a[k+1]$，然后不断检查队尾两个区间的解

$w[m]$ 和 $w[m+1]$：如果 $w[m]>w[m+1]$，需要将最后两个区间合并，并找出新区间的最优解（也就是序列 a 中，下标在这个新区间内各项的中位数）。重复这个合并过程，直至 $w[1]\leqslant w[2]\leqslant\cdots\leqslant w[m]$ 时结束，然后继续处理下一个数。

这个算法的正确性前面已经论证过了，现在需要考虑数据结构的选取。算法中涉及以下两种操作：合并两个有序集以及查询某个有序集内的中位数。能较高效地支持这两种操作的数据结构有不少，一个比较明显的例子是二叉检索树（BST），它的查询操作复杂度是 $O(\log_2 n)$，但合并操作不是很理想，采用启发式合并，总时间复杂度为 $O(n\log_2^2 n)$。

有没有更好的选择呢？通过进一步分析可以发现，只有当某一区间内的中位数比后一区间内的中位数大时，合并操作才会发生，也就是说，任一区间与后面的区间合并后，该区间内的中位数不会变大。于是可以用最大堆来维护每个区间内的中位数，当堆中的元素大于该区间内元素的一半时，删除堆顶元素，这样堆中的元素始终为区间内较小的一半元素，堆顶元素即为该区间内的中位数。考虑到必须高效地完成合并操作，左偏树是一个理想的选择。虽然前面介绍的左偏树是最小堆，但在本题中，显然只需要把左偏树的性质稍做修改，就可以实现最大堆了。左偏树的询问操作时间复杂度为 $O(1)$，删除和合并操作时间复杂度都是 $O(\log_2 n)$，而询问操作和合并操作少于 n 次，删除操作不超过 $\dfrac{n}{2}$ 次（因为删除操作只会在合并两个元素个数为奇数的堆时发生），因此用左偏树实现，可以把算法的时间复杂度降为 $O(n\log_2 n)$。

这道题的解题过程对人们颇有启示。在应用左偏树解题时，人们往往会觉得题目无从下手，甚至与左偏树毫无关系，但只要对题目深入分析，加以适当的转化，问题终究会迎刃而解。这需要人们具有敏捷的思维和良好的题感。

用左偏树解本题，相比较于前面二叉检索树（BST）的解法，时间复杂度和编程复杂度更低，这使我们不得不感叹于左偏树的神奇威力。当然，不能因此说左偏树就一定是最好的解法。就本题而言，解法有很多种，光是可并堆的解法就可用多种数据结构来实现。但相比之下，左偏树还是有一定优势的。

7.6 利用"跳跃表"替代树结构

二叉树是我们都非常熟悉的一种数据结构。它支持包括查找、插入、删除等一系列的操作。但它有一个致命的弱点，就是当数据的随机性不够时，会导致其树状结构的不平衡，从而直接影响到算法的效率。

跳跃表（Skip List）是 1987 年才诞生的一种崭新的数据结构，是一个链接表的集合。它在进行查找、插入、删除等操作时的期望时间复杂度均为 $O(\log_2 n)$，有着近乎替代平衡树的本领。而且最重要的一点，就是它的编程复杂度较同类的 AVL 树，红黑树等要低得多，这使得其无论是在通俗性还是在推广性上，都有着十分明显的优势。

7.6.1 跳跃表的概况

首先来熟悉一下跳跃表的结构，图 7-57 为一个有 7 个元素的跳跃表。

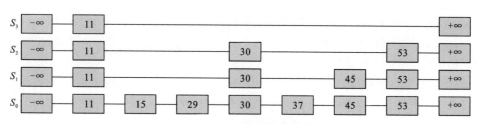

图 7-57 有 7 个元素的跳跃表

跳跃表由多条链构成（$S_0, S_1, S_2 \cdots, S_h$），且满足如下 3 个条件：

① 每条链必须包含两个特殊元素：$+\infty$ 和 $-\infty$。

② S_0 包含所有的元素，并且所有链中的元素按照升序排列。

③ 每条链中的元素集合必须包含于序数较小的链的元素集合，即

$$S_0 \supseteq S_1 \supseteq S_2 \supseteq \cdots \supseteq S_h$$

7.6.2 跳跃表的基本操作

在对跳跃表有了一个初步认识以后，来看一下基于它的几个最基本的操作：

1. 查找

在跳跃表中查找一个元素 x，按照如下几个步骤进行：

步骤 1：从最上层的链（S_h）的开头开始。

步骤 2：假设当前位置为 p，它向右指向的结点为 q（p 与 q 不一定相邻），且 q 的值为 y。将 y 与 x 做比较。

- $x=y$，输出查询成功及相关信息。
- $x>y$，从 p 向右移动到 q 的位置。
- $x<y$，从 p 向下移动一格。

步骤 3：如果当前位置在最底层的链中（S_0），且还要往下移动，则输出查询失败。

例如，在图 7-58 的跳跃表中查询元素 53。

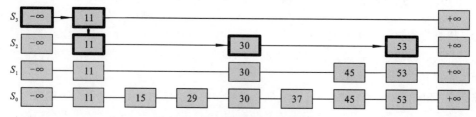

图 7-58 在跳跃表中查询元素 53

2. 插入

首先明确，向跳跃表中插入一个元素，相当于在表中插入一列从 S_0 中某一位置出发向上的连续一段元素。有两个参数需要确定，即插入列的位置以及它的"高度"。

关于插入的位置，我们先利用跳跃表的查找功能，找到比 x 小的最大的数 y。根据跳跃表中

所有链均是递增序列的原则，x 必然就插在 y 的后面。

而插入列的"高度"较前者来说显得更加重要，也更加难以确定。由于它的不确定性，使得不同的决策可能会导致截然不同的算法效率。为了使插入数据之后，保持该数据结构进行各种操作均为 $O(\log n)$ 复杂度的性质，我们引入随机化算法（Randomized Algorithms）。定义一个随机决策模块，大致内容如下：

```
r←random();        /*产生一个 0 到 1 的随机数 r*/
If r<p             /*如果 r 小于一个常数 p，则执行方案 A，否则执行方案 B*/
    Then do A
    Else do B;
```

初始时列高为 1。插入元素时，不停地执行随机决策模块。如果要求执行的是 A 操作，则将列的高度加 1，并且继续反复执行随机决策模块。直到第 i 次，模块要求执行的是 B 操作，我们结束决策，并向跳跃表中插入一个高度为 i 的列。

性质 3：根据上述决策方法，该列的高度大于等于 k 的概率为 p^{k-1}。

此处有一个地方需要注意，如果得到的 i 比当前跳跃表的高度 h 还要大，则需要增加新的链，使得跳跃表仍满足先前所提到的条件。

下面来看一个例子：假设当前我们要插入元素"40"，且在执行了随机决策模块后得到高度为 4。

步骤 1：找到表中比 40 小的最大的数，确定插入位置（见图 7-59）。

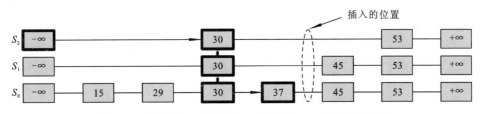

图 7-59　找到比 40 小的表中的最大数 37，确定插入位置

步骤 2：插入高度为 4 的列，并维护跳跃表的结构（见图 7-60）。

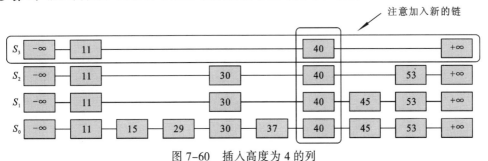

图 7-60　插入高度为 4 的列

3．删除

从跳跃表中删除一个元素的操作分为以下 3 个步骤：

步骤 1：在跳跃表中查找到这个元素的位置，如果未找到，则退出。

步骤 2：将该元素所在整列从表中删除。

步骤 3：将多余的"空链"删除。

删除元素 11 的过程如图 7-61 所示。

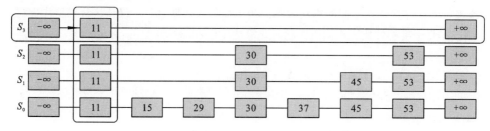

图 7-61 元素 11 删除前

删除以后的结构如图 7-62 所示。

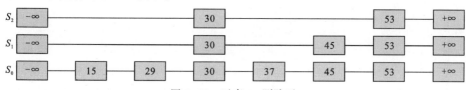

图 7-62 元素 11 删除后

4．记忆化查找

所谓记忆化查找，就是在前一次查找的基础上进行进一步的查找。它可以利用前一次查找所得到的信息，取其中可以被当前查找所利用的部分。利用记忆化查找可以将一次查找的复杂度变为 $O(\log k)$，其中 k 为此次与前一次两个被查找元素在跳跃表中位置的距离。

下面来看一下记忆化搜索的具体实现方法：假设上一次操作查询的元素为 i，此次操作想要查询的元素为 j。用一个 update 数组来记录在查找 i 时，指针在每一层所"跳"到的最右边的位置。如图 7-63 所示，用粗线箭头表示查找元素 37 的过程）

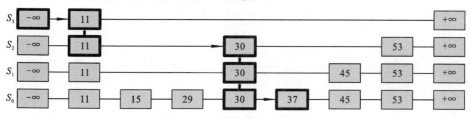

图 7-63 查找元素 37 的过程

在插入元素 j 时，分为两种情况：

情况 1：$i \leqslant j$

从 S_0 层开始向上遍历 update 数组中的元素，直到找到某个元素，它向右指向的元素大于等于 j，并于此处开始新一轮对 j 的查找（与一般的查找过程相同）。

情况 2：$i > j$

从 S_0 层开始向上遍历 update 数组中的元素，直到找到某个元素小于等于 j，并于此处开始新一轮对 j 的查找（与一般的查找过程相同）。

图 7-64 说明了在查找 $i=37$ 之后，继续查找 $j=15$ 或 53 时的两种不同情况。

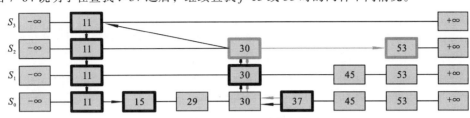

图 7-64　在查找 $i=37$ 之后，继续查找 $j=15$ 或 53

记忆化查找（Search with fingers）技术对于那些前后相关性较强的数据效率极高。

7.6.3　跳跃表的效率分析

一个数据结构的好坏大部分取决于它自身的空间复杂度以及基于它一系列操作的时间复杂度。跳跃表之所以被誉为几乎能够代替平衡树，其复杂度方面自然不会落后。下面来看一下跳跃表的相关复杂度：

空间复杂度：$O(n)$（期望）；

跳跃表高度：$O(\log n)$（期望）。

相关操作的时间复杂度：

查找：$O(\log n)$（期望）；

插入：$O(\log n)$（期望）；

删除：$O(\log n)$（期望）。

之所以在每一项后面都加一个"期望"，是因为跳跃表的复杂度分析是基于概率论的。有可能会产生最坏情况，不过这种概率极其微小。

下面来一项一项分析。

1. 跳跃表的空间复杂度为 $O(n)$

假设一共有 n 个元素。根据性质 3，每个元素插入到第 i 层（S_i）的概率为 p^{i-1}，则在第 i 层插入的期望元素个数为 np^{i-1}，跳跃表的元素期望个数为 $\sum_{i=0}^{h-1} np^i$，当 p 取小于 0.5 的数时，次数总和小于 $2n$。所以总的空间复杂度为 $O(n)$。

2. 跳跃表的高度为 $O(\log n)$

根据性质 3，每个元素插入到第 i 层（S_i）的概率为 p^i，则在第 i 层插入的期望元素个数为 np^{i-1}。考虑一个特殊的层：第 $1+3\log_{1/p}n$ 层。

$S_{1+3\log_{\frac{1}{p}}n}$ 层的元素期望个数为 $np^{3\log_{1/p}n}=\dfrac{1}{n^2}$，当 n 取较大数时，这个式子的值接近 0，故跳跃表的高度为 $O(\log n)$ 级别的。

3. 查找的时间复杂度为 $O(\log n)$

采用逆向分析的方法，假设当前处在目标结点，想要走到跳跃表最左上方的开始结点。这条路径的长度，即可理解为查找的时间复杂度。

设当前在第 i 层第 j 列那个结点上。

① 如果第 j 列恰好只有 i 层（对应插入这个元素时第 i 次调用随机化模块时所产生的 B 决策，概率为 $1-p$），则当前这个位置必然是从左方的某个结点向右跳过来的。

② 如果第 j 列的层数大于 i（对应插入这个元素时第 i 次调用随机化模块时所产生的 A 决策，概率为 p），则当前这个位置必然是从上方跳下来的（不可能从左方来，否则在以前就已经跳到当前结点上方的结点了，不会跳到当前结点左方的结点）。

设 $C(k)$ 为向上跳 k 层的期望步数（包括横向跳跃），有

$$C(0)=0$$
$$C(k)=(1-p)(1+向左跳跃之后的步数)+p(1+向上跳跃之后的步数)$$
$$\quad\quad =(1-p)(1+C(k))+p(1+C(k-1))$$
$$C(k)=\frac{1}{p}+C(k-1)$$
$$C(k)=\frac{k}{p}。$$

而跳跃表的高度又是 $\log n$ 级别的，故查找的复杂度也为 $\log n$ 级别。

对于记忆化查找技术可以采用类似的方法分析，很容易得出它的复杂度是 $O(\log k)$ 的（其中 k 为此次与前一次两个被查找元素在跳跃表中位置的距离）。

4．插入与删除的时间复杂度为 $O(\log n)$

插入和删除都由查找和更新两部分构成。查找的时间复杂度为 $O(\log n)$，更新部分的复杂度又与跳跃表的高度成正比，即也为 $O(\log n)$。所以，插入和删除操作的时间复杂度都为 $O(\log n)$。

5．分析测试结果

① 不同的 p 对算法复杂度的影响。

表 7-3 是进行 10^6 次随机操作后的统计结果。

表 7-3　进行 10^6 次随机操作后的统计结果

p	平均操作时间/ms	平均列高	总结点数	每次查找跳跃次数（平均值）	每次插入跳跃次数（平均值）	每次删除跳跃次数（平均值）
$\frac{2}{3}$	0.002 469 0	3.004	91 233	39.878	41.604	41.566
$\frac{1}{2}$	0.002 018 0	1.995	60 683	27.807	29.947	29.072
$\frac{1}{e}$	0.001 987 0	1.584	47 570	27.332	28.238	28.452
$\frac{1}{4}$	0.002 172 0	1.330	40 478	28.726	29.472	29.664
$\frac{1}{8}$	0.002 688 0	1.144	34 420	35.147	35.821	36.007

由上表可见，当 p 取 $\frac{1}{2}$ 和 $\frac{1}{e}$ 的时候，时间效率比较高。而如果在实际应用中空间要求很严格，那就可以考虑取稍小一些的 p，如 $\frac{1}{4}$。为什么 $p=\frac{1}{e}$ 的时候时间效率最高？

证明： 由复杂度分析中得出，跳跃表的时间效率取决于跳跃的次数，也就是 $\frac{k}{p}$（k 为跳跃表高度），而 k 是 $\log_{1/p} n$ 级别。故有：

$$f(x) = \frac{k}{p} = \frac{\log_{1/p} n}{p} = \ln n \frac{\frac{1}{p}}{\ln \frac{1}{p}}$$

令 $x = \frac{1}{p}$，则有：$f(x) = \ln n \frac{x}{\ln x}$。对 $g(x) = \frac{x}{\ln x}$ 求导，有 $g'(x) = \frac{\ln x - 1}{(\ln x)^2}$。

当 $x = e$ 时，$g'(x) = 0$，即 $f(x)$ 到达极值点。此时 $p = \frac{1}{e}$。

② 运用记忆化查找的效果分析。

表 7-4 是进行 10^6 次相关操作后的统计结果。

表 7-4　进行 10^6 次相关操作后的统计结果

p	数据类型	不运用记忆化查找		运用记忆化查找	
		平均操作时间/ms	平均每次查找跳跃次数	平均操作时间/ms	平均每次查找跳跃次数
0.5	随机（相邻被查找元素键值差的绝对值较大）	0.002 015 0	23.262	0.002 079 0	26.509
0.5	前后具备相关性（相邻被查找元素键值差的绝对值较小）	0.000 844 0	2.157	0.000 688 0	4.932

由上表可见，当数据相邻被查找元素键值差绝对值较小时，运用"记忆化"查找的优势是很明显的，不过当数据随机化程度比较高时，"记忆化"查找不但不能提高效率，反而会因为跳跃次数过多而成为算法的瓶颈。

合理地利用此项优化思想，可以在特定的情况下将算法效率提升一个层次。

7.6.4　应用跳跃表解题

高效率的相关操作和较低的编程复杂度使得跳跃表在实际应用中的范围十分广泛。尤其在编程时间特别紧张的情况下，跳跃表很可能会成为你的最佳选择。

【例题7.12】郁闷的出纳员

OIER 公司是一家大型专业化软件公司，有着数以万计的员工。作为一名出纳员，任务之一便是统计每位员工的工资。这本来是一份不错的工作，但是令人郁闷的是，老板经常调整员工的工资。如果老板心情好，就可能把每位员工的工资加上一个相同的量；反之，如果心情不好，就可能把每个员工的工资扣除一个相同的量。

工资的频繁调整很让员工反感，尤其是集体扣除工资的时候，一旦某位员工发现自己的工资已经低于了合同规定的工资下界，员工就会离开公司。每位员工的工资下界都是统一规定的。每当一个人离开公司，就要从计算机中把该员工的工资档案删去，同样，每当公司招聘了一位新员工，就得为该员工新建一个工资档案。

老板经常向出纳员询问工资情况，但并不问具体某位员工的工资情况，而是问现在工资数排第 k 位的员工拿多少工资。每当这时，出纳员就不得不对数万个员工进行一次漫长的排序，然后告诉老板答案。

现在已经对出纳员的工作有了一定了解，请你编一个工资统计程序。

现已知命令条数 n 和工资下界 min，有如下格式的 n 条命令，如表 7-5 所示。

表 7-5　各命令的格式及作用

名称	格式	作　用
I 命令	I_k	新建一个工资档案，初始工资为 k。如果某员工的初始工资低于工资下界，该员工将立刻离开公司
A 命令	A_k	把每位员工的工资加上 k
S 命令	S_k	把每位员工的工资扣除 k
F 命令	F_k	查询第 k 多者的工资

约定：I 命令的条数不超过 100 000；A 命令和 S 命令的总条数不超过 100；F 命令的条数不超过 100 000；每次工资调整的调整量不超过 1 000；新员工的工资不超过 100 000；初始时公司里没有一个员工。

要求计算：

① 回答每条 F 命令，当前工资数排第 k 位的员工所拿的工资（如果 k 大于目前员工的数目，用 –1 表示）。

② 离开公司的员工总数。

思路点拨

试题要求你设计一种能实现如下 4 种操作的数据结构：

① 向集合中插入一个数。

② 将集合中所有的数都加上一个值。

③ 将集合中所有的数都减去一个值，并将所有低于 min 的数从集合中删除掉（min 是事先给定的工资下限）。

④ 查找集合中第 k 大的数。

这些操作包含了插入、删除元素，以及查找数目第 k 大的数，哪种数据结构能为这些操作提供有力的支撑呢？

这道题解法的多样性给了我们一次对比的机会。用线段树、伸展树和跳跃表都可以解这道题。解题过程并不复杂，读者可以自行完成。现在的问题是，跳跃表与线段树、伸展树相比，在效率上会有怎样的差异呢？

设变量 R 为工资的范围，N 为员工总数。

下面来看一下每一种适用的算法和数据结构的简要描述和理论复杂度：

（1）线段树

简述：以工资为关键字构造线段树，并完成相关操作。

I 命令时间复杂度：$O(\log R)$；

A 命令时间复杂度：$O(1)$；

S 命令时间复杂度：$O(\log R)$；

F 命令时间复杂度：$O(\log R)$。

（2）伸展树（Splay tree）

简述：以工资为关键字构造伸展树，并通过"旋转"完成相关操作。

I 命令时间复杂度：$O(\log N)$；

A 命令时间复杂度：$O(1)$；

S 命令时间复杂度：$O(\log N)$；

F 命令时间复杂度：$O(\log N)$。

（3）跳跃表（Skip List）

简述：运用跳跃表数据结构完成相关操作。

I 命令时间复杂度：$O(\log N)$；

A 命令时间复杂度：$O(1)$；

S 命令时间复杂度：$O(\log N)$；

F 命令时间复杂度：$O(\log N)$。

从数据测试的结果来看，线段树这种经典的数据结构似乎占据着很大的优势。可有一点万万不能忽略，那就是线段树是基于键值构造的，它受到键值范围的约束。在本题中 R 的范围只有 10^5 级别，这在内存较宽裕的情况下还是可以接受的。但是如果问题要求的键值范围较大，或者根本就不是整数时，线段树可就很难适应了。这时就不得不考虑伸展树、跳跃表这类基于元素构造的数据结构。而从实际测试结果看，跳跃表的效率并不比伸展树差。加上编程复杂度上的优势，跳跃表尽显出其简单高效的特点。

【例题7.13】宠物收养所

最近，阿 Q 开了一间宠物收养所。收养所提供两种服务：收养被主人遗弃的宠物和让新的主人领养这些宠物。

每个领养者都希望领养到自己满意的宠物，阿 Q 根据领养者的要求发明了一个特殊的公式，得出该领养者希望领养的宠物的特点值 a（a 是一个正整数，$a < 2^{31}$），他也给每个处在收养所的宠物一个特点值，这样就能够很方便地处理整个领养宠物的过程了。宠物收养所总是会有两种情况

发生：被遗弃的宠物过多，或者是想要收养宠物的人太多而宠物太少。

① 被遗弃的宠物过多时，假若到来一个领养者，这个领养者希望领养的宠物的特点值为 a，那么它将会领养一只目前未被领养的宠物中特点值最接近 a 的一只宠物（任何两只宠物的特点值都不可能是相同的，任何两个领养者的希望领养宠物的特点值也不可能是一样的）。如果有两只满足要求的宠物，即存在两只宠物的特点值分别为 $a-b$ 和 $a+b$，那么领养者将会领养特点值为 $a-b$ 的那只宠物。

② 收养宠物的人过多时，假若到来一只被收养的宠物，那么哪个领养者能够领养它呢？能够领养它的领养者，是那个希望被领养宠物的特点值最接近该宠物特点值的领养者，如果该宠物的特点值为 a，存在两个领养者希望领养宠物的特点值分别为 $a-b$ 和 $a+b$，那么特点值为 $a-b$ 的那个领养者将成功领养该宠物。

一个领养者领养了一个特点值为 a 的宠物，而它本身希望领养的宠物的特点值为 b，那么这个领养者的不满意程度为 $\mathrm{ABS}(a-b)$。

任务描述：年初时，收养所里面既没有宠物，也没有领养者。现在已知一年当中，领养者和被收养的宠物来到收养所的情况，包括一年当中来到收养所的宠物和领养者的总数 n（$n \leqslant 80\,000$），按到来的时间先后顺序排列的每一个对象的标志 a（$a=0$ 表示宠物，$a=1$ 表示领养者）、宠物的特点值或是领养者希望领养宠物的特点值 b（同一时间呆在收养所中，要么全是宠物，要么全是领养者，这些宠物和领养者的个数不会超过 $10\,000$ 个）。

要求计算一年当中所有收养了宠物的领养者的不满意程度的总和 mod $1\,000\,000$ 以后的结果。

思路点拨

问题与例题 7.12 类似，算法也比较简单，因此这里不讨论解法，只讨论数据结构的选择。与例题 7.12 最大的不同，在于它的键值范围达到了 2^{31} 级别。这对线段树来说可是一大考验。虽然采取边做边开空间的策略勉强可以缓解内存的压力，但此题对内存的要求很苛刻，元素相对范围来说也比较少，如果插入的元素稍微分散一些，就很有可能使得空间复杂度接近 $O(N\log N)$。如果稍微拓展一下，插入的元素不是整数而是实数呢？

这道题对于跳跃表来说，再适合不过了。几乎对标准的算法不需要做修改，如果熟练，从思考到编程实现可在很短的时间内完成，最终的算法效率也很高。更加重要的一点，跳跃表绝不会因键值类型的变化而失效，推广性很强。

在日常生活中，人们在思考一类问题的时候，由于思维定势的作用而使思路落入"俗套"不能自拔。例如与平衡树相关的问题，人们凭借自己的智慧，创造出了红黑树，AVL 树等一些很复杂的数据结构。可是千变万变，却一直走不出"树"的范围。过高的编程复杂度使得这些成果很难被人们所接受。而跳跃表的出现，使得人们眼前顿时豁然开朗，用线性表结构也能够实现树的功能了。介绍"跳跃表"，不仅是因为它自身结构具备一定的优越性，更重要的一点是它象征着一种思考方法，一种"返璞归真"、"跳出定势"的思维方式。在面对一个困难而没有解决办法的时候，不妨回到问题的原点，"跳"出思维定势，说不定会在另一条全新的路上找到捷径、看到希望。

小　结

树是一个具有层次结构的集合，一种没有回路的连通图，在 ACM/ICPC 竞赛中，许多试题的数据关系呈现树状结构。为了加强读者对树的认识，拓展树的应用范围，在本章中介绍了历届竞赛曾经涉及的一些前沿知识：

① 探讨了在树的最大－最小划分问题上的两种策略：

- 将原问题转化为在给定下界的情况下划分最多子树的问题。
- 移动"割"的算法。

并在两种解法的基础上引出了更优化的算法。

② 通过分析一些蕴涵最小生成树性质的试题，给出了应用最小生成树原理优化算法的一般思路和方法，在此基础上引入了最小生成树的两个拓展——最小度限制生成树和 k 小生成树，列举了这两个拓展形式的应用示例。

③ 阐释了用于区间计算的线段树，提出了构建一维线段树、二维线段树或面积树的一般方法，并指出避免区间重复操作的一种有效方法是把子树收缩为叶子或让叶子释放出儿子。对这些线段树的时间复杂度、空间复杂度、优缺点、适用范围做了比较客观的比较和分析，为读者在什么情况下应该选择什么样的线段树，提供了思路。

④ 引入了一种"近似平衡"的二叉查找树——伸展树，介绍了伸展树的基本操作和应用实例，在时间复杂度、空间复杂度、编程复杂度 3 个方面，比较了伸展树与其他树结构的优劣。

⑤ 推荐了一种可与 Fibonacci 堆、二叉堆和二项堆"媲美"的优先队列——左偏树，通过介绍左偏树的基本操作和应用实例来展现其编程简单、效率较高的优势。

⑥ 介绍了一种可取代树结构的链接表——跳跃表。跳跃表作为一种新兴的数据结构，以相当高的时空效率显示其魅力。与同样以编程复杂度低而受人青睐的"伸展树"相比，跳跃表的效率不但不会比它差，甚至优于前者。

每介绍一种新的树结构或树结构的替代物，会在空间要求、时间效率和编程复杂度 3 个方面与其他树结构做比较。之所以要这样做，是因为在 ACM/ICPC 竞赛中，不能一味追求算法有很高的时间效率，而需要在时间复杂度、空间复杂度、编程复杂度三者之间，寻找一个满足竞赛要求和现场条件的"平衡点"。只有在对各种树结构的原理和应用作更广泛的考察、更深入的研究后，才能真正使选中的树结构成为帮助你成功解题的一个"利器"。

第 8 章

利用图形（网状）结构解题的策略

图用点、边和权来描述事物和事物之间的关系，是对实际问题的一种抽象。实际上，树也是图的一种特例，一种限制前件数且没有回路的连通图。现在取消了这种限制，在更广域的意义上讨论事物间的联系。

建立图论模型，就是要从问题的原型中，抽取有用的信息和要素，使要素间的内在联系体现在了点、边、权的关系上，使纷杂的信息变得有序、直观、清晰。本章将介绍一些利用网络流算法、匹配算法、分层图思想、平面图性质和偏序集模型解题的基本策略，并在此基础上着重讨论选择图论模型的重要意义和优化算法的方法。

8.1 利用网络流算法解题

网络流算法是一种高效实用的算法，相对于其他图论算法来说，模型更加复杂，编程复杂度也更高。但是网络流算法综合了图论中的其他一些算法（如最短路径），能够有效地解决一些看似 NP 的问题，因而适用范围很广。

8.1.1 网络与流的概念

1. 网络定义

设 D 是一个简单有向图，$D=(V, E)$。在 V 中指定两个结点，一个称为源点（记为 V_s），另一个称为汇点（记为 V_t），每一条弧 $(v_i, v_j) \in E$ 对应一个 $C_{ij} \geq 0$，称为弧的容量。通常把这样的 D 称为一个网络，记作 $D=(V, E, C)$。图 8-1 即一个网络，指定 S 为源点，T 为汇点，其他结点作为中间点，弧旁的数字为容量 C_{ij}。

2. 可行流定义

满足下述条件的流 F 称为可行流：

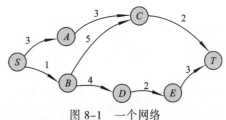

图 8-1　一个网络

对于每条弧来说，必须满足流的容量限制：$0 \leqslant f(u,v) \leqslant C(u,v)$。

对于每个中间点来说，必须满足流的平衡条件：

$$\forall u \in V - \{s,t\}，有 \sum_{x \in V} f(x,u) - \sum_{x \in V} f(u,x) = 0$$

即除源点和汇点外的任意中间点 u，流入 u 的"流量"与流出 u 的"流量"相等。

3. 网络的流量 $V(F)$

$V(F)$是指源点的净流出流量 $\sum\limits_{x \in V} f(s,x) - \sum\limits_{x \in V} f(x,s)$ 或汇点的净流入流量 $\sum\limits_{x \in V} f(x,t) - \sum\limits_{x \in V} f(t,x)$，即

$$V(F) = \sum_{x \in V} f(s,x) - \sum_{x \in V} f(x,s) = \sum_{x \in V} f(x,t) - \sum_{x \in V} f(t,x)$$

注意，所谓流量是一种速率，而不是指总量。图 8-2 所示网络的可行流量为 1（弧上的标识为 f_{ij}/c_{ij}）。

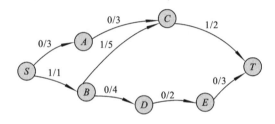

图 8-2 图示的网络可行流量

在现实生活中，许多问题可以转化成网络流量的计算。在转化过程中，网络模型的构造最具挑战性意义。因为没有现成模式可以直接套用，需要在深刻理解各种网络流性质的基础上，因"题"制宜地将信息原型转化为对应的网络模型。下面看一个实例。

【例题 8.1】棋盘问题

有一个 $n \times m$ 的国际棋盘，上面有一些格子被挖掉，即不能放棋子，现求最多能放多少个"车"，并保证它们不互相攻击（既不在同一行，也不在同一列）。

思路点拨

按照"车"互不攻击的放置规则，棋盘的每一行或每一列最多只能由一个"车"控制，即一个"车"控制一行或一列。

构造网络：n 个行号组成 X 结点集，m 个列号组成 Y 结点集。若格子(i,j)未被挖掉，X 集的结点 i 向 Y 集的结点 j 连一条容量为 1 的弧。增加一个源点 S、一个汇点 T。源点 S 向 X 集的每一个结点引出一条容量为 1 的弧(S,x_i)；Y 集的每一个结点向汇点 T 引出一条容量为 1 的弧(y_j,T)（$1 \leqslant i \leqslant n$，$1 \leqslant j \leqslant m$）（见图 8-3）。

　　网络流的容量限制和平衡条件正好满足每行或每列最多只能放置一个"车"的限制条件。图 8-4 为一个 3×3 的棋盘（阴影部分为挖掉的格子）。

最大匹配

图 8-3　构造网络

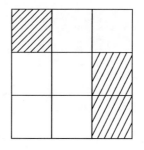

图 8-4　挖掉 3 个格子的 3 行 3 列棋盘

构造的网络如图 8-5 所示。

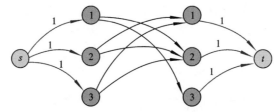

图 8-5　对应图 8-4 棋盘构造的网络

　　显然，要求"车"最多，也就是求流量最大，图 8-6 是一个最大流方案。

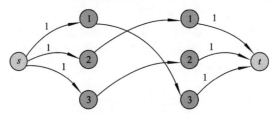

图 8-6　对应图 8-5 的一个最大流方案

　　该网络的最大流量 3 即为放置的最多"车"数，X 结点集与 Y 结点集间流量为 1 的弧(1,3)、(2,1)、(3,2)正好对应"车"的放置位置，在这 3 个位置各放一个"车"是不会产生互相攻击的。

　　现在的问题是，通过怎样的途径才能计算出网络的最大流量和最大流方案？

　　寻找网络 G 上可能的最大流量（和一个有最大流量的可行流方案），即为网络 G 上的最大流问题。例如，对于图 8-7（a）的网络（弧上数字为容量 c_{ij}），给出一个流量 2 的方案（见图 8-7（b））。

　　由于图 8-7（b）中每条弧的流量满足流的容量限制和流的平衡条件，因此这个方案是可行的。但问题是，这个流量是否还可以增加，如果能增加，则需要怎样的改进过程？下面就来研究类似这样的问题。

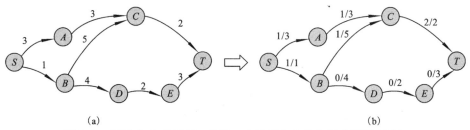

图 8-7　对图（a）的网络，给出一个流量为 2 的方案（见图（b））

8.1.2　最大流算法的核心——增广路径

1. 退流的概念——后向弧

分析图 8-8（a），发现流量是可以增加的。把 B-C-T 上的一个流量退回到 B 点，改道走 B-D-E-T，得到图 8-8（b）。

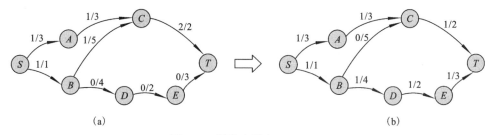

图 8-8　退流改道走 B-D-E-T

虽然图 8-8（b）的流量依然为 2，但在满足流的容量限制和流的平衡条件下，路径 S-A-C-T 上可增加一个流量，使得网络的流量增至 3，如图 8-9 所示。

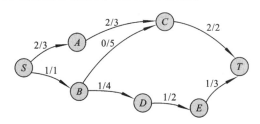

图 8-9　网络的流量增至 3

显然，不能直接在图 8-8（a）中寻找增大流的路径，是因为有些弧的流选择不恰当（如 f_{BC}=1），要"退流"。为此，我们在保留以前工作的基础上加以改进，引入退流思想——后向弧，以便再次寻找增大流的路径。

2. 增广路径（可改进路径）的定义

若 P 是网络中连接源点 S 和汇点 S 的一条路，定义路的方向是从 S 到 T，则路上的弧有两种：

① 前向弧——弧的方向与路的方向一致。前向弧的全体记为 P+。

② 后向弧——弧的方向与路的方向相反。后向弧的全体记为 P-。

设 F 是一个可行流，P 是从 S 到 T 的一条路，若 P 满足下述两个条件：

① 在 P+的所有前向弧(u,v)上，$0 \leqslant f(u,v) < C(u,v)$。

② 在 P-的所有后向弧(u,v)上，$0 < f(u,v) \leqslant C(u,v)$。

则称 P 是关于可行流 F 的一条可增广路径。

例如，图 8-10（a）中，S-A-C-B-D-E-T 为一条增广路径。其中，(C,B)为后向弧，其他为前向弧。后向弧(C,B)的流量"退流"后变为 0（见图 8-10（b））。

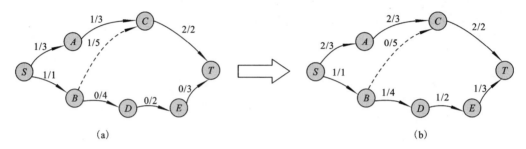

图 8-10　后向弧(C,B)的流量"退流"后变为 0

3．在可增广路径 P 上改进流量

通过下述两个步骤改进可增广路径 P 上的流量：

步骤 1：求可增广路径上流量的可改进量。公式为

$$a = \min_{(u,v) \in P} \{前向弧 C(u,v) - f(u,v)，后向弧 f(v,u)\}$$

步骤 2：修改可增广路径 P 上每条弧(u,v)的流量。公式为

$$F(u,v) = \begin{cases} f(u,v) + a & (u,v)为前向弧 \\ f(u,v) - a & (u,v)为后向弧 \end{cases}$$

P 之所以称为可增广路，是因为 P 的前向弧均未饱和，每条前向弧的流量可增加 a；P 的后向弧倒流量可减少 a；不属于 P 的弧的流量一概不变。这样可在保证每条弧的流量不超过容量上限、且保持流平衡的前提下，增加网络的流量，同时也不影响 P 外其他弧的流量。

例如，按照上述方法调整图 8-10（a）中可增广路径 S-A-C-B-D-E-T 的流量，得到图 8-10（b），使网络的流量由原来的 2 增至 3。

4．附加网络 1——残留网络

由于每条弧既有容量，又有前向弧流量和后向弧流量，因此不够简洁，不容易直接在初始流图上寻找增广路径。为此，将已有流量从容量中分离出来表示，引入一个与原问题等价的附加网络 1——残留网络。

例如，将图 8-11（a）表示的初始流图中的流量从容量中分离出来，得到图 8-11（b）。

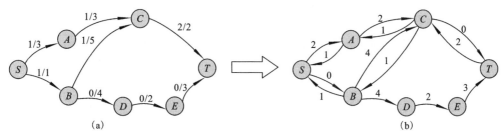

图 8-11　将已有流量从容量中分离出来

图 8-11（b）中，前向弧上的容量为"剩余容量"=$C(u,v)-f(u,v)$；后向弧上的容量为"可退流量"=$f(v,u)$。去掉"剩余容量"为 0 的弧，得到残留网络，如图 8-12 所示。

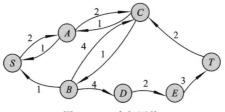

图 8-12　残留网络

在图 8-12 中更容易找增广路径了。结合增广路径，有如下定理：

最大流定理：如果残留网络上找不到增广路径，则当前流为最大流；反之，如果当前流不为最大流，则一定有增广路径。

根据这个定理，得出计算最大流的基本流程（见图 8-13）。

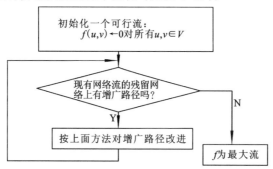

图 8-13　计算最大流的基本流程

由上述流程图可以看出，计算最大流的关键在于怎样找可增广路径。常用方法有：

① 深度优先搜索 DFS。

② 宽度优先搜索 BFS。

③ 标号搜索 PFS——即类似 Dijkstra 算法的标号法。

显然，最坏情况是每次改进可增广路径后增加一个流量。因此计算最大流的时间复杂度为 $O(a \times m)$，其中 a 为最大流量，m 为寻找可增广路径的时间。

5. 计算最小费用最大流

如果网络的每一条弧 (v_i, v_j) 除给定的容量 C_{ij} 外，还给了一个单位流量费用 $B_{ij} \geqslant 0$，要求计算一个最大流 F，使流的总输送费用 $B(F) = \sum\limits_{(i,j) \in A} B_{ij} \times F_{ij}$ 取极小值，这就是所谓的最小费用最大流问题。

计算方法很简单，只要把每次"找增广路径"改为"找费用最小的增广路径"即可。当沿着一条关于可行流 F 的可增广路 P，从调整量 $a=1$ 出发调整 F，得到新的可行流 F'（显然 $V(F')=V(F)+1$），$B(F')$ 比 $B(F)$ 增加多少？不难看出：

$$B(F') - B(F) = \sum_{P+} B_{ij} \times (F_{ij}' - F_{ij}) - \sum_{P-} B_{ij} \times (F_{ij}' - F_{ij}) = \sum_{P+} B_{ij} - \sum_{P-} B_{ij}$$

我们把 $\sum\limits_{P+} B_{ij} - \sum\limits_{P-} B_{ij}$ 称为这条可行路 P 的"费用"。

显然，若 F 是流量为 $V(F)$ 的所有可行流中费用最小者，而 P 是关于 F 的所有可增广路中费用最小的可增广路，那么沿 P 去调整 F，得到的可行流 F'，即流量为 $V(F')$ 的所有可改进流中的最小费用流。这样，当 F 是最大流时，就是所要求的最小费用最大流了。注意到，由于 $B_{ij} \geqslant 0$，所以 $F = 0$ 是流量为 0 的最小费用流。这样，总可以从 $F=0$ 开始。一般的，设已知 F 是流量 $V(F)$ 最小费用流，余下的问题是如何去寻求关于 F 的最小费用可增广路。为此我们构造一个赋权有向图 $W(F)$，它的结点是原网络 D 的结点，而把 D 中的每一条弧 (v_i, v_j) 变成两个方向相反的弧 (v_i, v_j) 和 (v_j, v_i)。定义 $W(F)$ 中的弧权 W_{ij} 为

$$正向弧的权 \ W_{ij} = \begin{cases} B_{ij} & F_{ij} < C_{ij} \\ \infty & F_{ij} = C_{ij} \end{cases}$$

$$反向弧的权 \ W_{ji} = \begin{cases} -B_{ij} & F_{ij} > 0 \\ \infty & F_{ij} = 0 \end{cases}$$

长度为 ∞ 的弧可以从 $W(F)$ 中略去。于是在网络中寻求关于 F 的最小费用可增广路径，就等价于在赋权有向图 $W(F)$ 中寻求从 v_s 到 v_t 的最短路径。由此得出如下算法：

开始取 $F(0)=0$，一般若在第 $k-1$ 步得到最小费用流 $F(k-1)$，则构造赋权有向图 $W(F(k-1))$，在 $W(F(k-1))$ 中，寻求从 v_s 到 v_t 的最短路。

若不存在最短路（即最短路权是 $+\infty$），则 $F(k-1)$ 即为最小费用最大流；若存在最短路，则在原网络 D 中得到相应的可增广路 P，在可增广路 P 上对 $F(k-1)$ 进行调整，可改进量为 $a = \min\{\min\limits_{P+}\{C_{ij} - F_{ij}(k-1)\}, \min\limits_{P-}\{F_{ij}(k-1)\}\}$。令

$$F_{ij}(k) = \begin{cases} F_{ij}(k-1) + a & (i,j) \in P+ \\ F_{ij}(k-1) - a & (i,j) \in P- \\ F_{ij}(k-1) & (i,j) \notin P \end{cases}$$

得到新的可行流 $F(k)$，再对 $F(k)$ 重复上述步骤。

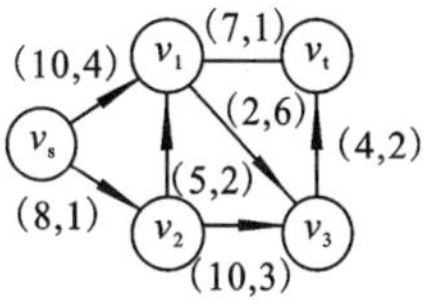

例如，求图 8-14 的最小费用最大流（边旁数字为 (C_{ij}, B_{ij})）：

① 取 $F(0)=0$ 为初始可行流。

② 构造赋权有向图 $W(F(0))$，并求出从 v_s 到 v_t 的最短路 (v_s, v_2, v_1, v_t)，如图 8-15（a）所示（双箭头即最短路）。

③ 在原网络 D 中，与这条最短路相应的可改进流为 $P=(v_s, v_2, v_1, v_t)$。

④ 在 P 上进行调整，$a=5$，得 $F(1)$（见图 8-15（b））。按照上述算法依次得 $F(1)$、$F(2)$、$F(3)$、$F(4)$ 的流量依次为 5、7、10、11（见图 8-15（b）、（d）、（f）、（h））；构造相应的赋权有向图为 $W(F(1))$、$W(F(2))$、$W(F(3))$、$W(F(4))$（见图 8-15（c）、（e）、（g）、（i））。由于 $W(F(4))$ 中已不存在从 v_s 到 v_t 的最短路，所以 $F(4)$ 为最小费用最大流。

图 8-14 待求的最小费用最大流

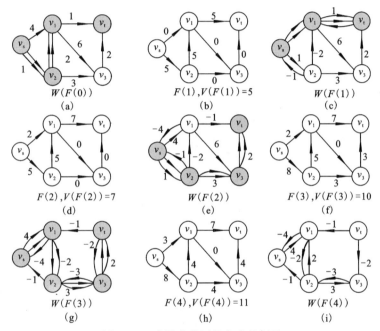

图 8-15 求最小费用最大流的例子

8.1.3 通过求最大流计算最小割切

割切的概念：设 S 是网络流图 $D=(V, A, C)$ 中一个结点的子集，$S \subset V$，源点 $s \in S$，汇点 $t \notin S$。令 $\overline{S}$ 是 S 的一个补集，即 $\overline{S}=V-S$，这样将 V 划分成 S 和 $\overline{S}$ 两个部分，其中 $s \in S$，$t \in \overline{S}$。对于一个端点在 S 另一个端点在 $\overline{S}$ 的弧集称为割切，用 $(S, \overline{S})$ 表示。在弧集 $(S, \overline{S})$ 中弧的容量和称为割切的容量，用 $C(S, \overline{S})$ 表示，即 $C(S, \overline{S})=\sum\limits_{i \in S, j \in \overline{S}} c_{ij}$。例如，图 8-16 中的虚线表示一个割切 $(S, \overline{S})$，其中 $S=\{s, b, c, d\}$，$\overline{S}=\{a, t\}$，$C(S, \overline{S})=c_{sa}+c_{ba}+c_{bt}+c_{dt}=4+3+2+4=13$。

[定理 1] 在一个给定的网络流图上，流的极大值等于割切容量的最小值，即

$$\max\{F\}=\min\{C(S, \overline{S})\}$$

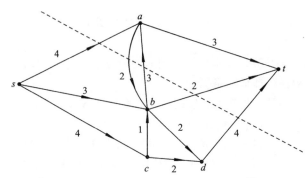

图 8-16　图中的虚线表示一个割切 $(S, \overline{S})$

证明：设网络流图 D 的网络流 f 使得流量达到极大。定义一割切 $(S, \overline{S})$ 如下：

① 源点 $s \in S$。

② 若 $x \in S$，且 $f_{xy} < c_{xy}$，则 $y \in S$。

③ 若 $x \in S$，且 $f_{yx} > 0$，则 $y \in S$。

显然，汇点 $t \in \overline{S} = V - S$；否则按照子集 S 的定义存在一条从源点 s 到汇点 t 的道路：$s = v_1, v_2, \cdots,$ $v_k = t$。在这条道路上所有的向前弧都满足 $f_{i,i+1} < c_{i,i+1}$，所有的后向弧都满足 $f_{i+1,i} > 0$。因而这条道路是可增广路径，这和 f 是最大流的假设矛盾。因而 $t \in \overline{S}$，即 S 和 $\overline{S}$ 是个割切 $(S, \overline{S})$。

按照子集 S 的定义，若 $x \in S, y \in \overline{S}$，则 $f_{xy} = c_{xy}$。若 $y \in \overline{S}, x \in S$，则 $f_{yx} = 0$。所以 $F = \sum\limits_{x \in S, y \in \overline{S}} [f_{xy} - f_{yx}] =$ $\sum\limits_{x \in S, y \in \overline{S}} c_{xy} = C(S, \overline{S})$。即 $\max\{F\} = \min\{C(S, \overline{S})\}$。证毕。

那么，如何计算最小割 (S, T) 中的点集 S 呢？

当求出最大流时，残留网络 D_f 中与源点 s 连通的点集为最小割 (S, T) 中的点集 S，$T = V - S$。所以计算点集 S 可以分成两步：

① 计算最大流 f。

② 在得到 f 后的 D_f 中，从源点 s 出发进行深度优先搜索（DFS），所有遍历到的点构成点集 S。

在有些试题中，利用割的性质和最大流最小割切定理解题，可以使得问题的数学模型更加清晰简练，求解过程更加简捷有效。下面不妨来看一个实例。

【例题 8.2】项目发展规划

M 公司准备制定一份未来的发展规划。公司各部门提出的发展项目汇总成了一张规划表，该表包含了许多项目。对于每个项目，规划表中都给出了它所需的投资或预计的盈利。由于某些项目的实施必须依赖于其他项目的开发成果，所以如果要实施这个项目，它所依赖的项目也是必不可少的。现在请你担任 M 公司的总裁，从这些项目中挑选出一部分，使公司获得最大的净利润。

已知项目数 n（$0 \leqslant n \leqslant 1\,000$），每个项目的预算 C_i（$-1\,000\,000 \leqslant C_i \leqslant 1\,000\,000$，正数表示盈利，负数表示投资）和它所依赖的项目集合 P_i。要求计算最大净利润和获得最大净利润的项目选择方案。若有多个方案，则输出挑选项目最少的一个方案。

思路点拨

将项目发展规划抽象成一个图论模型：其中每个结点代表一个项目，结点有一权值 C_i 表示项目的预算。用有向弧来表示项目间的依赖关系，从 u 指向 v 的有向弧表示项目 u 依赖于项目 v。目标是求结点集的一个子集 V'，满足对任意有向弧 $\langle u,v \rangle \in E$，若 $u \in V'$，则 $v \in V'$，使得 V' 中所有结点的权值之和最大。例如输入：

6（项目数）；

–4（项目 1 的预算）；

1（项目 2 的预算）；

2 2（项目 3 的预算，依赖项目 2）；

–1 1 2（项目 4 的预算，依赖项目 1 和项目 2）；

–3 3（项目 5 的预算，依赖项目 3）；

5 3 4（项目 6 的预算，依赖项目 3 和项目 4）；

对应的结点带权图如图 8–17 所示。

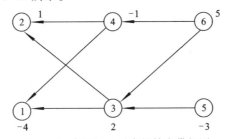

图 8–17　例题 8.2 对应的结点带权图

如果本题采取搜索方法，则枚举 V 的所有符合条件的子集的时间复杂度为 $O(2^n)$，因此无论如何剪枝优化，也摆脱不了非多项式的计算时间。同样，本题也不适合动态规划，因为问题的结构是有向无环图，而非树状结构。即便强制性地转换为树状结构，也摆脱不了搜索。由于状态数量众多，动态规划的时间复杂度也是指数级的。那么，是否可以设想采用计算网络流的办法解题呢？可以的。我们按照下述方法构造网络流：

n 个结点代表 n 个项目，另外增加源点 s 与汇点 t。若项目 i 必须依赖于项目 j，则从结点 i 向结点 j 引一条容量为无穷大的弧。对于每个项目 i，若它的预算 C 为正（盈利），则从源 s 向结点 i 引一条容量为 C 的弧；若它的预算 C 为负（投资），则从结点 i 向汇 t 引一条容量为 $-C$ 的弧（见图 8–18）。

求这个网络的最小割 $(S,\overline{S})$。设其容量 $C(S,\overline{S})=F$；R 为所有盈利项目的预算之和（净利润上界）。那么 $R-F$ 就是最大净利润，S 中的结点就表示最优方案所选择的项目（见图 8–19），其中，最小割 $S=\{s,1,2,3,4,6\}$，$T=\{5,t\}$，$C(S,T)=5$，净利润 $R-C(S,T)=8-5=3$。

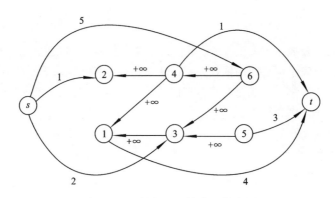

图 8-18　对图 8-17 构建网络流图

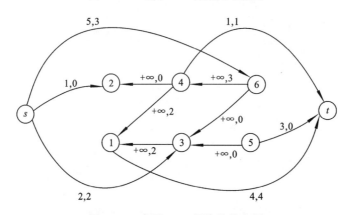

图 8-19　求图 8-18 网络的最小割

下面来证明这个算法的正确性：

建立项目选择方案与流网络的割$(S,\overline{S})$的一一对应关系：任意一个项目选择方案都可以对应网络中的一个割$(S,\overline{S})$，$S=\{s\}+\{$所有选择的项目$\}$，$\overline{S}=V-S$。对于任意一个不满足依赖关系的项目选择方案，其对应的割有以下特点：

存在一条容量为$+\infty$弧$\langle u,v\rangle$，u属于S而v属于$\overline{S}$。这时割的容量是无穷大，显然不可能是网络的最小割。对于任意一个割$(S,\overline{S})$，如果其对应一个符合条件的方案，它的净利润是$R-C(S,\overline{S})$。导致实际净利润小于上界R的原因有：

① 未选取盈利项目i，即结点i包含在T中，那么存在一条从源s至结点i的容量为C_i的弧。

② 选取投资项目i，即结点i包含在S中，那么存在一条从结点i至汇的容量为$-C_i$的弧。

$C(S,\overline{S})$就是上述两种弧的容量之和。综上所述，割的容量越小，方案的净利润就越大。

根据最大流最小割定理，网络的最小割可以通过最大流的方法求得：在求出最大流f后，得到一个由所有未饱和弧组成的残留网络D_f，即$(u,v)\in D_f$，当且仅当$c_{u,v}>f_{u,v}$。从源点v_s出发进行深度优先搜索，所有被遍历到的结点组成了网络D的最小割的子集S。

本题建模的独特之处在于：网络流问题的解答形式一般为流量，而本题却使用割表示解答方案，并充分利用了割的性质，计算最大流的方法只是求最小割的一种手段，这就为我们开辟了一条运用网络流解决问题的新思路。

8.1.4　求容量有上下界的最大流问题

许多现实生活中的问题可以归于容量有上下界的最大流问题，因此这类试题在 ACM/ICPC 竞赛中比较常见。

【例题 8.3】一笔画

在一个有向图，判断能不能一笔画访问所有的弧。

 思路点拨

由于一笔画允许有些弧上可以画多次，因此用容量表示弧最多可以重复画的次数。除了开始点和结束点外，每个点进入的次数与离开的次数是相同的，因此满足了流平衡的条件，可以采用网络流模型解题。但要注意的是，每条弧画到的次数不限但至少画一次，因此每条弧的容量有下界 1、上界 $+\infty$，这一点有别于普通网络的弧流量至少为 0 的情况。

下面将对这类问题做进一步讨论，我们会发现，运用"流分离、构造等价附加网"的思想，可以使问题得到一定程度的简化。

（1）附加网络 2——将问题"退化"为无源汇的可行流问题

无源汇的可行流问题主要是针对有上下界的流网络而言的。在一个有上下界的流网络 G 中，不设源和汇，但要求任意一个点 i 都满足流量平衡条件：

$$\sum_{(u,i)\in E}f(u,i) = \sum_{(i,v)\in E}f(i,v)$$

且每条弧 (u,v) 的流量都满足容量上下界的限制 $B(u,v)\leqslant f(u,v)\leqslant C(u,v)$ 的条件下，寻找一个可行流 f，或指出这样的可行流不存在，不妨称这个问题为无源汇的可行流问题。

有一种简单的方法可以将普通的网络上的可行流要改成无源汇的可行流：加一条弧 (t,s)，容量可根据需要设定为 $+\infty$ 或其他值，如图 8-20 所示。

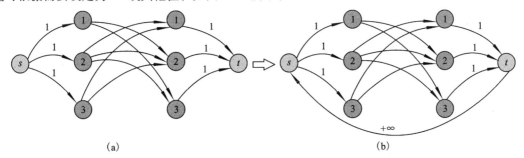

图 8-20　将普通网络上的可行流改成无源汇的可行流

在图 8-20（a）的基础上加入了容量为 $+\infty$ 的弧 (t,s)，得到图 8-20（b）。此时网络失去了源和汇，怎么求图 8-20（b）的可行流呢？是的，没有了源和汇，以前的最大流算法就成了无的之矢。

那么为什么还要把有源和汇的图 8-20（a）改成无源、无汇的图 8-20（b）呢？答案是"退一步，海阔天空"。没有了旧的源和汇，可以更加自由地按照需要设立新的源和汇，从而使网络模型变成一个方便解题的附加网络。

（2）附加网络 3——分离"必要"流

对于有容量有上下界的最大流问题，可视为在满足"必要"下界的情况下求最大流（或最小费用流）的问题。一种简单的思路是：

① 求一个满足下界的流 f_1。

② 在 f_1 基础上用寻找增广路径的方法，扩大流，直到没有增广路径。

关键在于怎样求满足下界而又不超过上界的一个可行流 f_1？怎样增大流 f_1 而又同时不破坏下界？

总体上看，下界是一条弧必须满足的确定值，能不能把这个下界"分离"出去，将流量的下界转化为 0，使之变成为一般的可行流问题呢？

先用一个类似的实例来分析说明。

【例题 8.4】分石子

N 个石子，分成 M 堆，要求第 i 堆的石子数大于给定的正整数 C_i，问有多少种方法？

 思路点拨

把问题转化为：将 $N' = N - \sum_{i=1}^{M} C_i$ 个石子分成 M 堆，问有多少种排列方法？

设 X_i 为第 i 堆的石子数多于 C_i 的数量，即 $N' = \sum_{i=1}^{M} X_i$（见图 8-21）。

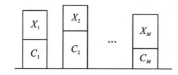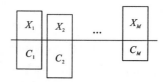

图 8-21　将问题转化

这样，问题就转化为一个组合数学问题：一列 N' 个 1 中间有 $N'-1$ 个可分隔点，选其中 $M-1$ 个点，把 N' 个 1 分成 M 段，共有多少种方案（见图 8-22）？

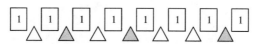

图 8-22　转化为组合问题

显然，方案数为 $C(N'-1, M-1)$。

类似地，我们设法运用流分离的思想，找一个等价的附加网络 3，使怎样在界内寻找可行流 f_1、怎样在不破坏下界的前提下增大流量的问题，方便而统一地得到解决。

首先，来观察一条路径的简单情况（见图 8-23（a））。仿照"分石子"的解题思路，直接把容量下界（分别为 2、3、3）减掉，使容量下界为 0（见图 8-23（b））。

图 8-23 仿照"分石子"解题思路，减掉容量下界

图 8-23（a）的最大流为 2，但图 8-23（b）最大流为 1，即便加上下界也不能得到图 8-23（a）的解。显然，流的分离不能用简单的减法，而应该把一条弧分离成两条弧。即加一条容量等于下界的"必要弧"，使可行流分离在这两条弧上（见图 8-24）。

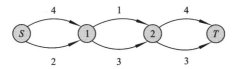

图 8-24 加一条容量等于下界的"必要弧"

一个无源汇的可行流方案的必要弧一定是满的。因此，先要找一个把必要弧充满的可行流，当然也要满足上界限制。于是，目光聚焦在必要弧上，把它们集中起来。增设结点 x 和 y 和弧(x,y)。若原图中有弧(u,v)，则改为(u,x)、(x,y)、(y,v)、(u,x)和(y,v)的容量取下界，(x,y)取$+\infty$。加弧(T,S)，容量为$+\infty$，由此得到图 8-25（a）。由于必要弧都是要饱和的，因此这个图与图 8-23 是等价的。

图 8-25（a）是一个典型的无源汇可行流问题。去除 X、Y 之间的连线，使 Y、X 分别成为新的源和汇（见图 8-25（b））。

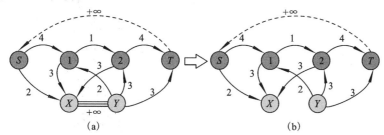

图 8-25 使 X 和 Y 分别成为新的汇和源

显然，如果 Y 到 X 的流量满载（2+3+3），则满足：

① 必要弧满。

② 满足容量上界限制。

③ 保持流量平衡。

如果 Y 到 X 的流量不能满载，则说明不存在满足上下界限制的可行流。

下面，分析一个容量有上下界的网络（见图 8-26（a））。分离必要弧，得到图 8-26（b）。

由于可行流的源 S 流出与汇 T 流出应该是相等的，因此加条弧$(5,1)$，容量$+\infty$。割开所有的必要弧，加两个附加源 Y 和汇 X，得到图 8-27。

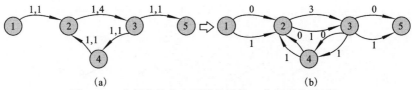

图 8-26 分析容量有上下界的网络，分离"必要弧"

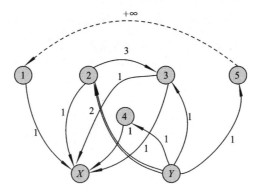

图 8-27 经改造后的网络模型称之为附加网络 3

至此：问题成功转化为求 Y 到 X 的普通最大流问题。我们称这个改造后的网络模型为附加图络 3。

注意：若附加网络 3 的最大流不能把源 Y（或汇 X）相连的弧饱和，则原问题无可行流。因为当下界为 0 时一定有解。这一点不同于普通最大流问题。当求出附加网络 3 的流量满载 $1+1+1+1+1=5$ 时，我们再反过来做：在"进 X"和"出 Y"的对应弧连上，找到一个有上下界容量限制和无源汇的可行流。再把弧 (T,S)（即图中的 $(5,1)$）拿走，则找到一个满足下界而又不超过上界的可行流 $f1$（见图 8-28）。

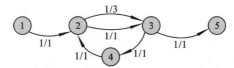

图 8-28 找到一个满足下界而又不超过上界的可行流 $f1$

在得到一个可行流 $f1$ 之后，再来看看怎样增大它而又同时又不破坏下界。

去掉弧 (T,S) 后，问题又被还原成有源和汇的最大流问题。如果要求这时的最大流，则可在这个基础上，通过找增广路径来增大流，最终求得一个符合要求的最大流方案。但是要注意的是，对必要弧不能退流，因此对相应残留网络中的必要弧进行如下处理：暂时拿走流量确定（即容量上下界为同一个值）的弧；流量未确定（容量可行流的上下界非同一个值）的弧，根据流量平衡的条件修正上下界，再做无源汇的附加网络 2。例如，去除图 8-29 中可行流的上下界同为 1 的弧后，仅剩弧 $(2,3)$。根据流量平衡的条件，该弧可行流的上下界修正为 1（见图 8-29（a））。对这个流进行分离，得到图 8-29（b）。

在这种情况下计算增广路径，不会影响必要弧，即不破坏容量下界。当然，图 8-29（b）不可能再增大流量了，仅是对怎样增大流量的问题做一个图示。

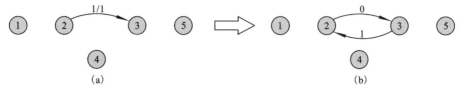

图 8-29　不可能再增大流量了

（3）求容量有上下界最大流的基本思想

综合上述分析，可得出计算容量有上下界的最大流问题的基本流程（见图 8-30）。

上述算法的难点在于二次改造网络（即步骤 A 和 B）。为了避免二次改造网络，可以通过采用二分法来确定容量下界的最大值（见图 8-31），即加入弧(T,S)后二分(T,S)的容量下界 $B(T,S)$。这种计算(T,S)可能的最大流的方法可使得编程变得容易许多，但代价是多次求最大流。

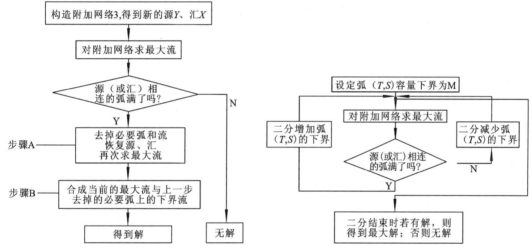

图 8-30　容量有上下界的最大流问题的基本计算流程　　图 8-31　采用二分法确定容量下界的最大值

二分的方法也可推广到计算容量有上下界网络的最小流问题，只不过是在加入弧(T,S)后二分(T,S)的容量上界 $C(T,S)$即可。

至此，我们已经清楚地阐述了一个关于网络流方面的模型：对于"必要的流量"，用必要弧分离出来，用附加网络 3 判断无解情况，或者计算一个可行流方案。将这种分离流量、等价变换流网络的方法与残留网络做一下比较，如表 8-1 所示。

表 8-1　比较残留网络和分离必要弧

项　目	附加网络 1：残留网络	附加网络 3：分离必要弧
退流	全部可退	在保证下界的情况下部分退
分离	根据流方向设后向弧	根据下界容量设必要弧
模型转换	将已有的流量从容量中分离出来	有源汇→无源汇→有源汇

8.1.5 网络流的应用

网络流的算法具有十分广泛的用途，许多经典的图论问题可以转化成网络流量的计算，例如利用最大流算法可以计算图的连通度和图的边连通度等。不仅如此，现实生活中的许多问题也可以转化为网络流问题，通过运用最大流算法加以解决，关键是构造模型。这里没有现成的模式可以套用，需要理解各种网络流的性质，不断地总结和积累经验。

【例题 8.5】计算图的连通度

给出一个具有 n 个结点的图 G。如果去掉任意 k-1 个结点后（$1 \leqslant k \leqslant n$），所得的子图仍连通，而去掉 k 个结点后的子图不连通，则称 G 是 k 连通图，k 称为图 G 的连通度，记作 $K(G)$，要求计算 $K(G)$。

思路点拨

在给出计算图的连通度的算法之前，先引入一个独立轨的概念：

a、b 是无向图 G 的两个结点，称为从 a 到 b 的两两无公共内顶的轨为独立轨（或者说，a 和 b 是有向图 G 的两个结点，称从 a 到 b 的两两无公共内顶的有向轨为有向独立轨），a 到 b 独立轨的最大条数（a 到 b 有向轨的最大条数）记作 $P(a,b)$（注：()内为有向图的补充定义）。

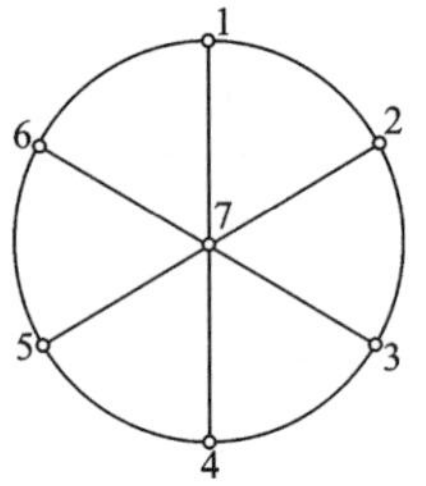

例如，图 8-32 是一个具有 7 个结点的连通图，从结点 1 到结点 3 有 3 条独立轨，即 $P(1,3)=3$，1-2-3、1-7-3、1-6-5-4-3。

如果分别从这 3 条独立轨中各抽出一个内点，在 G 图中删掉，则图不连通。例如，去掉结点 2、7、6，或者去掉结点 2、7、5，或者去掉结点 2、7、4 等。读者很容易得出 $P(2,4)=P(2,5)=P(2,6)=P(3,5)=P(3,6)=P(4,6)=P(4,1)=3$，即每两个不相邻的结点间，都最多有 3 条独立轨。每轨任删一个内点，也会使图 G 变成不连通，显然 $K(G)=3$。

图 8-32 具有 7 个结点的连通图

若连通图 G 的两两不相邻结点间的最大独立轨数不尽相同，则最小的 $P(a,b)$ 值，即为 $K(G)$。

$$K(G)=\begin{cases} 顶点数-1 & G为双向完全图 \\ \min\limits_{a和b不相邻}\{P(a,b)\} & G非双向完全图 \end{cases}$$

注：双向完全图，指有向图的任两个结点互相可达。

那么，如何求不相邻的两个结点 a、b 间的最大独立轨数 $P(a,b)$，以及应删去图中哪些结点（被删结点数=$P(a,b)$）后使图不连通呢？可以采用求最大流的办法来解决这个问题，步骤如下：

① 构造一个网络 N。

若 G 为无向图：原 G 图中的每个结点 v 变成 N 网中的两个结点 v' 和 v''，结点 v' 至 v'' 有一条边连接，边容量为 1；原 G 图中的每条边 $e=uv$，在 N 网中有两条边 $e'=(u'',v')$ 和 $e''=(v'',u')$ 与之对应，e' 和 e'' 的边容量为 ∞；a'' 为源点，b' 为汇点（见图 8-33）。

若 G 为有向图：原 G 图中的每个结点 v 变成 N 网中的两个结点 v' 和 v''，结点 v' 至 v'' 有一条边连接，边容量为 1；原 G 图中的每条边 $e=uv$ 在 N 网中变成一条有向轨 $u'-u''-v'-v''$，其中轨上的边 (u'',v') 的容量为 ∞；a'' 为源结点，b' 为汇结点（见图 8-34）。

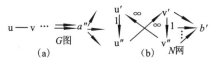

图 8-33　对无向图 G 构造一个网络 N

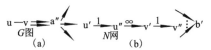

图 8-34　对有向图 G 构造一个网络 N

② 求 a'' 到 b' 的最大流 F。

③ 流出 a'' 的一切边的流量和 $\sum\limits_{e\in(a'',v)}f(e)$ 即为 $P(a,b)$。所有具有流量 1 的边 (v',v'') 对应的 v 结点组成一个割顶集。在 G 图中去掉这些结点，则 G 图变成不连通。

有了求 $P(a,b)$ 的算法基础，不难得出 $K(G)$ 的求解思路：

首先设 $K(G)$ 的初始值为 ∞，然后分析图的每一对不相邻的结点 (a,b)，用求最大流的方法得出 $P(a,b)$ 和对应的最小割 (S,T)。若 $P(a,b)$ 为目前最小，则记当前的 $K(G)$ 值为 $P(a,b)$。若结点 $i\in S$，$i'\in T$，则结点 i 为割顶，计算并保存其割顶集。

依此类推，直至所有不相邻的结点对分析完为止，就可得出图的顶连通度 $K(G)$ 和最小割顶集了。

可以从图的连通度中，引出一些有趣的结论：

① G 是 k 的连通图，$k\geqslant 2$，则任意 k 个结点共圈。

② G 是 k 的连通图的充要条件是 $k+1\leqslant G$ 的结点数 n，从图中任取一个含 k 个结点的子集 U 和 U 集外的一个结点 x，则存在 $|U|$ 条具有下列性质的轨：

- 每条轨的一个端结点为 x，另一个端结点在 U 集中。
- 两两轨间，除 x 外再无公共结点。

【例题8.6】计算图的边连通度

给出具有 $|E|$ 条边的图 G，任意去掉 $k-1$（$1\leqslant k\leqslant|E|$）条边后，所得的子图仍连通，而去掉 k 条边后的子图不连通，则称 G 是 k 边连通图。k 称为图 G 的边连通度，记作 $K'(G)$，要求计算 $K'(G)$。

思路点拨

在给出求图边连通度的算法之前，先引入一个弱独立轨的概念：

a、b 是无向图 G 的两个结点，称从 a 到 b 的两两无公共边的轨为弱独立轨（或者说，a 和 b 是有向图 G 的两个结点，称从 a 到 b 的两两无公共边的有向轨为有向弱独立轨），a 到 b 的弱独立轨的最大条数（a 到 b 的有向弱独立轨的最大条数）记作 $P'(a,b)$（注：()内为有向图的补充定义）。

例如，图 8-35 是一个具有 6 条边的连通图，从结点 1 到结点 4 有 2 条弱独立轨，即 $P'(1,4)=2$，这两条弱独立轨分别为（e_1,e_2,e_3）和（e_6,e_5,e_4）。如果分别从这两条弱独立轨中各取一条边，在 G 图中去掉，则图不连通。例如，去掉 e_1、e_6，或去掉 e_1、e_5，或去掉 e_3、e_4 等。读者很容易得出 $P'(1,3)=P'(5,3)=P'(5,4)=2$，即每两个

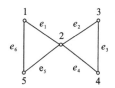

图 8-35　有 6 条边的连通图

不相邻的结点间，都最多有 2 条弱独立轨，每轨任删一条边，也会使图 G 变成不连通，显然 $K'(G)=2$。

若连通图 G 的两两不相邻结点间的最大弱独立轨数不尽相同，则最小的 $P'(a,b)$ 值即为 $K'(G)$。

$$K'(G)=\begin{cases} \text{顶点数}-1 & G\text{为双向完全图} \\ \min_{a,b\text{不相邻}}\{P'(a,b)\} & G\text{非双向完全图} \end{cases}$$

那么，不相邻的两个结点 a、b 间最大弱独立轨数 $P'(a,b)$ 如何求得，应删去图中哪些边（被删去边数 $=P'(a,b)$）后使图不连通呢？下面采用最大流的方法来解决这个问题。步骤如下：

① 构造一个网络 D。

若 G 为无向图：原 G 图中的每条边 $e=(u,v)$ 在网络 D 中变成互为反向的两条边 $e'=(u,v)$，$e''=(v,u)$，两条边的容量为 1；以 a 为源结点，b 汇结点。

若 G 为有向图：原 G 图中每条边在网络 D 中不变，容量为 1；以 a 为源结点，b 汇结点。

② 计算最大流 F。

③ 流出 a 的一切边的流量和 $\sum_{e\in(a,v)} f(e)$ 为 $P'(a,b)$，流出 a 的流量为 1 的边 (a,v)（$f(a,v)=1$）组成一个桥集，在 G 图中删去这些边，则 G 图变成不连通。

有了求 $P'(a,b)$ 的算法基础，不难得出 $K'(G)$ 的求解思路：

首先没 $K'(G)$ 的初始值为 ∞，然后分析图的每一对结点：如果结点 a、b 不相邻，则用求最大流的方法得出 $P'(a,b)$。若 $P'(a,b)$ 为目前最小，则记当前的 $K'(G)$ 为 $P'(a,b)$，将所有 $i\in S$，$j\in T$ 的边 (i,j) 送入边桥集。

依此类推，直至所有不相邻的结点对分析完为止，即可得出图的边连通度 $K'(G)$ 和最小桥集了。

可以从图的边连通度中引出一些有趣的结论：

① a 是有向图 G 的一个结点，若结点 a 与 G 的其他所有结点 v 间的 $P'(a,v)$ 的最小值为 k，即 $\min_{v\in U-\{a\}}\{P'(a,v)\}=k$（注：$U$ 为 v 的前驱顶点集），则 G 中存在以 a 为根的 k 棵无公共边的外向生成树。

② 设 G 是有向图，$0<k\le K'(G)$，L 是 0 至 k 之间任意一个整数。对于图 G 的任一对结点 (u,v) 来说，存在 u 到 v 的 L 条弱独立有向轨，同时存在 v 到 u 的 $k-L$ 条弱独立有向轨。

【例题8.7】炸弹拆除

连锁炸弹是恐怖分子最近开始使用的一种威力巨大的爆炸物，其复杂的结构大大增加了拆除它的难度。

一个连锁炸弹由 m 个引爆装置和 n 枚炸弹组成。每个引爆装置中有 n 条信号线，分别与这 n 枚炸弹相连（1 号线连接炸弹 1，2 号线连接炸弹 2，…）。与一枚炸弹相连的 m 条信号线中只有一条是"安全线"——剪断后可以拆除炸弹，而剪断其他信号线则引爆炸弹。例如图 8-36 中，$m=3$，$n=5$，其中粗线为"安全线"。

专业的技术人员将给出一个 $m\times n$ 的表格，其中，第 i 行第 j 列显示了引爆装置 i 与炸弹 j 连接的信号线是"安全线"的可能性 $P_{i,j}$（$P_{i,j}\in(0,1)$），并且已知每个引爆装置上的"安全线"数目不超过 k。技术人员的分析结果是绝对值得信任的。

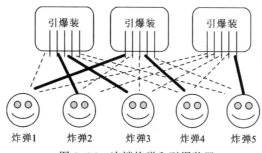

图 8-36　连锁炸弹和引爆装置

任务：政府的安全部门常常雇佣一些程序员去设计解决突发情况的程序。其中一项任务正是提高排除连锁炸弹的成功率。成功的拆除一个连锁炸弹，必须切断与炸弹相连所有 n 条"安全线"。现在，已知引爆装置数 m、炸弹数 n、每个引爆装置上的"安全线"数 k（ $m \leqslant 50$， $k \leqslant n \leqslant 50$ ）和技术人员提供的表格。请计算最大成功拆除的可能性 $\prod P_{i,j}$（即所有剪断的信号线 $P_{i,j}$ 的乘积）（ $P_{i,j}$ 为 0～1 的实数， $\prod P_{i,j}$ 为 4 位有效数字）。

思路点拨

乍看题目，会产生一种"似曾相识"的感觉，估计它是某个经典问题变形而来的。于是，解决的方法自然是寻找本题的原型，化归求解了。

如果把"信号线"看成边，引爆装置和炸弹看成结点，则问题处理的对象是个无向图。更进一步，结点只有两类——引爆装置对应的结点（设为集合 A）和炸弹对应的结点（设为集合 B），而每一条边都连接不同类的两个结点，因此这是一个二分图。由二分图很容易联想到一个与本题相似的图论问题：二分图的最佳匹配问题。但二者之间还是有差别的：

① 二分图匹配是"一对一"的匹配，即选取的匹配（边的集合）中，任意两条边没有公共结点；而本问题则是"一对多"的"匹配"，因为一个引爆装置上最多可能有 K 条"安全线"，也就是说，在选取的边的集合中，最多可能存在 K 条边在集合 A 中有同一个公共结点。

② 本题中每条边（信号线）对应一个概率值 P，目标是使选取边的 P 值的积最大。而二分图最佳匹配的目标是使选取边的权值之和最大。

仅仅看到问题表面上的差异，可能会因此止步不前。然而，如果对二分图最大权匹配问题的网络流算法仔细分析过，同时了解图论中最大可靠性问题的求解技巧（即利用对数）。那么就会发现，解题方法已经近在咫尺了。

二分图最佳匹配的网络流算法，是构造一个相应的网络流图来求解的：

对于二分图 $(X,Y:E)$（其中 X、Y 为互补的结点集，E 为 $X \times Y$ 上的边集，$w(e)$ 是边 e 的权值），构造一个网络流图 D：

源点为 s，汇点为 t；

对于 $v \in X$，建立一条有向边 (s,v) 容量为 1，权值为 0；

对于 $v \in Y$，建立一条有向边 (v,t) 容量为 1，权值为 0；

对于 E 中的每一条边 (v_i,v_j)，建立一条有向边边 (v_i,v_j) 容量为 1，权值为 $M-w(e(v_i,v_j))$，M 为足够大的正整数。

容易看出，网络流图 D 的最小费用最大流，恰好使 X、Y 中的结点两两配对起来，对应着二分图 $(X,Y:E)$ 的最佳匹配。那么本题是否也可以用最小费用最大流来求解呢？首先要解决的问题是把概率的"积"变"和"，本题要求的目标为

$$\max\{P_{i_1,j_1} \times P_{i_2,j_2} \times P_{i_3,j_3} \times \cdots \times P_{i_n,j_n}\} \qquad (*)$$

取对数，再变号，即为

$$\min\{(-\ln P_{i_1,j_1})+(-\ln P_{i_2,j_2})+(-\ln P_{i_3,j_3})+\cdots+(-\ln P_{i_n,j_n})\} \quad (**)$$

因为 $0<P_{i,j}<1$，所以 $-\ln P_{i,j}>0$，因此把本题的二分图中每一条边的权值改为 $-\ln P_{i,j}$ 就可以化积为和，把问题的求解目标 $(*)$ 式变为 $(**)$ 式，求边的权值之和最小。

再仔细分析，在解决二分图最佳匹配问题时构造了网络流图 D：从源点 s 发出的边的容量都是 1，以保证 X 中每一个结点只被（流）经过一次；指向汇点 t 的边的容量也都是 1，以保证 Y 中每一个结点也只被（流）经过一次。而对于本题，其他的不变，只是集合 A 中的每一个结点是可以被利用多次的（最多 k 次）。因此，构造容量网络的方法几乎是完全相同：

源点为 s，汇点为 t；

对于 $v \in X$，建立一条有向边 (s,v)，容量为 k，权值为 0；

对于 $v \in Y$，建立一条有向边 (v,t)，容量为 1，权值为 0；

对于 E 中的每一条边 (v_i,v_j)，建立一条有向边边 (v_i,v_j) 容量为 1，权值为 $-\ln p_{v_i,v_j}$。

设由这个容量网络求出的最小费用最大流的费用为 W，于是

$$\max\{P_{i_1,j_1} \times P_{i_2,j_2} \times P_{i_3,j_3} \times \cdots \times P_{i_n,j_n}\}$$

的解就是 e^{-W}，也就是本题所求的最大成功率。

【例题8.8】餐厅问题

一个餐厅在相继的 n 天里，第 i 天需要 r_i 块餐巾（$i=1,2,\cdots,n$）。餐厅可以购买新的，每块餐巾 p_i 分，或者把旧餐巾送到快洗部，洗一块需 m_i 天，其费用为 f_i 分，或者送到慢洗部，洗一块需 n_i 天（$n_i>m_i$），其费用为 s_i 分（$s_i<f_i$）。每天结束时，餐厅必须决定多少块脏的餐巾送到快洗部，多少块送到慢洗部，以及多少保存起来延期送洗。但是洗好的餐巾和购买的新餐巾之和，要满足第 i 天的需求量，并使总的花费最小。

已知天数 n（$1 \le n \le 40$）、每天需要的餐巾数 r_i、新餐巾的价值 p_i、快洗餐巾的天数 m_i、快洗费用 f_i、慢洗餐巾的天数 n_i、慢洗费用 s_i（$1 \le i \le n$）。要求计算每天购买的新餐巾数、干净的餐巾数、快洗的餐巾数、慢洗的餐巾数、保存的餐巾数和 n 天的总花费。

思路点拨

如果用回溯法解餐巾问题，其时效非常低。若采用最小费用最小流解题，则简捷得多。首先根据题意构造一个新网络 D：

为了安排好 n 天里的餐巾使用计划，将一天看做两个结点，即第 i 天拆成结点 i 和结点 i'（$1 \le i \le n$），另加一个源点 s 和一个汇点 t，构造出一个具有 $2 \times (n+1)$ 个结点的网络 D。D 网中，每一条边的上下界 $a(e)$ 和 $b(e)$ 表示某段时间内购买（快洗或慢洗或保存）餐巾的最大值和最小值；流量 $f(e)$ 表示实际餐巾数；单位流量费用 $c(e)$ 表示购买（或送洗）每条餐巾的费用。最初的餐巾使用计划对应了这个网络 D：

① 源点 s 至结点 i 连一条边 e，该边的 $a(e)=0$，$b(e)=f(e)=$ 第 i 天的餐巾用量，$c(e)=$ 每条新餐巾的价值，表示在最初的餐用计划中，前 i 天未洗过或未购买过任何餐巾，第 i 天开始买足新餐巾。

② 结点 i 至结点 i' 连一条边 e，该边的 $a(e)=b(e)=f(e)=$ 第 i 天的餐巾用量，$c(e)=0$，表示当天所需的餐巾全部保存起来，延期送洗。

③ 结点 i 至结点 t 连一条边 e，该边的 $a(e)=0$，$b(e)=\infty$，$c(e)=0$，$f(e)$ 为第 i 天的餐巾用量，表示第 i 天以后不再购买或送洗餐巾。

④ 在结点 i' 至 $(i+1)'$ 之间连一条边 e，该边的 $a(e)=0$，$b(e)=\infty$，$c(e)=0$，表示第 i 天保留一部分餐巾，延至第 $i+1$ 天处理。

⑤ 若第 i 天快洗的归餐巾能在最后一天前使用（$i+$快洗天数 $\le n$），则在 $i+i'$ 至结点（$i+$快洗天数）之间连一条边 e，该边的 $a(e)=0$，$b(e)=\infty$，$c(e)=$ 快洗每条餐巾的费用，表示第 i 天允许快洗餐巾。

⑥ 若第 i 天慢洗的归餐巾能在最后一天前使用（$i+$慢洗天数 $\le n$），则在结点 i' 至（$i+$慢洗天数）之间连一条边 e，该边的 $a(e)=0$，$b(e)=\infty$，$c(e)=$ 慢洗每条餐巾的费用，表示第 e 允许慢洗餐巾（见图 8-37）。

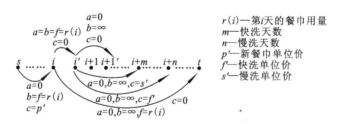

图 8-37　构建网络 D 解决洗餐巾问题

然后从上述的可行流 F 出发，求网络 D 的最小费用最小流，以从边流量中得出每天餐巾使用的计划。

对于第 i（$1 \le i \le n$）来说，D 网络中结点 s 至结点 i 的边流量表示当天购买的餐巾数；

若 $i+$快洗天数 $\le n$，则结点 i' 至（$i+$快洗天数）的边流量表示当天快洗的餐巾数；

若 $i+$慢洗天数 $\le n$，则结点 i' 至（$i+$慢洗天数）的边流量表示当天慢洗的餐巾数；

结点 i 至结点 i' 的边流量表示当天保存起来延期送洗的餐巾数；

将 n 天中购买的餐巾数 × 新餐巾的单位价 + 快洗的餐巾数 × 快洗单价 + 慢洗的餐巾数 × 慢洗单价，即为总的花费最小的一种方案。

8.2 利用图的匹配算法解题

8.2.1 匹配的基本概念

设 $G=(V,E)$ 一个无向图，$M \cup E$ 是 G 的若干条边的集合，如果 M 中的任意两条边都没有公共的端点，就称 M 是一个匹配。

例如图 8-38（a）、图 8-38（b）中粗线组成的边集合分别是两个图的匹配。

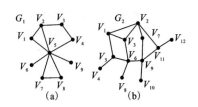

图 8-38　图的匹配问题

从给定的图 $G=(V,E)$ 的所有匹配中，把包含边数最多的匹配找出来，这种匹配就是所谓的最大匹配问题。

现实生活中的许多问题可以归结为匹配问题。

【例题8.9】计算树的最大匹配

给出一棵树，要求从树中选出最多的结点，被选的结点不包含根结点，且树中每个结点和它的子结点中只能选取一个。

思路点拨

该题是求一棵树的边的最大独立集（边集中两两边互相没有公共结点，且含边数最多）。显然，这个问题就是求树的最大匹配。

解法 1：使用经典的树状动态规划

设 $opt[p,0]$ 表示以 p 为根的子树中的最大匹配，但此时 p 不能被匹配边覆盖；$opt[p,1]$ 表示 p 被某条匹配边覆盖时的最大匹配。

按照匹配边集中两两边互相没有公共结点的限制条件，如果 p 未被匹配边覆盖，则 p 的任一儿子 q 是否被匹配边覆盖无关紧要，以 q 为根的子树中的最大匹配为 $\max\{opt[q,0],opt[q,1]\}$。将 p 的所有子树的匹配数累加起来即为 $opt[p,0]$；如果 p 被匹配边覆盖，则 p 与所有儿子间有且仅有一条匹配边(p,q)。在这种情况下，以 p 为根的子树中的最大匹配为 $opt[p,0]-\max\{opt[q,0],opt[q,1]\}+opt[q,0]+1$。其中，以 q 为根的子树的最大匹配为 $opt[q,0]$，p 的其他子树的匹配总数为 $opt[p,0]-\max\{opt[q,0],opt[q,1]\}$。

我们枚举覆盖 p 的每一条可能的匹配边，将其中的最大匹配记为 $opt[p,1]$。由此得出状态转移方程：

$$opt[p,0] = \sum_{q\text{是}p\text{的孩子}}\max\{opt[q,0],opt[q,1]\}$$

$$opt[p,1] = \max_{q\text{是}p\text{的孩子}}\{opt[p,0]-\max\{opt[q,0],opt[q,1]\}+opt[q,0]+1\}$$

显然，这个方程的状态空间是一维的，决策是常数级的，因此动态规划算法的时空复杂度都为 $O(N)$。

解法 2：贪心算法

根据匹配的特性可以知道：如果有一个未盖点的度为 1，那么显然可以贪心的让仅与该点相连的边做匹配边。此举的正确性是很容易被证明的。因此我们的贪心算法首先选择一个叶子结点，如果它的父亲没有被匹配边覆盖，那就将它和它父亲的边加入匹配边集；否则直接删去这个点。然后继续在剩余的树中使用贪心策略，直至树空为止。算法的时间空间复杂度也是 $O(N)$，但编程要简单一些。

匹配的方法和难度因对象而异：树的匹配问题可以使用动态规划、贪心法等方法计算；但任意图的匹配计算比较烦琐，需要研究支错轨、可增广轨、交错树、带花树等匹配理论的工具，需要进行带花树的收缩、释放等复杂操作，因此在 ACM/ICPC 竞赛中较少出现；而通常出现的匹配类型是二分图的匹配。

二分图是一种特殊类型的图：图中的结点集被划分成 X 与 Y 两个子集，图中每条边的两个端点一定是一个属于 X，另一个属于 Y。二分图的匹配是求边的一个子集，该子集中的任意两条边都没有公共的端点。含边数最多的匹配即为二分图的最大匹配；如果给二分图的边加权，则边权和最大的匹配即为最佳匹配。

二分图的匹配是经典的图论算法，近年来 ACM/ICPC 竞赛中有广泛的应用。如果可以以某一种方式将题目中的对象分成两个互补的集合，而需要求得它们之间满足某种条件的"一一对应"关系时，往往可以抽象出对象以及对象之间的关系，构造二分图，然后利用匹配算法来解决。这类题目通常需要考察选手构建二分图模型、设计匹配算法、并对其算法进行适当优化等方面的能力。

8.2.2 计算二分图匹配的方法

下面给出计算二分图匹配的 3 种方法：前两种方法用于计算二分图的最大匹配，第三种方法用于计算二分图的最佳匹配。

1. 采用网络流的方法计算二分图的最大匹配

将二分图改造成网络：增加一个源点 s 和一个汇点 t。源点 s 向 X 结点集的每一个结点引出一条容量为 1 的有向边 (s,x_i)；Y 结点集的每一个结点向汇点 t 引出一条容量为 1 的有向边 (y_j,t)；二分图中每条有向边 (x_i,y_j) 的容量为 1（见图 8-39）。

由于网络流的容量限制条件和平衡条件正好满足二分图匹配的性质，因此该网络的最大流量即为最多匹配边数，流量为 1 的边即为匹配边。

由于寻找一条可增广路径的时间约为 $O(n \times e)$，最多进行 n 次寻找，所以采用网络流方法计算二分图最大匹配的时间复杂度为 $O(e \times n^2)$。

图 8-39 将二分图改造为网络

2. 计算二分图最大匹配的匈牙利算法

设 M 是二分图的一个匹配，将 M 中的边所关联的结点称为盖点，其余结点称为未盖点。若一条路径上属于 M 的边和不属于 M 的边交替出现，则称该路径为一条交错轨。若路径 p 是一条起始点和结束点都是未盖点的交错轨，则称 p 为一条关于 M 的增广路径，因为通过 $M \leftarrow M \oplus p$ 可

使得 M 中的匹配边数增加 1。若二分图中不存在关于 M 的增广路径，最后得到的匹配 M 就是 G 的一个最大匹配。

匈牙利算法通过构造一棵树来计算二分图的最大匹配：取 G 的一个未盖点作为树根，它位于树的第 0 层。设已经构造好了树的第 $i-1$ 层，现在要构造第 i 层。当 i 为奇数时，将那些关联于第 $i-1$ 层中一个结点且不属于 M 的边，连同该边关联的另一个结点一起添加到树上；当 i 为偶数时，则添加那些关联于第 $i-1$ 层的一个结点且属于 M 的边，连同该边关联的另一个结点。如果在上述构造树的过程中，发现一个未盖点被作为树的奇数层结点，则这棵树上从树根到结点 v 的路径就是一条关于 M 的增广路径 p，通过 $M \leftarrow M \oplus p$ 得到图 G 的一个更大的匹配；如果在构造树的过程中，既没有找到增广路径，又无法按要求往树上添加新的边和结点，则可以在余下的结点中再取一个未匹配结点作为树根，构造一棵新的树。这个过程一直进行下去，如果最终仍未得到任何增广路径，则说明 M 已经是一个最大匹配了。

例如，图 8-40（a）中取未盖点 t_5 作为树根，结点 c_1 是树上第一层中唯一的结点，未匹配边 (t_5, c_1) 是树上的一条边。结点 t_2 处于树的第二层，边 (c_1, t_2) 属于 M 且关联于 c_1 边，也是树上的又一条边。结点 c_5 是未盖点可以添加到第三层。至此，我们找到了一条增广路径 $p = t_5 c_1 t_2 c_5$。由此增广路径得到图 G 的一个更大的匹配 $M \oplus p$，如图 8-40（b）所示。此时，$M \oplus p$ 是一个完全匹配，从而也是 G 的一个最大匹配。

下面分析匈牙利算法的时间复杂度：设二分图 G 有 n 个结点和 e 条边，M 是 G 的一个匹配。如果用邻接表表示 G，那么求一条关于 M 的增广路径需要 $O(e)$ 时间。因为每找出一条新的增广路径都将得到一个更大的匹配，所以最多求 $\frac{n}{2}$ 条增广路径就可以求出图 G 的最大匹配。因此，求图 G 的最大匹配所需的计算时间为 $O(n \times e)$，显然比网络流方法要高效一些。

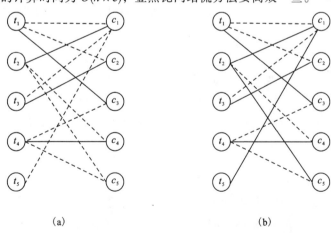

(a)   (b)

图 8-40　计算二分图最大匹配的匈牙利算法示例

3. 计算二分图最佳匹配的 KM 算法

按照需要，给二分图的边加权。设加权完全二分图 $C = (c_{ij})_{m \times n}$，其中 $c_{ij} \geqslant 0$。

$$C = \begin{bmatrix} & \vdots & \\ \cdots & c_{ij} & \cdots \\ & \vdots & \end{bmatrix} \begin{matrix} x_1 \\ \vdots \\ x_i \\ \vdots \\ x_m \end{matrix}$$
$$y_1 \cdots y_j \cdots y_n$$

求 $1\sim n$ 的一个排列 $J=(j_1,j_2,\cdots,j_n)$，使得

$$W(J)=\sum_{i=1}^{n} c_{ij_i}$$

取最大值，这个匹配称为最佳匹配。

由于定义中要求的是加权完全二分图（从算法角度分析，这种定义的主要目的是保证完备匹配的必然存在），所以当原图中某些边不存在时，往往通过将边的权赋为 0 或 1 或其他一些不影响最终结果的值，使边达到完备。1955 年 Kuhn，1957 年 Munkres 给出一种通过调整完全二分图的结点标号来计算最佳匹配的方法，这种方法称为 Kuhn–Munkres 算法（简称 KM 算法）。

对结点 x_i 给以标号 $l(x_i)$，对结点 y_j 给以标号 $l(y_j)$，$l(x_i)$ 和 $l(y_j)$ 都是正数，且满足条件：$l(x_i)+l(y_j)\geqslant c_{ij}$（$1\leqslant i,j\leqslant n$）。显然，满足条件的标号不是唯一的，是一个集合。于是有

[定理 2] 设 $C=(c_{ij})_{m\times n}$ 的元素 c_{ij} 为正数，排列 $J=(j_1,j_2,\cdots,j_n)$ 使得 $\sum_{i=1}^{n} c_{ij_i}$ 取最大值，则存在标号 $l(x_i)$ 和 $l(y_j)$（$1\leqslant i,j\leqslant n$），使得

$$\max_{(J)}\sum_{i=1}^{n} c_{ij_i}=\min_{(L)}\sum_{i=1}^{n}[l(x_i)+l(y_i)]$$

而且满足 $l(x_i)+l(y_{ji})=c_{ij_i}$。

证明： 令当前匹配方案中匹配边的权值和 $m=\sum_{i=1}^{n}[l(x_i)+l(y_i)]$，最佳匹配方案中匹配边的权值和 $M=\max_{(J)}\sum_{i=1}^{n} c_{ij_i}$。取初始标号

$$l(x_i)=\max_{1\leqslant j\leqslant n}\{c_{ij}\},\quad l(y_j)=0 \qquad (1\leqslant i,j\leqslant n)$$

则 $l(x_i)+l(y_j)\geqslant c_{ij}$。所以 $\sum_{i=1}^{n}[l(x_i)+l(y_{i_i})]=\sum_{i=1}^{n}[l(x_i)+l(y_i)]\geqslant\sum_{i=1}^{n} c_{ij_i}$。这个式子说明对于满足条件 $l(x_i)+l(y_j)\geqslant c_{ij}$ 的任何标号 1，则 $\sum_{i=1}^{n}[l(x_i)+l(y_{i_i})]$ 不小于任何方案所得的匹配边的权值和，当然也不小于最佳匹配方案中匹配边的权值和，所以 $m\geqslant M$。

作矩阵 $B=(b_{ij})_{m\times n}$，其中 $b_{ij}=[l(x_i)+l(y_j)]-c_{ij}$（$i,j=1,2,\cdots,n$）。

分析 B 矩阵中零元素的分布情况：

① 若 B 矩阵中存在一组 n 个零元素，其中没有两个零元素在同行或同列出现，则按照零元素的位置 (i,j) 有 $\sum_{i=1}^{n}[l(x_i)+l(y_i)]=\sum_{i=1}^{n} c_{ij_i}$，即 $m=M$。由此便可得到问题的解。

② 若 B 矩阵中只能找到 k 个零元素，使得任意两个零元素不在同行或同列出现。根据 konig

定理，一定可以找到总数为 k 的 r 行和 c 列（$k=r+c$），使得 k 个零元素分布在 r 行和 c 列上。设其中 r 行分别为第 i_1, i_2, $\cdots$, i_r, c 列分别为第 j_1, j_2, $\cdots$, j_c。我们对标号做如下调整：

结点 $x_{i_1}, x_{i_2}, \ldots, x_{i_r}$ 的标号不变，X 集合中其他 $n-r$ 个结点的标号减 1；结点 $y_{j_1}, y_{j_2}, \ldots, y_{j_c}$ 的标号加 1，Y 集合中其他 $n-c$ 个结点的标号不变（$X=(x_1, x_2, \cdots, x_n)$，$Y=(y_1, y_2, \cdots, y_n)$）。

经过调整后得到新标号 l^*。令

$$X_r = \{x_{i_1}, x_{i_2}, \ldots, x_{i_r}\}, \quad Y_c = \{y_{j_1}, y_{j_2}, \ldots, y_{j_c}\}$$

当 $x_i \in X_r$，$y_j \in Y_c$ 时有：$l^*(x_i)+l^*(y_j)=l(x_i)+l(y_j)+1 > c_{ij}$；

当 $x_i \notin X_r$，$y_j \notin Y_c$ 时有：$l^*(x_i)+l^*(y_j)=l(x_i)+l(y_j)-1 \geq c_{ij}$（因为 $l(x_i)+l(y_j)+1>c_{ij}$）；

当 $x_i \in X_r$，$y_j \notin Y_c$（或 $x_i \notin X_r$，$y_j \in Y_c$）时有：$l^*(x_i)+l^*(y_j)=l(x_i)+l(y_j) \geq c_{ij}$。

故对于经过调整后的新标号 l^* 有

$$\sum_{i=1}^{n}[l^*(x_i)+l^*(y_i)]=\sum_{i=1}^{n}[l(x_i)+l(y_i)]-(n-r)+c=\sum_{i=1}^{n}[l(x_i)+l(y_i)]-(n-r-c)$$

显然，对于新标号 l^*，关系式 $l^*(x_i)+l^*(y_j) \geq c_{ij}$ 依然成立。由于 $r+c<n$，故 $(n-r-c)>0$，即 $\sum_{i=1}^{n}[l^*(x_i)+l^*(y_i)]$ 比 $\sum_{i=1}^{n}[l(x_i)+l(y_i)]$ 减少了 $n-r-c$。故当矩阵 C 的元素是整数时，只要经过有限次地利用上述步骤，即可达到 $\sum_{i=1}^{n}[l(x_i)+l(y_i)]$ 的最小值，从而得出最佳匹配。证毕。

上述证明过程是构造性的，其证明过程也是构造 KM 算法的过程。例如设矩阵：

$$C = \begin{pmatrix} 3 & 5 & 5 & 4 & 1 \\ 2 & 2 & 0 & 2 & 2 \\ 2 & 4 & 4 & 1 & 0 \\ 0 & 1 & 1 & 0 & 0 \\ 1 & 2 & 1 & 3 & 3 \end{pmatrix} \begin{matrix} x_1 \\ x_2 \\ x_3 \\ x_4 \\ x_5 \end{matrix}$$
$$\quad\quad y_1\ y_2\ y_3\ y_4\ y_5$$

① 初始标号：$l(y_1)=l(y_2)=l(y_3)=l(y_4)=l(y_5)=0$，$l(x_1)=5$，$l(x_2)=2$，$l(x_3)=4$，$l(x_4)=1$，$l(x_5)=3$。做矩阵 $B=(b_{ij})_{5 \times 5}$ 使得 $b_{ij}=l(x_i)+l(y_j)-c_{ij}$：

$$
\begin{array}{c}
l(x) \\
\downarrow \quad\quad\quad \downarrow \quad\quad \downarrow \\
\begin{matrix} 5 \\ 2 \\ 4 \\ 1 \\ 3 \end{matrix}
\begin{pmatrix} 2 & 0 & 0 & 1 & 4 \\ 0 \cdots 0 & 2 \cdots 0 & 0 \\ 0 & 0 & 2 & 0 & 0 \\ 0 & 0 & 2 & 0 & 0 \\ 2 \cdots 0 & 2 \cdots 0 & 0 \end{pmatrix}
\begin{matrix} \\ \leftarrow \\ \\ \\ \leftarrow \end{matrix} \\
\quad 0 \quad 0 \quad 0 \quad 0 \quad 0 \quad \leftarrow l(y)
\end{array}
$$

② 由上可见，矩阵 B 的所有零元素可被第二、第五行和第二、第三列所覆盖（如箭头所示的虚线），故对标号 l 调整如下：

$l^*(x_1)=5-1=4$，$l^*(x_3)=4-1=3$，$l^*(x_4)=1-1=0$，$l^*(y_2)=0+1=1$，$l^*(y_3)=0+1=1$。

对应于 l^* 的矩阵 **B** 如下：

$$\boldsymbol{B}=\begin{array}{c}4\\2\\3\\0\\3\end{array}\left(\begin{array}{ccccc}1\cdots0\cdots0\cdots0\cdots3\\0\cdots1\cdots3\cdots0\cdots0\\1\cdots0\cdots0\cdots2\cdots3\\0\cdots0\cdots0\cdots0\cdots0\\2\cdots2\cdots3\cdots0\cdots0\end{array}\right)$$
$$\begin{array}{ccccc}0&1&1&0&0\end{array}$$

现在已不能用少于数目 5 的行和列覆盖住矩阵 **B** 的所有元素了。

③ 在矩阵 **B** 的零元素所在的行和列做如图 8-41 所示的二分图。

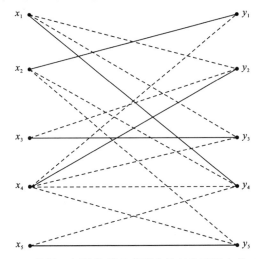

图 8-41　根据 **B** 矩阵的零元素所在的行和列画出的二分图

比如第一行 $b_{12}=b_{13}=b_{14}=0$，则二分图中与 x_1 相连的边有 (x_1,y_2)、(x_1,y_3) 和 (x_1,y_4)，其余类推。利用匈牙利算法找该二分图的最大匹配（见图 8-41 中的实线），该匹配即为最佳匹配，匹配边的权和为 $c_{14}+c_{21}+c_{33}+c_{42}+c_{55}=4+2+4+1+3=14$。

分析 KM 算法的时间复杂度：寻找一条增广轨的时间复杂度为 $O(e)$，并且需要进行 $O(e)$ 次顶标的调整。而 KM 算法的目标是 X 端的全部结点都被匹配的最优完备匹配，因此总的算法复杂度应为 $O(n \times e^2)$。

需要说明的是，上述 3 种方法只是为读者解决二分图匹配问题提供了基本思路或一般方法，这些思路或方法并不是解决任何二分图匹配问题的"灵丹妙药"。二分图匹配问题往往呈现隐蔽性、灵活性的特点：有时求解的对象可能不是二分图，需要在充分理解匹配理论的基础上挖掘问题的本质，从而构造合适的二分图并用匹配算法来求解；有时给出的对象虽然是二分图，但求解的目标可能与经典算法不同，需要充分利用题目的特有性质，将经典匹配算法适当变形，或改用其他算法，"有的放矢"地寻求匹配的方法。下面来看两个实例。

【例题8.10】最少路径覆盖

有向无环图 $G=(V,E)$ 的一个路径覆盖是指一个路径集合 P，满足图中的每点属于且仅属于集合中的一条路径，求一个包含路径数最少的路径覆盖（见图 8-42）。

解法1：通过计算网络最小流的方法求最少路径覆盖

首先将有向无环图 G 改造成对应的网络流模型 D：

① 把点 i（$i \in V$）拆成两点 i' 和 i''，添加边（即有向边）(i',i'')，容量上界 $C_{i',i''}=1$，下界 $B_{i',i''}=1$。

② 加源点 s 和汇点 t，添加边 (s, i') 和 (i'',t)，$C_{s,i'}=C_{i'',t}=+\infty$，$B_{s,i}=B_{i'',t}=0$。

③ 把边集 E 中的边 (i,j) 改为边 (i'',j')，$C_{i'',j'}=+\infty$，$B_{i'',j'}=0$（见图 8-43）。

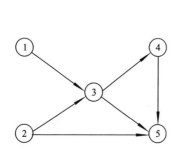

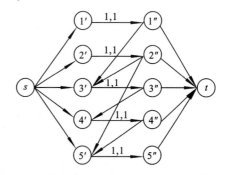

图 8-42 求图中一个包含路径数最少的路径覆盖   图 8-43 将有向无环图 G 改造成网络流模型 D

建立了新图 D 之后，原图 G 中的一条路径就相当于 D 中的一条流路径。因为规定 D 中 $C_{i',i''}=B_{i',i''}=1$，所以原图 G 中的点 i 属于且仅属于一条路径，因此，G 中包含路径最少的一个路径覆盖方案就相当于 D 中的一个最小流方案。

当然，除了计算最小流的方法外，还有更简便的求解方法。

解法2：通过计算二分图最大匹配的方法求最少路径覆盖

二分图上的算法有很多区别于一般图算法的优势，所以将一个一般图转换成二分图，往往会取得"事半功倍"的效果。

按照下述方法建立与有向无环图 $G^0=(N^0,A^0)$ 对应的二分图 $G=(N,A)$（见图 8-44）。

构建两个互补的结点集合 X 和 Y，把点 i（$i \in N^0$）拆成 X 集合的结点 i 和 Y 集合的结点 i'。$N=X \cup Y$。对于图 G^0 中有向边 (i,j)，$(i,j) \in A^0$，则在 A 中加入边 (i,j')。如果在 G^0 中选定 (i,j) 作为某条覆盖路径中的边，则在 G 中选定边 (i,j')。对于图 G^0 中的任意一个结点 i，可分为 3 类：

① 某条覆盖路径的起点，即它没有前驱结点，那么在二分图 G 中点 i' 的邻边均没有选。

② 某条覆盖路径内部的点，即它有一个前驱结点和一个后继结点，那么在二分图 G 中 i，i' 的邻边各选了 1 条。

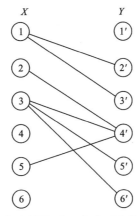

图 8-44 与有向无环图 $G^0=(N^0,A^0)$ 对应的二分图 $G=(N,A)$

③ 某条覆盖路径的终点，即它没有后继结点，那么在二分图 G 中点 i 的邻边均没有选。

显然，如果某条覆盖路径只有一个结点，这个结点满足①和③。这样问题就转化成在二分图 G 中选一些边，且每个点的邻边中至多有一条被选中。这是一个典型的二分图匹配问题，要使得覆盖所有结点的路径数最少，每条覆盖路径内部的结点要尽可能多，即二分图的匹配数必须最大。因此，可以直接套用经典的匈牙利算法求解。

【例题8.11】计算带权二分图中权值和最小的完备匹配

计算一个带权二分图的完备匹配，使得权值之和最小。

 思路点拨

本题的求解对象虽然与经典的最佳匹配问题一样，都是带权二分图，但具体要求不同：最佳匹配要求匹配边的权值和最大，而本题要求匹配边的权值和最小；最佳匹配未强求匹配边数，而本题要求 X 集或 Y 集中的结点全被匹配边覆盖。因此本题不能直接套用 KM 算法，必须另辟新径。

解法 1：用贪心的方法计算交错轨

从权值最低的边开始，按照权值递增的顺序添边。每次增加一条边，维护交错树森林，最多只可能增加一条交错轨。该解法需要对匈牙利算法的原理非常清楚。

维护交错树森林的平摊复杂度为 $O(1)$，计算一条交错轨的时间复杂为 $O(N^2)$。由于需要寻找 N 条交错轨，因此总的时间复杂为 $O(N^3)$。

解法 2：二分法

二分选择权值和 flow，并且进行最大匹配。优化措施有 3 种：

优化措施 1：寻找交错轨时，重复利用 hash 判重表格。这个优化措施属于比较基础的思想。

优化措施 2：如果当前找不到完备匹配，那么不需要修改已匹配的权值和，下一次只要在当前基础上增加一些边。

优化措施 3：在优化措施 2 的基础上可以考虑三分法，每次选择较小的那一个三分点。

计算一条交错轨和完备匹配的时间复杂为 $O(N^2)$，调整次数为 n，因此总的时间复杂依然为 $O(n^3)$。但解法 2 的思维复杂度比解法 1 略为简单了一些。尤其是优化措施 3 的三分法，虽然属于局部优化，但可以明显减少计算时间。

可以从上述两个例题中看出，无论二分图形式怎样隐蔽，求解方法怎样灵活，"一一对应"的匹配性质是内在固有和恒定不变的，这一性质是我们分析和转化问题的出发点，解决问题的突破口。

8.2.3　利用一一对应的匹配性质转化问题

一一对应是匹配的重要性质。如果将问题中的各个元素归化成一个线性序列，则可以利用匹配中每个点至多和一个点匹配的性质，将原问题转化为匹配问题。

【例题8.12】多米诺骨牌覆盖

给出一个 $n \times n$ 的方阵，但其中有 p 个点方格被挖掉了，已知这些挖去方格的坐标，问是否能用 1×2 的多米诺骨牌将剩余的方格恰好覆盖。

思路点拨

将所有的方格类似于国际象棋盘一样黑白间隔染色，并在有边相邻的两个（未被挖去的）方格之间连边。很明显，白色的方格之间不可能有边，黑色的方格之间也不可能有边。因此这是一个二分图，而一个多米诺骨牌覆盖的两个方格就相当于一条边覆盖了两个点，因此这就是二分图的最大（完全）覆盖问题。直接用二分图的最大（完备）匹配就可以解决问题了。

该题的图比较特殊，每个方格最多只和 4 个方格相邻，图的最大边数为 n^2，因此算法的时间复杂度为 $O(n^4)$。

【例题8.13】机器人"和平相处"

有一个 $N \times M$ ($N, M \leqslant 50$) 的棋盘（见图 8-45），棋盘的每一格是三种类型之一：空地、草地、墙。机器人只能放在空地上。在同一行或同一列的两个机器人，若它们之间没有墙，则它们可以互相攻击。问给定的棋盘，最多可以放置多少个机器人，使它们不能互相攻击。

□:空地
▨:草地
■:墙

图 8-45　5×5 的棋盘

思路点拨

在问题的原型中，草地、墙这些信息都不是我们所关心的，我们关心的只是空地和空地之间的联系。因此，很自然地想到了下面这种简单的模型：以空地为结点，有冲突的空地间连边，得到模型 1（见图 8-46）。

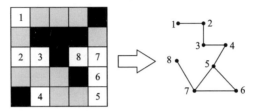

图 8-46　模型 1

题目转化为求图的最大独立集问题。众所周知，这是 NP 完全问题。看来，模型 1 并没有给问题的求解带来任何便利，必须建立一个行之有效的新模型：

将每一行、每一列被墙隔开且又包含空地的区域称为"块"。显然，在每个块之中，最多只能放一个机器人。把这些块编上号，如图 8-47 所示，图 8-47（a）为每一行被墙隔开形成的"块"，图 8-47（b）为每一列被墙隔开形成的"块"。

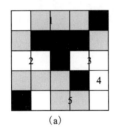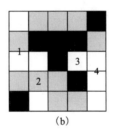

（a）　　　　　　　　　　　　（b）

图 8-47　按行和列分块

把横向块作为 X 部的结点，竖向块作为 Y 部的结点。如果两个块之间有公共的空地，就在它们之间连边，由此得到模型 2（见图 8-48）。

由于每条边表示一个空地，有冲突的空地之间必有公共结点，所以问题转化为二分图的最大匹配问题，可以用匈牙利算法解决。

比较上面两个模型，模型 1 过于简单，没有认清问题的本质；模型 2 则充分抓住了问题的内在联系，巧妙地建立了对应的二分图。为什么会产生这样截然不同的结果呢？其一是由于对问题分析的角度不同，模型 1 以空地为点，模型 2 以空地为边；其二是由于模型 1 对原型中信息的选取不足，所建立的模型没有保留原型中重要的性质，而模型 2 则保留了原型中"棋盘"这个重要的性质。由此可见，对信息的选取，是构建二分图模型中至关重要的一步。

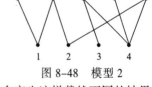

图 8-48　模型 2

【例题8.14】设计运行线路

某国有 n 个城镇，m 条单向铁路。每条铁路都连接着两个不同的城镇，且该铁路系统中不存

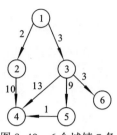

图 8-49　6 个城镇 7 条
单向铁路的一个系统

在环。例如，图 8-49 为 $n=6$、$m=7$ 的一个铁路系统。现需要确定一些列车运行线，使其满足：

① 每条铁路最多属于一条列车运行线。

② 每个城镇最多被一条列车运行线通过（通过包括作为起点或终点）。

③ 每个城镇至少被一条列车运行线通过。

④ 列车运行线的数量应尽量小。

⑤ 在满足以上条件下列车运行线的长度和应该尽量小。

思路点拨

题目要求列车运行线路数最少，又要求在此条件下列车运行线路的长度和最小，不便于一起考虑，我们不妨分步研究：

（1）考虑列车运行线路数最少的子问题

该子问题对应的数学模型是

给定一个有向无环图 $G^0=(N^0,A^0)$，用尽量少的不相交的简单路径覆盖 N^0。

求解这个数学模型的方法在例题 8.10 中已经给出，这里不再赘述。

（2）考虑求列车运行线总长度最小的问题

设原图 G^0 中边 (i,j) 的边权为 $W_{i,j}^0$，则给图 G 的边 (i,j') 加入边权 $W_{i,j'}=W_{i,j}^0$（见图 8-50，注：为了使图更简单清晰，省略了边权无穷大的边）。

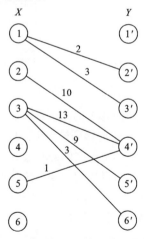

图 8-50　把图 8-49 改画成二分图 G

原问题是求图 G^0 中在保证覆盖路径数最少时求覆盖路径总长度最小，即在二分图 G 中求保证匹配数最大时匹配边的权值和最小。显然就是求二分图 G 的最小权最大匹配，由于经典的 KM 算法是求最大权最大匹配，那么我们再对二分图 G 的边权进行一定修改，使得

$$w_{ij'} = \begin{cases} w - w_{ij}^0 & (i, j) \in A^0 \\ 0 & (i, j) \notin A^0 \end{cases}$$

其中 w 可以取一个比较大的正整数，但需要满足 $w > n \times \max\limits_{(i,j) \in A^0} \{w_{ij}^0\}$。

这样，二分图 G 的最小权最大匹配转化为最大权最大匹配，用经典的 KM 算法即可轻易求出。

本题的数学模型很容易建立，就是最小路径覆盖问题的扩展。在分析该问题的时候抓住每个点在一条覆盖路径中至多有一个前驱、一个后继这个条件，想到匹配中每个点也至多和一个点匹配，于是顺利转化成匹配问题。

8.2.4　优化匹配算法

适用二分图匹配求解的问题，并不一定具备二分图的显性特征。不仅需要解题者在挖掘问题本质的基础上，构造合适的二分图并用匹配算法来求解，而且经常需要解题者充分利用问题的特有性质，将经典的匹配算法加以变形，从而得到更高效的算法。

【例题8.15】道路维护

一个王国有 m 条道路，连接着 n 个城市。m 条道路中有 $n-1$ 条石头路，$m-n+1$ 条泥土路，任意两个城市之间有且仅有一条完全用石头路连接起来的道路。

每条道路都有一个唯一确定的编号，其中，石头路编号为 $1 \sim n-1$，泥土路编号为 $n \sim m$。每条道路都需要一定的维护费，第 i 条道路每年需要 C_i 的费用来维护。最近，该国国王准备只维护部分道路以节省费用，但还是希望人们可以在任两个城市间互达。

国王让你计算维护每条道路的费用，以便能让大臣来挑选出需要维护的道路，使得维护这些道路的费用是最少的。

尽管国王不知道走石头路和走泥土路的区别，但是对于人民来说石头路似乎是更好的选择。为了人民的利益，你希望维护的道路是石头路。这样你不得不在提交给国王的报告中伪造维护费用，需要给道路 i 伪造一个费用 D_i，使得这些石头路能够被挑选。为了不让国王发现，要求真实值与伪造值的差值和 $f = \sum\limits_{i=1}^{m} |D_i - C_i|$ 尽量小。

如果全部由石头路组成的方案是一种花费最小的方案，那么国王的大臣当然会选择这种方案。

求出真实值与伪造值的差值和的最小值，以及得到该最小值的方案，即每条边的修改后的边权 D_i。

思路点拨

（1）构造对应的带权二分图

设原图为 $G^0 = (N^0, A^0)$，其中 N^0 表示结点集合，$N^0 = \{1, 2, \cdots, n\}$；$A^0$ 表示边集合，$A^0 = \{a_1, a_2, \cdots, a_m\}$。用 C_i 和 D_i 分别表示初始时及修改后边 a_i 的边权。

由于任意两点都有且仅有一条道路完全是石头路，所以 $n-1$ 条石头路必定是图 G^0 中的一棵

生成树,设为树 T。而题目则是要求对图中的某些边权进行修改,对于边 a_i,将边权由 C_i 修改成 D_i,使得树 T 成为图中的一棵最小生成树,且 $f = \sum_{i=1}^{m} |D_i - C_i|$ 最小。图 8-51 给出了一个实例(图中,粗边表示树 T 中的边,细边表示树 T 外的边,边上不带圈的数字表示边权,边上带圈的数字表示边编号)。

根据与树 T 的关系,可以把图 G^0 中的边分为树边和非树边两类。先通过对最小生成树性质的研究来挖掘 D 所需满足的条件,设 $P[e]$ 表示边 e 的两个端点之间树的路径中边的集合,如图 8-52 所示,$P[u] = \{t_1, t_2, t_3\}$,即 $u \notin T$,而 $t_1, t_2, t_3 \in T$,且 u 与 t_1、t_2、t_3 构成一个环,所以用非树边 u 替换树边 t_1、t_2、t_3 中任意一条都可以得到一棵新的生成树。而如果 u 的边权比所替换的边的边权小,则可以得到一棵权值更小的生成树。那么只有满足条件 $D_{t1} \leq D_u$,$D_{t2} \leq D_u$,$D_{t3} \leq D_u$ 才能使得原生成树 T 是一棵最小生成树。

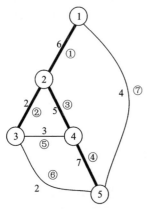

图 8-51　构造对应的带权二分图的一个实例

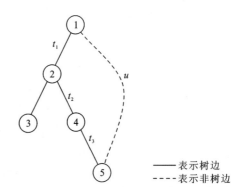

————表示树边
- - - - 表示非树边

图 8-52　解释如何构建一棵最小生成树

那么推广到一般情况,如果对于边 v、u,其中 $v \in P[u]$,$u \notin T$,则必须满足;否则用边 u 替换边 v 后能得到一棵新的权值更小的生成树 $T-v+u$。

得到了 D 的限制条件,而问题需要求得 $\sum_{i=1}^{m} |D_i - C_i|$ 最小,其中绝对值符号的存在是一个"拦路虎"。根据以上的分析,要使树 T 是一棵最小生成树,得到的不等式 $D_v \leq D_u$ 中 v 总为树边而 u 总为非树边。也就是树边的边权应该尽量小,而非树边的边权则应该尽量大。设边权的修改量为 Δ,即 $\Delta_e = |D_e - C_e|$。当 $e \in T$,则 $\Delta_e = |C_e - D_e|$;当 $e \notin T$,则 $\Delta_e = |D_e - C_e|$。这样成功去掉绝对值符号,只要求得 Δ 的值,那么 D 值就可以唯一确定,而问题也由求 D 转化成求 Δ。

那么任意满足条件 v,u($c \in P[u]$,$u \notin T$)的不等式 $D_v \leq D_u$ 等价于 $C_v - \Delta_v \leq C_u + \Delta_u$,即 $\Delta_v + \Delta_u \geq C_v - C_u$。那问题就是求出所有的 Δ_i($i \in [1, m]$),使其满足这个不等式组且 $f = \sum_{i=1}^{m} \Delta_i$ 最小。

由于不等式 $\Delta_v + \Delta_u \geq C_v - C_u$ 右边 $C_v - C_u$ 是一个已知量,或许会发现这个不等式似曾相识,这就是在求二分图的最佳匹配算法时用到的 KM 算法中不可或缺的一个不等式。KM 算法中,首先给二分图的每个点都设一个可行顶标，X 结点 i 为 l_i，Y 结点 j 为 r_i。从初始时可行顶标的设定到中间可行顶标的修改直至最后算法结束，对于边权为 $W_{v,u}$ 的边 (v,u) 始终需要满足 $l_v+l_u \geq W_{v,u}$。

于是我们可以构造一个带权的二分图 $G=(N,A)$，用 W 表示边权，如图 8-53 所示（注：为了使图更简单清晰省略了边为 0 的边）。

① 构造两个互补的结点结合 X、Y。把 a_i（$a_i \in T$）作为 X_1 结点 i，a_j（$a_j \notin T$）作为 Y_1 结点 j。

② 如果图 G^0 中 $a_i \in P[a_i]$，$a_j \in T$，且 $C_i-C_j>0$，则在 X_1 结点 i 与 Y_1 结点 j 之间添加边 (i,j)，$W_{i,j}=C_i-C_j$。

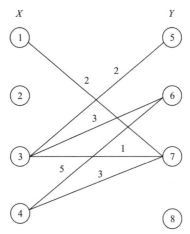

图 8-53　构造一个带权的二分图

③ 如果 $|X_1| < |Y_1|$，则添加 $|Y_1|-|X_1|$ 个 X_2 结点，$Y_2 = \varnothing$；如果 $|Y_1| < |X_1|$，则添加 $|X_1|-|Y_1|$ 个 Y_2 结点，$X_2 = \varnothing$。$X=X_1 \cup X_2$，$Y=Y_1 \cup Y_2$，$N=X \cup Y$。

④ 如果 $i \in X$，$j \in Y$ 且 $(i,j) \notin A$，则添加边 (i,j)，且 $W_{i,j}=0$。

这样图 G 是一个二分完全图，设 M 为图 G 的一个完备匹配。

X 集合中结点 i 的可行顶标为 l_i，Y 集合中结点 j 的可行顶标为 r_j，$l_i+l_j \geq W_{i,j}$（$(i,j) \in A$）且 $l_i+l_j=W_{i,j}$（$(i,j) \in A$）。

完备匹配 M 的匹配边的权值和为 S_M，显然 $S_M = \sum_{i \in X} l_i + \sum_{j \in Y} r_j$。

若 $i \in X_2$，且 $(i,j) \in M$，由 $W_{v,u}=0$（$(v,u) \in A$，$v \in X_2$）和 $M \subseteq A$ 可知 $W_{i,j}=0$，所以 $l_i+l_j=W_{i,j}=0$。又因为 $l_i \geq 0$（$i \in X$），$X_2 \subseteq X$，所以 $l_i=0$（$i \in X_2$），同理 $r_j=0$（$j \in X_2$）。所以 $S_M = \sum_{i \in X} l_i + \sum_{j \in Y} r_j = \sum_{i \in X_1} l_i + \sum_{j \in Y_1} r_j = \sum_{i=1}^{m} \Delta_i = f$。

显然，当 M 为最大权匹配时，S_M 取到最小值，即满足 T 是图 G^0 的一棵最小生成树的最小代价，而此时求得的 D 值则是修改后的一种可行方案。至此，问题已得到解决。

下面来分析一下该算法的复杂度。预处理的时间复杂度为 $O(|E|)$，而 KM 算法的时间复杂度

为 $O(|M||E|)$，所以总的时间复杂度为 $O(|M||E|)$。由于 KM 算法在完备匹配基础上，所以 $|V|=2\max\{n-1,$ $m-n+1\}$，$|M|=\dfrac{|V|}{2}=O(m)$，又由于图 G 是二分完全图，所以 $|E|=|M^2|=O(m^2)$，所以总的时间复杂度为 $O(m^3)$，空间复杂度为 $O(m^2)$。

（2）几种优化方案

如果题目只要求出最少的修改量，而不需要求出修改方案，那么是否有更好的算法呢？

优化方法 1：用 KM 算法求最大权最大匹配

现在需要求原问题的一个子问题，利用 KM 算法来求出二分图 G 的最大权最大匹配，而 $f_{\min}$ 即为所求，显然可以很好的解决该问题，其时间复杂度为 $O(m^3)$。

优化方法 2：用 bellman_ford 算法求网络最大费用最大流增广路

可以发现，在构造二分图 G 时，其中③、④两个步骤中构造的都是一些虚结点和虚边，完全是为了符合 KM 算法要求完备匹配的条件，没有太多实际的意义。而利用 KM 算法解此题最大的优势就在于能求出修改方案，如果题目不要求修改方案，则毫无意义，因此可试探不添加这些虚结点和虚边。

因为 $f=\sum\limits_{i=1}^{m}\varDelta_i=\sum\limits_{i\in X}l_i+\sum\limits_{j\in Y}r_j$，且 $l_i+l_j=W_{i,j}$（$(i,j)\in M$），所以 $f=\sum\limits_{(i,j)\in M}W_{i,j}$，即最小修改量就是最大权最大匹配的匹配边的权值和，所以问题只需要求出最大权最大匹配的值。

构造有向图 $G^f=(N^f,A^f)$，W^f 表示边权，U^f 表示容量，R^f 表示流量，如图 8-54 所示（注：边上的数字为（费用，容量））。

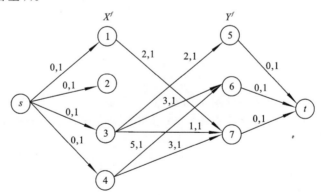

图 8-54　构造有向图 $G^f=(N^f,A^f)$

① 构造两个互补的结点集合 X^f、Y^f，把 a_i（$a_i\in T$）作为 X^f 结点 i，a_j（$a_j\notin T$）作为 Y^f 结点 j。

② 如果图 G^0 中 $a_i\in P[a_j]$，$a_j\notin T$，且 $C_i-C_j>0$，则在 X^f 结点 i 与 Y^f 结点 j 之间加入有向边 (i,j)，$W_{i,j}^f=C_i-C_j$，$U_{i,j}^f=1$。

③ 构造源点 s 和汇点 t，$N^f=X^f\cup Y^f\cup\{s,t\}$。

④ 添加有向边 (s,i)（$i\in X^f$），$W_{s,i}^f=0$，$U_{s,i}^f=1$；添加有向边 (j,t)（$j\in Y^f$），$W_{j,t}^f=0$，$U_{j,t}^f=1$。

[引理 1] 设流 F 的费用和为 Cost_F。图 G 上的任意一个完备匹配 M，都能在图 G^f 上找到可行

流 F 与其对应，且 S_M=Cost$_F$。而对于图 G^f 上的任意可行流 F，在图 G 上的也都能找到一组以 M 为代表的完备匹配与其对应，且 Cost$_F$=S_M。

证明： 对于图 G 中任意一条匹配边 $(i,j) \in M$ 且 $W_{i,j} > 0$，都可以找到图 G^f 中一条容量为 1 的流 $s \to i \to j \to t$，其中 $i \in X^f$，$j \in Y^f$。因为 $W_{s,i}^f = 0$，$W_{j,t}^f = 0$，$W_{i,j} = W_{i,j}^f$，所以 $W_{i,j} = W_{s,i}^f + W_{i,j}^f + W_{j,t}^f$；而当图 G 中 $(i,j) \in M$ 且 $W_{i,j} = 0$，则对 S_M 的值不构成影响。所以当流 F 为匹配 M 所对应的流的并时，$S_M = \sum\limits_{(i,j) \in M} W_{i,j} = \sum\limits_{(i,j) \in F} W_{i,j}^f = \text{Cost}_F$。而反过来对于任意可行流 F，同样可以找到完备匹配 M 与其对应且 Cost$_F$=S_M。

设图 G^f 的最大费用最大流为 F，显然图 G^f 的最大费用最大流和图 G 的最大权最大匹配对应，此时最大费用就等于匹配的权值和，即 $\text{Cost}_F = \sum\limits_{(i,j) \in F} W_{i,j}^f \times R_{i,j}^f = \sum\limits_{(i,j) \in M} W_{i,j}$。这样问题就转化为求图 G^f 的最大费用最大流。

如果用 bellman_ford 算法求最大费用路的算法来求最大费用最大流，则复杂度为 $O(|V||E|s)$，其中 s 表示流量。$|V|=O(m)$，$|E|=O(nm)$，$s=O(n)$，所以复杂度为 $O(n^2m^2)$。

优化方法 3： 用 SPFA 算法求网络最大费用最大流增广路

由于 $m=O(n^2)$，所以算法二的时间复杂度 $O(n^2m^2)$ 和算法一的 $O(m^3)$ 是一个级别的。观察可发现，用 bellman_ford 算法求最大费用路的复杂度为 $O(|V||E|)$，成为递推法的瓶颈，如何减少求最大费用路的代价成为优化算法的关键，但由于残量网络中有负权边，导致类似 Dijkstra 等算法没有用武之地。这里介绍一种高效率单源最短路的 SPFA（Shortest Path Faster Algorithm）算法。

设 L 记录从源点到其余各点当前的最短路径值。SPFA 算法采用邻接表存储图，方法是动态优先逼近法。算法中设立一个先进先出的队列，用来保存待优化的结点，优化时每次取出队首结点 p，并且用 p 点的当前路径值 L_p 去优化调整其他结点的最优路径值 L_j，若有调整，即 L_j 变小了，且 j 点不在当前的队列中，就将 j 点放入队尾以待进一步优化。就这样反复从队列取出点来优化其他点路径值，直至队列空不需要再优化为止。

由于每次优化都是将某个点 j 的最优路径值 L_j 变小，算法的执行会使 L 越来越小，所以其优化过程是正确的。只要图中不存在负环，每个结点都必定有一个最优路径值。L 值逐渐变小，直到其达到最优路径值时，算法结束，所以算法是收敛的，不会形成无限循环。这样，就简要地证明了该算法的正确性。

算法中每次取出队首结点 p，并访问点 p 的所有邻结点的复杂度为 $O(d)$，其中 d 为点 p 的出度。对于 n 个点 e 条边的图，结点的平均出度为 $\dfrac{e}{n}$，所以每处理一个点的复杂度为 $O\left(\dfrac{e}{n}\right)$。设结点入队的次数为 h，显然 h 随图的不同而不同，但它仅与边的权值分布有关，设 $h=kn$，则算法 SPFA 的时间复杂度为：$T = O\left(h \times \dfrac{e}{n}\right) = O\left(\dfrac{h}{n} \times e\right) = O(ke)$。经过实际运行效果得到，$k$ 在一般情况下是比较小的常数（当然也有特殊情况使得 k 值较大），所以 SPFA 算法在普通情况下的时间复杂度为 $O(e)$。

而此题中需要求的最大费用最大流增广路显然可将 SPFA 算法稍加修改得到。这样我们得到了一个时间复杂度为 $O(|E|s)$，即 $O(n^2m)$ 的算法。

优化方法 4：求结点带权的二分图的最小权匹配

刚才用网络流来求匹配以提高效率，但未对匹配的本质进行深究，现在再回到匹配上来，继续挖掘匹配的性质。前面用 KM 算法解此题的时候是构造了一个边上带权的二分图，其实不妨换一种思路，将权值由边上转移到点上，或许会有新的发现。

构造二分图 $G'=(N',A')$，如图 8-55 所示。

① 构造两个互补的结点集合 X' 和 Y'，把 a_i（$a_i \in T$）作为 X' 结点 i，a_j（$a_j \in A'$）作为 Y' 结点 j。

② 在 X' 结点 i 和 Y' 结点 i 之间添加边 (i,i)。

③ 如果图 G^0 中 $a_j \in P[a_j]$，$a_j \in T$，且 $C_i - C_j > 0$，则在 X' 结点 i 与 Y' 结点 j 之间加入有向边 (i,j)。

④ 给 Y' 结点 i 一个权值 C_i，即如果某点被匹配则得到其权值。

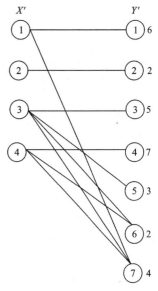

图 8-55　构造二分图 $G'=(N',A')$

[引理 2] 设 $\mu = \sum_{a_i \in T} C_i$。对于图 G 中一个完备匹配 M，都可以在图 G' 中找到一个完备匹配 M' 与其对应，且 $S_M = \mu - S_{M'}$。而对于图 G' 的任意一个完备匹配 M'，也可以在图 G 中找到一组以 M 为代表的完备匹配与其对应，且 $S_M = \mu - S_{M'}$。

证明：设 Y_1' 表示存在 i（$i \neq j$）使得 $(i,j) \in M'$ 的点 j 的集合；设 Y_2' 表示存在 i（$i=j$）使得 $(i,j) \in M'$ 的点 j 的集合。

对于图 G 中一条匹配边 (i,j)，$(i,j) \in M$ 且 $i \in X_2$，则 $W_{i,j}=0$ 对 S_M 的值没有影响。

对于图 G 中一条匹配边 (i,j)，$(i,j) \in M$ 且 $i \in X_1$，则分析：

若 $W_{i,j}=0$，则在对应图 G' 中可找到一条边 $(i,j) \in M'$（$i \in X'$，$j \in Y_2'$ 且 $i=j$）与其对应；

若 $W_{i,j}>0$，则在对应图 G' 中可找到一条边 $(i,j) \in M'$（$i \in X'$，$j \in Y_1'$）与其对应。

所以

$$
\begin{aligned}
S_M &= \sum_{(i,j) \in M} W_{ij} = \sum_{(i,j) \in M, W_{ij}>0} W_{ij} = \sum_{(i,j) \in M, W_{ij}>0} C_i - C_j \\
&= \left(\sum_{a_i \in T} C_i - \sum_{j \in Y_2'} C_i \right) - \sum_{j \in Y_1'} C_j = \sum_{a_j \in T} C_i - \left(\sum_{j \in Y_2'} C_j + \sum_{j \in Y_1'} C_j \right) \\
&= \mu - S_{M'}
\end{aligned}
$$

同理，图 G' 上的匹配 M' 也可以在图 G 上找到对应的匹配 M，且 $S_M = \mu - S_{M'}$。因为 $S_M + S_{M'} = \mu$ 为定值。显然，当 S_M 取到最大值时，$S_{M'}$ 取到最小值。又因为 M 和 M' 均为完备匹配，所以图 G 的最大权最大匹配就对应了图 G' 的最小权完备匹配。那么，问题转化为求图 G' 的最小权完备匹配。

由于图 G' 中的权值都集中在 Y' 结点上，所以 $S_{M'}$ 只与 Y' 结点中那些点被匹配有关。那么，可以使 Y' 结点中权值小的结点尽量被匹配。算法也渐渐明了，将 Y' 结点按照权值大小升序排列，然后从前往后一个个找匹配。

用 R 来记录可匹配点，如果 X' 结点 $i \in R$，则 i 未匹配，或者从某个未匹配的 X' 结点有一条可增广路径到达点 i，其路径用 Path[i] 来表示。设 B_j 表示 j 的邻结点集合，每次查询 Y' 结点 j 能否找到匹配时，只需要看是否存在点 i，$i \in B_j$ 且 $i \in R$。而每次找到匹配后马上更新 R 和 Path。下面给出算法流程：

```
将 Y'结点按照权值升序排列;
M'←Φ;
计算R及Path，并标记点 i(i∈R)为可匹配点;
For j←1 to m do
 {q←第 j 个 Y'结点;
   If  存在 q 的某个邻结点 p 为可匹配点
   Then{将匹配边(p,q)加入匹配M';
         更新 R 以及 Path，并且重新标记点 i(i∈R)为可匹配点}; /*Then*/
   };                                                      /*For*/
M'是一个最小权最大匹配;
```

下面来分析一下该算法的时间复杂度。算法中执行如下操作：

① 将所有 Y' 结点按权值升序排列。

② 询问是否存在 q 的某个邻结点 p 为可匹配点。

③ 更新 M'。

④ 更新 R 及 Path。

⑤ 标记点 i（$i \in R$）为可匹配点。

操作①的时间复杂度为 $O(m\log_2 m) = O(n\log_2 n)$；操作②单次执行的复杂度为 $O(|B_j|)$，最多执行 m 次，所以复杂度为 $O(md_{max}) = O(n^2 d_{max})$（其中 $d_{max} = \max\{|B_j|\}$，$j \in [1,m]$）；操作③单次执行的复杂度为 $O(1)$，最多执行 $n-1$ 次，所以复杂度为 $O(n)$；操作⑤单次执行的复杂度为 $O(n)$，最多执行 $n-1$ 次，所以复杂度为 $O(n^2)$。

接下来讨论操作④的复杂度。我们知道，如果某个点在某次更新中是不可匹配点，那么以后无论怎么更新，它都不可能变成可匹配点。又如果某个点为可匹配点，则它的路径必然为 $i_0 \to j_1 \to i_1 \to j_2 \to i_2 \to \cdots \to j_k \to i_k$（$k \geq 0$），其中 i_0 为未匹配点而且 (j_t, i_t)（$t \in [1,k]$）是当前的匹配边，所以 Y' 结点中未匹配点是不可能出现在某个 X' 点 i 的 Path[i] 中的。也就是说，在更新 R 和 Path 时，只需要在 X' 结点中原来的可匹配点以及 Y' 结点中已匹配点和它们之间的边构成的一个子二分图中进行，显然任意时刻图 G' 的匹配边数都不超过 $n-1$，所以该子图的点数是 $O(n)$，边数是 $O(nd_{max})$，显然单次执行操作④的复杂度即为 $O(nd_{max})$，最多执行 n 次，所以其复杂度为 $O(n^2 d_{max})$。

算法总的时间复杂度为 $O(n^2\log_2 n) + O(n^2 d_{max}) + O(n) + O(n^2 d_{max}) + O(n^2) = O(n^2(d_{max} + \log_2 n))$，因为 d_{max} 是 $O(n)$ 级别的，所以该算法的时间复杂度为 $O(n^3)$，其空间复杂度为 $O(nm)$。

回顾解题过程。该题是一道无法用动态规划，贪心等方法求解的最优化问题。我们经过一步步的分析，思路渐渐清晰。在得到了若干重要不等式后，最佳匹配的特征最终浮出了水面——这是一道可以用经典的 KM 算法求解的试题。

如果仅进行数值计算而不求方案，则可不局限于直观的原图，而是从各个方向、各个角度入手，构造出展现问题各个方面性质的新图，不断更新算法，使其时间复杂度由 $O(m^3)$ 优化到 $O(n^2 m)$，

再到 $O(n^3)$。这个过程说明，适用二分图匹配求解的问题往往不是明显地表现出二分图的特征，而是需要解题者挖掘出问题的本质，从而构造出适用于二分图匹配的模型。在求匹配的时候也往往不是简单的套用经典算法，而是需要解题者充分利用题目的特有性质，将经典匹配算法适当变形，从而得到更高效的算法。

8.3　利用"分层图思想"解题

　　建立图论模型是为了解决问题，所以人们习惯把问题化归为有求解方法的经典问题，期望化繁为简，变未知为已知。例如，求图的单源最短路、二分图匹配或网络流等都是经典问题，前人不仅给出了一般解法，而且对各种特殊情况和变形进行了深入研究。但有的图论问题即使可以归结为经典问题，在加入一些干扰因素后，性质发生了改变，原来建立起的图论模型就不再适用了。在这种情况下，不妨将目标放大，尝试用分层图的思想来分析和解决问题。

8.3.1　利用"分层图思想"构建图论模型

　　所谓分层图思想，是指挖掘问题性质。根据干扰因素的不同种类，将原问题抽象所得出的图，复制为若干层并连接，形成更大的图，将干扰因素融入各个层次的图论模型之中，使本来难以用数学语言表达的图论模型变得简明扼要，为进一步解决问题打下良好的基础。

　　显然，"分层图思想"是一种"升维"策略，即通过对图分层放大目标，使得问题分类后简单化，从而找到求解的途径。

　　下面来看一个实例，使读者对如何"分层"？分层后的图怎样使问题变得简明等有一个切身体验。

【例题8.16】拯救大兵瑞恩

　　有一个长方形的迷宫，被分成了 N 行 M 列，共 $N \times M$ 个单元。两个相邻（有公共边）的单元之间可以互通，或有一扇锁着的门，或者存在一堵不可逾越的墙。迷宫中一些单元存放着钥匙，且所有的门被分为 P 类，打开同类门的钥匙相同，打开不同类门的钥匙不同（见图8-56）。

　　要求从迷宫左上角走到右下角去营救大兵瑞恩，每从一个单元移动到相邻单元记为一步。只有拿到钥匙，才能打开相应的门，试求最少步数。

　　图8-57给出了一种营救方案。

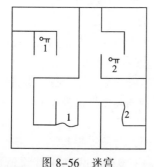

图 8-56　迷宫

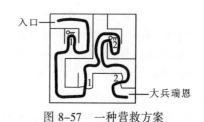

图 8-57　一种营救方案

思路点拨

此题的解法不只一种，例如，宽度优先搜索、动态规划程序设计等。但无论哪种算法，需要考虑的因素很多，如钥匙和门等。但是，如果采用"分层图思想"解题，则问题会变得十分简明：

首先忽略钥匙和门，那么问题就是在一个给定隐式图中求一条最短路，数学模型很简单：已知图 G，其中结点与地图中的单元一一对应，当且仅当两格相邻且之间无墙时，它们对应的结点间有一条边。图 8-58（a）为迷宫的设墙情况，图 8-58（b）为对应的无向图。

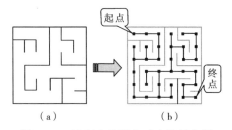

图 8-58 迷宫中的墙和对应的无向图

求从左上角对应结点到右下角对应结点最短路长度。

加入钥匙和门的因素，则所求最短路有了限制条件，即先走到存在钥匙的格子，才能通过相应的门。换句话说，通过图中某些边是有条件的。所以不能再简单地求最短路了，而是要考虑何时能通过那些边，何时不能通过。这就需要记录拿到了哪些钥匙（见图 8-59）。

这时，我们需要对原模型进行改造：将原图 G 复制 2^P 个，每个图记为 $G(s_1,s_2,\cdots,s_P)$，其中 $s_i=0$ 表示未拿到第 i 类钥匙，$s_i=1$ 表示已拿到第 i 类钥匙，$i=1,2,\cdots,P$。对每个图 $G(s_1,s_2,\cdots,s_P)$，若 $s_i=0$，则将所有 i 类门所对应的边去掉，因为没有此类钥匙不能通过此类门。再将其余所有边改为双向弧，权为 1。对于所有的结点对 (u,v) 及整数 i，若满足如下两个条件：

① u、v 分别在 $G(s_1,s_2,\cdots,s_{i-1},0,s_{i+1},\cdots,s_P)$、$G(s_1,s_2,\cdots,s_{i-1},1,s_{i+1},\cdots,s_P)$ 中，且均对应 (x,y) 单元。

② (x,y) 格中有 i 类钥匙。

则添加有向弧 $\overrightarrow{uv}$，权为 0，表示走到 (x,y) 单元就可以由未拿到第 i 类钥匙转变为已拿到第 i 类钥匙，而不需要消耗额外的步数。这样，2^P 个图被连成了一个 2^P "层"的有向图（见图 8-60）。

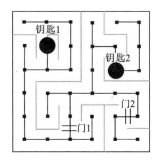

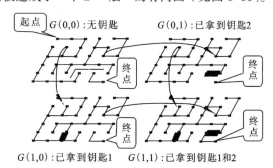

图 8-59 考虑求最短路的限制条件，找到钥匙开门　图 8-60 2^P 个图被连成了一个 2^P "层"的有向图

问题转化为求由该图 $G(0,0,\cdots,0)$ 层表示左上角的结点到每一层表示右下角的结点的最短路长

度的最小值。注意，这里不是求到 $G(1,1,\cdots,1)$ 层表示右下角的结点的最短路长度，因为要成功营救大兵瑞恩很可能并不需要拿全所有的钥匙。

可见，用"分层图思想"可以建立起更简洁、严谨的图论模型，进而很容易得到有效算法。重要的是，新建立的图有一些很好的性质：

① 各层间的相似性。由于层是由复制得到的，所以所有的层都非常相似，以至于我们只要在逻辑上分出层的概念即可，根本不用在程序中进行新层的存储，甚至几乎不需要花时间去处理。

② 各层有很多公共计算结果。由于层之间的相似性，很多计算结果都是相同的。所以我们只需要对这些问题进行一次计算，把结果存起来，而不需要反复计算。因此，虽然看起来图变大了，但实际上问题的规模并没有变大。

③ 方便逐层递推。层之间是拓扑有序的，这也就意味着在层之间可以很容易实现递推等处理，为发现有效算法打下了良好的基础。

上述 3 个特点在本题的解法中体现得并不明显，所以其效率并不一定比其他算法好。但这些特点说明这个分层图思想还是很有潜力的，尤其是各层有很多公共计算结果这一点，有可能大大消除冗余计算，进而降低算法时间复杂度。

8.3.2 利用"分层图思想"优化算法

"分层图思想"实际上是一种"升维"策略，即通过对图分层放大目标，强化图论模型的本质特征，变未知为已知，变浑浊为清晰，为简化问题、设计更简捷的算法创造了条件。

【例题8.17】选边集

给定一个无向图，图中有一个起点 S 和一个终点 T。要求选 K 个集合 $S_1,S_2,\cdots,S_K$，每个集合都含有图中的一些边，任意两个不同的集合的交集为空。并且从图中任意去掉一个集合，S 到 T 都没有通路，要求 K 尽量大。

思路点拨

如果 S 到 T 在图中有一条长为 L 的最短路，那么显然答案不会超过 L。如果答案大于 L，根据抽屉原理，必定至少有一个集合中没有这条路上的任意一条边。如果删去这个集合，S 到 T 仍然连通，这条最短路仍然通畅。这与题目要求不符，导致矛盾。而如果 S 到 T 的最短路是 L，一定可以构造出一个 $K=L$ 的方案。

首先求出 S 到任意一点 u 的最短路 $D(u)$。这样对图上的任意一条边 $e=uv$，如果 $D(v)-D(u)=1$，且 $D(v)\leq L$，就将这条边加入集合 $S_{D(v)}$ 中。这样就构造出来一种分组方案，如图 8-61 所示。

为了证明它是正确的，先来看这样一个引理：

[引理3] 如果图上的任意一条边 $e=uv$，$D(v)-D(u)=1$ 且 $D(v)=i\rightarrow e\in S_i$，那么从图上将 S_i 中的所有边删去，对原图上任意 $D(p)\geq i$ 的点 p，在新图上 S 到 p 均无通路。

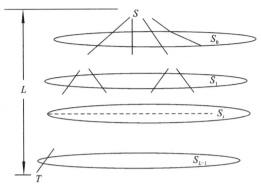

图 8-61　构造出的一种分组方案

证明： 如果 $D(p) \geq i$，就说明任意一条从 S 到 p 的路径中至少包括 $D(p)+1$ 个点：S，p_1，p_2，$\cdots$，p，顺序写出 S 到每一个点最短路的长度：

$$D(S)，D(p_1)，D(p_2)，\cdots，D(p) \quad （*）$$

这个数列（*）一定以 0 开头，最后结尾是 $D(p) \geq i$，而根据最短路的性质，数列（*）中相邻两项差的绝对值一定不超过 1，所以在这个数列中一定会出现相邻的两个数 $i-1$ 和 i。而显然对应的边在新图中被删去了，因此在新图中无法找到这条路径。

于是，从图中删去 S_i 的所有边，就可以保证 S 到 p 没有路径。因此，[引理 3]成立。

[引理 3]实际上给出了如何"分层"的方法，即原图按照最短路的长度进行分层。原图被分层后，图论模型的本质特征便凸现了出来。有了这个引理，就很容易得到：

[定理 3] [引理 3]描述的构造集合的方案是正确的。

证明： 上文所说的任意 S_i（$i \leq L$）满足引理中的条件，因此删去任意 S_i（$i \leq L$）后，$D(T)=L \geq i$，S 到 T 一定没有通路，所以这个构造集合的方案符合题意，是正确的。

这样，编程实现就很简单了。图中每条边的长度都为 1，求最短路数组的功能可以用宽度优先搜索实现，所以算法的时间复杂度和空间复杂度都是 $O(E)$。

【例题8.18】迷宫改造

有一个长方形迷宫，其在南北方向被划分为 N 行，在东西方向被划分为 M 列，于是整个迷宫被划分为 $N \times M$（$3 \leq N$，$M \leq 20$）个单元。用一个有序对（单元的行号，单元的列号）来表示单元位置，南北或东西方向相邻的两个单元之间可能存在一堵墙，也可能没有，墙是不可逾越的。假定有 P（$1 \leq P \leq 3$）个人，分别从 P 个指定的起点出发，要求这些只能向南或向东移动，分别到达 P 个指定的终点。例如，图 8-62 中，粗线为墙，第一个人的起点为(2,1)，终点为(4,3)；第二个人的起点为(1,2)，终点为(4,2)；第三个人的起点为(3,1)，终点为(4,4)。

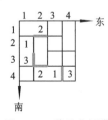

图 8-62　单元之间带墙的迷宫

问至少拆掉多少堵墙使得这是可行的（墙拆掉后可以任意通行）？即所有的人可以从各自的起点出发依照游戏规则到达各自的终点。

思路点拨

为说明方便，下面只讨论 $M=N$，$P=3$ 的情况（$P<3$ 时，可以添加起点终点重合的人而使 P 达到 3）。

解法 1：动态规划程序设计方法

以平行于副对角线的斜线划分阶段，令 $S(i,x_1,x_2,x_3)$ 表示 3 个人分别走到第 i 条斜线上第 x_1，x_2，x_3 行需要拆掉的最少墙数（见图 8-63）。

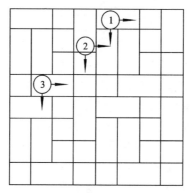

图 8-63　带墙迷宫用动态规则程序设计方法

对于每一个状态，每个人有向南和向东两种走法，共 $2^3=8$ 种决策。则有状态转移方程：

$$S(i,x_1,x_2,x_3) = \min \begin{cases} S(i-1,x_1-1,x_2-1,x_3-1)+? \\ S(i-1,x_1-1,x_2-1,x_3\ \ \ )+? \\ S(i-1,x_1-1,x_2\ \ \ ,x_3-1)+? \\ S(i-1,x_1-1,x_2\ \ \ ,x_3\ \ \ )+? \\ S(i-1,x_1\ \ \ ,x_2-1,x_3-1)+? \\ S(i-1,x_1\ \ \ ,x_2-1,x_3\ \ \ )+? \\ S(i-1,x_1\ \ \ ,x_2\ \ \ ,x_3-1)+? \\ S(i-1,x_1\ \ \ ,x_2\ \ \ ,x_3\ \ \ )+? \end{cases}$$

其中?表示相应决策需要拆的墙数，显然它只能在{0,1,2,3}中取值。由于情况较多，这里不再赘述。另外，由于每个人的起点并不一定在地图左上角，终点也不一定在地图右下角，所以递推时还要处理一些细节，算法的时间复杂度为 $O(N^4)$。

由状态转移方程可以看出，动态规划一并考虑了 p 个人的行走路线。实际上，两人之间只在有公共路线时才有关系，其他时候，原则上需要分别考虑，因此存在了大量冗余计算，导致时间效率低下。

解法 2：应用"分层图思想"将问题转化为最短路问题

先来分析一下本题的特点：

首先，每个人移动路线的可行性是不受其他成员影响的，而在计算代价时，不同成员之间仅当经过同一堵墙时才有关系。如果忽略这种关系，那么每个人的路线应是起点终点之间的一条最短路。换句话说，有的人可能会迁就其他人而导致其路线不是最短路，但每个成员不在公共路线上时的子路线都是最短路（见图 8-64）。

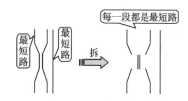

图 8-64　用"分层图思想"将问题转化为最短路问题

纯路段是某一可行解的一部分，它与每个成员路线的交集要么是空集，要么是该成员路线的一部分。直观地说，某一可行解的纯路段不分岔。

极大纯路段是某个可行解的纯路段，但不是该解中任何其他纯路段的子路段。

这样，"每个成员不在公共路线上时的子路线都是最短路"的性质就可以表述为：最优解中的每个纯路段都是连接其两端点的最短路。所以，一个最优解可以由其中所有极大纯路段端点的集合唯一确定。于是就有了一个最朴素的算法：枚举这些端点。虽然这个算法的时间复杂度令人难以忍受，但它给了我们一个思路，即充分利用纯路段的最短路性质。

下面进一步挖掘此题特点：此题与普通求最短路的问题最大的区别在于其中有多个成员，成员有公共路段时，该路段的权只被计算一次。因此抓住公共路段是解决问题的关键。

经过分析，可以发现公共路段有以下几个特点：

特点 1：存在一最优解，其中任两个人的公共路段至多有一条，即任两个人的路线不会在会合、分离之后再次会合。

证明：假设某一最优解 T 中存在两个成员 A、B，这两个成员在 P 点分离后又在 Q 点会合。A、B 两个成员在 P、Q 之间的路线的权分别为 W_A、W_B，在 P、Q 之间的总代价为 $W=W_A+W_B$，那么必然存在另一可行解 T'，它与 T 的唯一差别是 B 在 P、Q 之间的路线改为与 A 相同，则 T' 中 A、B 在 P、Q 之间的总代价为 $W'=W_A$（见图 8-65（a））。由于 $W' \leqslant W$，所以 T' 也是最优解。因此，可以通过有限次像上面的变换去掉某一最优解中的所有"会合-分离-再会合"的情况而保持其最优解的性质。证毕。

特点 2：当 $P \leqslant 3$ 时，存在一最优解，其中所有人的路线的并集无环（路线看做无向路径）。

证明：这实际是对特点 1 的简单推广。假设某一最优解 T 中有环，且应用特点 1 去掉两人产生的环之后仍存在环。那么该环必然由 3 个人产生，且只有图 8-65（b）所示的一种情况。

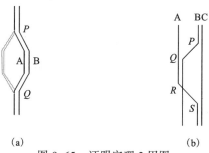

(a)　　　　　　　　　(b)

图 8-65　证明定理 2 用图

类似于特点 1 的证明，C 的 PS 段路线显然可以由 $PQRS$ 代替，而省去 PS 段的费用，新得到的解必是最优解。如此总能得到无环的最优解。证毕。

特点3：当 $P \leqslant 3$ 时，对一个无环的最优解 T，其中的所有公共路段可以用一条从左上角到右下角的路线覆盖。

证明：假设 T 中有两条公共路段不能被一条从左上角到右下角的假想路线覆盖，那么显然他们不能属于同一个人的路线（否则此人的路线即满足要求）。又因每条公共路段至少属于两人，所以 $P \geqslant 4$。与 $P \leqslant 3$ 矛盾。证毕。

定义：对于一个最优解 T，如果一条从左上角到右下角的路线可以覆盖 T 中的所有公共路段，则称该路线为 T 的主路线（见图 8-66）。

这样，一个最优解可以这样描述：它是由一条主路线和一些从主路线伸向各成员起点和终点的支路线组成的。在这个最优解中，每个成员从自己的起点出发，要么先通过支路进入主路线，经过一段路后再走上支路到达终点，要么不经过主路线直接走到终点。由于主路线覆盖了所有的公共路段，所以所有的支路都是纯路段，它们都有最短路的性质。应用这个性质，可以通过预处理求得所有支路的长度，就像对待 $P=1$ 的情况一样进行动态规划，时间复杂度为 $O(N^2)$。

接下来，只有如何确定主路线的问题尚未解决。容易看出，这个问题与 $P=1$ 的情况十分类似，只不过同时要确定支路与主路线会合点和分离点。可以把支路与主路线的会合与分离看做主路线状态的改变。这样，就可以用"图的分层思想"解决这个问题了。

由于每个成员由起点到终点的过程可以分为 3 部分：支路-主路线-支路，所以每个成员对主路线有 3 种状态：未进入-已进入-已离开。于是把地图复制为 3 层，一共复制为 3^P 层（$3^3=27$ 层），用 $G(s_1,s_2,s_3)$ 表示 3 个人状态为 (s_1,s_2,s_3) 的层。未进入、已进入、已离开 3 种状态分别用 0、1、2 表示，即 $s_i \in \{0,1,2\}$（$1 \leqslant i \leqslant 3$）（见图 8-67）。

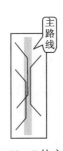

图 8-66　T 的主路线

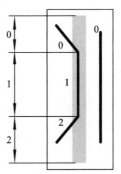

图 8-67　用 0、1、2 表示主路线的 3 种状态

针对成员 1，我们从 $G(0,s_2,s_3)$ 中每个点向 $G(1,s_2,s_3)$ 中相应点引一条有向弧，权为该成员起点到该点的最短距离（即已经在预处理中求得的支路长度），如果无法从该成员起点到达该点，则权为 ∞。同样，从 $G(1,s_2,s_3)$ 中每个点向 $G(2,s_2,s_3)$ 中相应点引一条有向弧，权为该点到该成员终点的最短距离，如果无法从该点到达该成员终点，则权为 ∞（见图 8-68）。

图 8-68　说明层与层之间的连接关系

　　然后求从 $G(0,0,0)$ 左上角的结点到其他点的单源最短路径。这里需要注意一点，答案并不一定是从 $G(0,0,0)$ 左上角的结点到 $G(2,2,2)$ 右下角的结点最短路长度。因为终点不是 $G(2,2,2)$ 右下角结点，而是所有满足 $s_i \in \{0,2\}$ 的层 $G(s_1,s_2,s_3)$ 的右下角结点。此时可能忽略了一点，即前面提过的有的成员可能"不经过主路线直接走到终点"，所以我们应该考虑每个成员是否进入主路线，共 8 种情况。

$$ans = \min \begin{cases} d(0,0,0) + p(1) + p(2) + p(3) \\ d(0,0,2) + p(1) + p(2) \\ d(0,2,0) + p(1) \qquad\quad + p(3) \\ d(0,2,2) + p(1) \\ d(2,0,0) \qquad\quad + p(2) + p(3) \\ d(2,0,2) \qquad\quad + p(2) \\ d(2,2,0) \qquad\qquad\qquad\quad + p(3) \\ d(2,2,2) \end{cases}$$

　　其中，$d(s_1,s_2,s_3)$ 为 $G(0,0,0)$ 层左上角结点到 $G(s_1,s_2,s_3)$ 层右下角结点的最短路长度。$P(i)$ 为"不经过主路线直接走到终点"的成员 i 由左上角走至右下角的最短路长度。

　　至此，已经圆满解决了这个问题。解法 2 中预处理时间复杂度为 $O(N^2)$，后来求最短路的时间复杂度为 $O(N^2)$，所以总时间复杂度是 $O(N^2)$，这大大低于解法 1。

　　注意：解法 1 可以将 P 推广到更大的数，而解法 2 只能解决 $P \leqslant 3$ 的问题。由解法 2 可以看出，"分层图思想"的核心是挖掘问题性质，针对不能用严谨的数学语言表达的因素进行图的分层，即相当于分类讨论，将未知变为已知。这样做实际是强化了原有问题的性质。通过这样的处理，新得到的图论模型特征更突出，更易于找到解决方法。

　　采用"分层图思想"，不仅可以方便问题的分类讨论，将未知变为已知，而且在某些情况下，还可以凸现图论模型的本质特征，使得更简捷的算法浮出水面。下面来看两个实例。

【例题8.19】计算可行流

　　给出一个有向的阶段图，第 i 个阶段中的点仅向第 $i+1$ 个阶段中的点连出有向边，每一条边都有一定的容量。图中第 1 个阶段和最后第 L 个阶段都只有一个点，分别是源点和汇点。要求一个可行流（并不要求是最大流），但是无法找到一条从第 1 个阶段到第 L 个阶段的有可扩展流量的路径（$1 \leqslant$ 结点数 $N \leqslant 1\,500$，$1 \leqslant$ 边数 $M \leqslant 300\,000$）。

 思路点拨

解法 1：累加流量

　　按照题目的要求，一次次累加流量，直到不能累加为止。这种朴素的方法时间复杂度为 $O(NM)$，显然无法在限定的时间内出解。

解法 2：贪心

逐层扩展结点，这样某一个阶段中的所有结点一定都是连续被扩展到的。首先，假设第一阶段中的起点剩余流量为无穷大（maxlongint），如果从结点 p 扩展到了结点 q，那么就试图从 p 的剩余流量中取出尽量多的流量放入 q 的剩余流量槽中（"尽量多"要取决于 p 的剩余流量及有向边 pq 的容量上限）。于是就这么一层层的扩展下去，直到最后一层的汇点。但这样在算法结束的时候，有可能有一些中间结点的剩余流量仍不为 0，所以还需要让这些流量"原路返回"。

这个贪心算法的时间复杂度为 $O(M)$。虽然贪心法中的"剩余流量槽"引用了先流推进算法中的定义，类似于先流推进算法，但结果值是近似的，无法避免误差。原因就是其每次不顾后效性的贪心分配流量，可能会导致一些后继点被分配过多的流量，这些流量要"退回"，而还有一些点本应需要一些流量，但却没有被分配到。如果将退回的流量再"重分配"，那么时间复杂度就会变得很高，得不偿失。

解法 3：寻找流量为 0 的路径

我们对每个点都维护一个布尔变量 filled[p]，记录该点是否有一条到汇点的可扩展流量不为 0 的路径，如果 filled[源点] 为 false，则目前得到的流符合题目的要求。所以每次可通过 filled 这个标志的指引找到一条可扩展路径，这个过程就是对原图进行一次分层，其平摊时间复杂度为 $O(N)$。如果算法执行过程中需要找到 k 条可扩展路径才能得到正确答案，那么 k 次分层的时间复杂度就是 $O(kN)$。不幸的是，改进可扩展路径的最坏情况是 1 条边的流量被满载，因此从理论上来说，计算时间的上限仍然是 $O(NM)$。当然，实际运行效果要比解法 1 好得多，因为诸多调整中仅一条边满载的情况毕竟少数。如果初始时引用解法 2 的贪心策略找一个"初始流"，在此基础上运用解法 3 寻找流量为 0 的路径，则可以明显改善时效，在限定时间内计算出正确解。

8.4 利用平面图性质解题

平面图是图论中一类重要的图，在实际生产中应用非常广泛。例如，集成电路的设计就用到平面图理论。在 ACM/ICPC 竞赛中，虽然有关平面图的题目并不多见，但对于某些试题，如果通过模型转化后，应用平面图的性质解题，可大大提高算法效率，因此有必要掌握一些平面图的基本理论。

8.4.1 平面图的概念

平面图的定义：一个无向图 $G=<V,E>$，如果能把它画在平面上，且除 V 中的结点外，任意两条边均不相交，则称该图 G 为平面图。

例如，图 8-69（a）经变动后成为图 8-69（b），故图 8-69（a）为平面图。而图 8-69（c）无论如何变动，总出现边相交，故图 8-69（c）为非平面图。

面的定义：设 G 为一平面图，若由 G 的一条或多条边所界定的区域内不含图 G 的结点和边，这样的区域称为 G 的一个面，记为 f。包围这个区域的各条边所构成的圈，称为该面 f 的边界，其圈的长度称为该面 f 的度，记为 $d(f)$。为强调平面图 G 中含有面这个元素，把平面图表示为 $G=<V,E,F>$，其中 F 是 G 中所有面的集合。

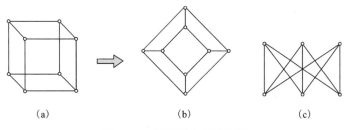

(a)   (b)   (c)

图 8-69 平面图和非平面图

[定理 4] 若 $G=<V,E,F>$ 是连通平面图，则 $\sum\limits_{f\in F}d(f)=2|E|$。

[定理 5] 若 $G=<V,E,F>$ 是连通平面图，则 $|V|-|E|+|F|=2$。

证明： 首先假定 G 是树，则 $|E|=|V|-1$，G 只有一个无限面，因此 $|V|-|E|+|F|=|V|-(|V|-1)+1=2$。现在假设 G 不是树，由于 G 是连通的，故 G 中至少存在一个基本圈 C，于是 G 必有一个有限面 f，而 f 的边界是由基本圈 C 及可能连同计算两次的一些边组成。如果从 G 中删去基本圈 C 上的一条边后得到的平面图 $G_1=<V_1,E_1,F_1>$，则 $|V_1|=|V|$，$|E_1|=|E|-1$，$|F_1|=|F|-1$，故 $|V_1|-|E_1|+|F_1|=|V|-|E|+|F|$，依此类推，最终得到 G 的一棵生成树 $T_0=<V_0,E_0,F_0>$，于是 $|V|-|E|+|F|=|V_0|-|E_0|+|F_0|=2$。

[推论 1] 给定连通简单平面图 $G=<V,E,F>$，若 $|V|\geq 3$，则 $|E|\leq 3|V|-6$ 且 $|F|\leq 2|V|-4$。

[推论 2] 设 $G=<V,E,F>$ 是连通简单平面图，若 $|V|\geq 3$，则存在 $v\in V$，使得 $d(v)\leq 5$。

显然，根据推论 1，若 $|E|=O(|V|)$，则邻接表、散列表的存储空间为 $O(|V|)$，相邻矩阵存储空间为 $O(|V|^2)$。

8.4.2 平面图的应用实例

平面图的原理在现实生活和 ACM/ICPC 竞赛中有较高的应用价值，不仅是因为有些问题本身就呈现平面图的结构特性，而且是因为许多问题一旦被转化成平面图后，就可利用平面图的性质优化算法。

【例题8.20】水平可见线段

平面上有 N（$N\leq 8\ 000$）条互不相连的竖直线段。如果两条线段可以被一条不经过第三条竖直线段的水平线段连接，则称这两条竖直线段为"水平可见"。3 条两两"水平可见"的线段构成一个"三元组"。求给定输入中"三元组"的数目（坐标值为 0～8 000 的整数）。

思路点拨

把线段看成点，若两条线段水平可见，则在对应两点之间连一条边，建立无向图 G。图 8-70 给出了一个实例。

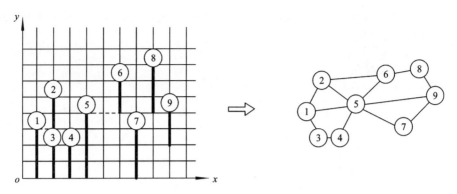

图 8-70 将"水平可见"的线段看成点，连边建立无向图 G

问题便转化为统计 G 中的三角形的数目。

（1）如何建图

有如下两种方法：

方法 1：设数组 $C[i]$（$i=0,\cdots,2Y_{max}$），$C[2y]$ 表示覆盖 y 点的最后一条线段，$C[2y+1]$ 表示覆盖区间（$y,y+1$）的最后一条线段：

① 把线段按从左到右的顺序排序（时间复杂度为 $O(N\log N)$）。

② 依次检查每一条线段 L（$L=[y',y'']$，时间复杂度为 $O(N)$）：

● 检查 L 覆盖的所有整点和单位区间（$C[u]$，$u=2y'\cdots2y''$，时间复杂度为 $O(Y_{max})$）。

● 若 $C[u]\neq0$，则 $C[u]$ 与线段 L 代表的结点连一条边。

● $C[u]\leftarrow L$。

总的时间复杂度为 $O(NY_{max})$。

方法 2：定义线段树 T。设结点 N 描述区间 $[a,b]$ 的覆盖情况，则

$$N.Cover=\begin{cases} 0 & \text{无线段覆盖}[a,b] \\ L & \text{线段}L\text{覆盖}[a,b] \\ -1 & \text{其他情况} \end{cases}$$

我们使用完全二叉树的数组结构存储线段树，可以免去复杂的指针运算和不必要的空间浪费。

排序的时间复杂度为 $O(N\log N)$，检索的时间复杂度为 $O(N\log Y_{max})$，插入的时间复杂度为 $O(N\log Y_{max})$，因此总的时间复杂度为 $O(N\log Y_{max})$。

线段的空间复杂度为 $O(N)$，线段树的空间复杂度为 $O(Y_{max})$，边表的空间复杂度为 $O(N)$。

（2）统计图 G 中三角形的数目

方法 1：枚举所有的三元组，判断 3 个结点是否两两相邻。由于总共有 C_n^3 个三元组，因此时间复杂度为 $O(N^3)$。

方法 2：枚举一条边，再枚举第 3 个结点，判断是否与边上的两个端点相邻。根据水平可见的定义可知 G 为平面图，G 中的边数为 $O(N)$，故方法 2 的时间复杂度为 $O(N^2)$。

由上可见，方法 1 只是单纯枚举三元组，没有注意到问题的实际情况，而实际上三角形的数

目是很少的，方法 1 做了许多无用的枚举，因此效率很低。而方法 2 从边出发，枚举第 3 个结点，这正好符合了问题的实际情况，避免了许多不必要的枚举，所以方法 2 比方法 1 更加高效。现在的问题是，还有没有更好的办法？

方法 3：换个角度，从点出发，每次选取度最小的点 v，由推论 2 知 $d(v) \leqslant 5$（推论 2：连通简单平面图的结点数 $\geqslant 3$，则存在某结点 v，使得 $d(v) \leqslant 5$），只需花常数时间就可以计算含点 v 的三角形的数目。应用二叉堆可以提高寻找和删除点 v 的效率，总的时间复杂度仅为 $O(N\log N)$。

比较方法 2 与方法 3 可以发现，方法 2 是以边作为出发点的，从整体上看，平面图中三角形的个数只是 $O(N)$ 级的，而方法 2 的时间复杂度却是 $O(N^2)$，这种浪费是判断条件过于复杂造成的。而方法 3 从点出发，则只需要判断某两点是否相邻即可。

【例题8.21】洞穴

在同一水平面上有 N（$N \leqslant 500$）个洞穴，洞穴之间有通道相连，且每个洞穴恰好连着 3 个通道。通道与通道不相交，每个通道都有一个难度值，现从 1 号洞穴开始遍历所有的洞穴刚好一次并回到洞穴 1，求通过通道难度值之和的最小值（给定所有通道的信息和在外圈上的洞穴）。

思路点拨

本题求的是最优路径，但最优路径具备什么性质并不明显，故采用深度优先搜索。但由于 N 的上限为 500，因此必须考虑剪枝。

基本剪枝条件：若当前路径的难度值的总和比当前最优值大，则放弃当前路径。

为了找到强化剪枝条件，考虑问题所具有的特性：

① 所有点的度数为 3。

② 所给的图是平面图。

③ 外圈上的点已知。

情形 1：

考虑图 8-71 给出的特例：路径 1-3-5-6-12-10，由于每个洞穴必须被访问到，而 11 号洞穴只有一条可用通道 9-11，访问 11 后不能再回到 1，故该路径不可能遍历所有点。由此得出：

剪枝条件 1：在所有未访问的洞穴中，与其相邻的已访问过的洞穴（第一个与当前访问的最后一个除外）的个数小于等于 1。

情形 2：

考虑图 8-72 给出的特例：路径 1-3-7-9-10-8-4 把图分成两部分，而且两部分中都有未访问过的点。由于图是平面图，其中必有一部分点不能被访问到。由此得出：

剪枝条件 2：设外圈上的点按连接顺序为 $1,a_2,\cdots,a_k$，则访问的顺序只能为 $1,\cdots,a_2,\cdots,a_3,\cdots,a_k,\cdots,1$。

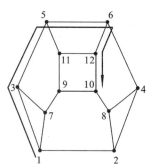

图 8-71　说明剪枝条件 1 的图

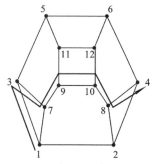

图 8-72　说明剪枝条件 2 的图

8.5 正确选择图论模型，优化图的运算

图论中最基本的思想就是搭建合适的模型，深度挖掘问题的本质，分析和利用图论模型各种性质，从而到达解决问题的目的。下面着重从模型的选择和发掘利用图的性质来阐述图论的基本思想和运用方法。

8.5.1 正确选择图论模型

在解决一道实际问题时，往往先将实际问题抽象成一个数学模型，然后在模型上寻找合适的解决方法，最后再将解决方法还原到实际问题本身。而图论模型就是一种特殊的数学模型。在构建图论模型时，是通过图中的点和边来体现原问题的，因此模型务必要真实、贴切和透彻地反映原问题的本质，同时也要做到力求简练、清晰。图论问题往往关系错综复杂、变化多端，因此构建一个合适的模型实非易事。在选择图论模型时，应该深入分析实际问题的特点，大胆猜想和严格验证。下面通过一个具体实例来揭示选择合适图论模型的重要性和方法，同时介绍一种偏序集的图论模型。

【例题8.22】滑雪者

给出一个平面图，图中有 n（$2 \leqslant n \leqslant 5\,000$）个点，$m$ 条有向边。每个点都有不同的横坐标和纵坐标，有一个最高点 v_h 和一个最低点 v_l。每条有向边连接着两个不同的点，方向是从较高点连到较低点。对于图中任意一点 u，都至少存在一条 v_h 到 u 的有向路径和一条 u 到 v_l 的有向路径。任务：图中由每个点发出的边都已经按照结束点的位置从左到右给出，要求用若干条从 v_h 到 v_l 的路径覆盖图中所有的边，并且使路径数最少。所谓覆盖，就是指每条边至少在一条路径中出现，选取的路径之间可以有相同的边。例如，图 8-73 中所示的平面图最少需要 8 条路径才能覆盖所有的边。

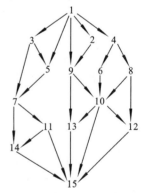

图 8-73　需要 8 条路径覆盖图上所有的边

本题可选择的数学模型不只一个，其中比较典型的为网络流模型和偏序集模型。

解法 1：利用网络流模型解题

分析一下题意，很快联想到经典的网络流模型：最高点 v_h 是网络的源点，而最低点 v_l 是网络的汇点。题目中的路径是网络中从源点到汇点的流。要求用路径覆盖图中所有的边，且路径数最少，就是要求网络中每条边的流量大于等于 1，并且从源点流出的总流量最小。因此解决这个问题只需要建立一个有容量下界的网络，然后求这个网络的最小可行流。具体过程如下：

首先求出可行流：枚举每条流量为 0 的边，设为 (i,j)。找到一条从 s 到 i 的路径和一条从 j 到 t 的路径。对 $s \rightarrow i \rightarrow j \rightarrow t$ 路径上的每一条边流量加 1，这样既满足了每个点的流量平衡，又满足了边 (i,j) 的容量下界，然后再在可行流上进行修改，从汇点到源点求一个最大可行反向流，即可得到一个最小可行流。

分析解法 1 的时间复杂度：求可行流时，可以先预处理源点和汇点到每个结点的路径，因此构造可行流的时间复杂度为 $O(|E|+|V|)$。求最大流时，可以用朴素的增广路算法，复杂度为 $O(|E|C)$，C 是进行增广的次数。因为是平面图，根据欧拉公式有 $O(|E|)=O(|V|)$，而反向流的流量最大为 $O(|E|)$，所以总的复杂度为 $O(|V|^2)=O(n^2)$。此算法实际效率很高，能够迅速解决规模上限内的问题。但是，这种模型并没有很好的挖掘原题中平面图的性质，所以有很大改进空间。

解法 2：利用偏序集模型解题

题目中强调了每个点都有不同的横纵坐标，图是有向无环平面图。而且图中两点之间的有向边似乎反映着一种元素的比较关系。是否存在更好的模型描述此图呢？为了更好地揭示问题的本质，下面引入偏序集。

（1）偏序集的概念

偏序集是一个集合 X 和一个二元关系 R，符合下列特性：

① 对于集合 X 中的所有的 x，有 $x R x$，即 R 是自反的。

② 对于集合 X 中的所有的 x 和 y，只要有 $x R y$ 且 $x \neq y$，就有 $y \not{R} x$，即 R 是反对称的。

③ 只要有 $x R y$ 和 $y R z$，就有 $x R z$，即 R 是传递的。

符合这些特性的关系称为偏序，通常用 $\leqslant$ 标记 R。$a \leqslant b$ 也可以记作 $b \geqslant a$。若有 $a \leqslant b$ 且 $a \neq b$，那么就记作 $a < b$ 或者 $b > a$。$<$ 又称严格偏序关系，含偏序 $\leqslant$ 的偏序集 X 用 $(X, \leqslant)$ 表示。

可比关系和全序关系：令 R 是集合 X 上的一个偏序，对于属于 X 的两个元素 x、y，若有 $x R y$ 或 $y R x$，则 x 和 y 被称为可比的，否则被称为不可比的。集合 X 上的一个偏序关系 R，如果使得 X 中的任意一对元素都是可比的，那么该偏序 R 就是一个全序。例如，正整数集上的小于等于关系就是一个全序。

覆盖关系：令 a 和 b 是偏序集 $(X, \leqslant)$ 中的两个元素。若有 $a < b$，且 X 中不存在另一个元素 c，使得 $a < c < b$，那么就称 a 被 b 覆盖（或 b 覆盖 a），记作 $a <_c b$。若 X 是一个有限集，由偏序集的传递性易知，任一个偏序关系都可以用多个覆盖关系表示出来，也就是说可以用覆盖关系有效的表示偏序关系。

哈斯图：有限偏序集 $(X, \leqslant)$ 的图表示（即哈斯图）是用平面上的点描述的。偏序集中的元素用平面上的点来表示。若有 $a < b$，那么 a 在平面上的位置（严格说是坐标平面中的纵坐标）就应当低于 b 在平面上的位置。若 $a <_c b$，那么 a 和 b 之间连一条边。也可以用有向图来表示偏序关系，图中的每个结点对应偏序集中的每个元素。若偏序集中的两个元素有 $a <_c b$，那么对应到图中的两个结点 a 和 b，就有一条从 b 到 a 的有向边 (b,a)。因此，可以看出原图事实上是一个偏序集的图表示。

链与反链：链是 E 的一个子集 C，在偏序关系 $\leqslant$ 下，它的每一对元素都是可比的，即 C 是 E 的一个全序子集。反链（又称杂置）和链的定义恰恰相反。反链是 E 的一个子集 A，在偏序关系 $\leqslant$ 下，它的每一对元素都是不可比的。链和反链的大小是指集合中元素的个数。

（2）构筑原问题的偏序集模型

有了上文有关偏序集的概念，不难搭建出原问题的偏序集模型：令原图表示的偏序集为$(X, \leq)$，而新构造的偏序集为$(E, \leq)$。则集合 E 满足 $E=\{(u,v)|u,v \in X$ 且 $u >_c v\}$，即 E 中的元素全部是图中的有向边。令 a、b 为 E 中的两个元素，设 $a=(u_a,v_a)$，$b=(u_b,v_b)$。当且仅当 $u_a \leq u_b$ 且 $v_a \leq v_b$ 时，有 $a \leq b$，即存在一条从有向边 a 到有向边 b 的路径；当且仅当 $v_a=u_b$ 时，有 $a \leq_c b$。

原问题可以重新用偏序集语言表述为：将偏序集 $(E, \leq)$ 划分成最少的链，使得这些链的并集包含所有 E 中的元素。直接计算链的个数似乎并不容易，好在有 Dilworth 定理揭示了链与反链的关系，从而使得问题的目标进一步转化。

Dilworth 定理：令 $(E, \leq)$ 是一个有限偏序集，并令 m 是 E 中最大反链的大小，M 是将 E 划分成最少的链的个数。在 E 中，有 $m=M$。

证明：易知 M 一定大于等于 m，因为最长反链中的元素一定分在不同的链中。因此只需要证明一定存在 M 小于等于 m。下面通过对 E 的元素个数 n 的归纳法进行证明：

当 $n=1$ 时，定理显然成立。

当 $n>1$ 时，有如下两种情况：

① 存在一条大小为 m 的反链 $A=\{a_1,a_2\cdots,a_m\}$，它既不是 P 中的所有极大元的集合，也不是所有极小元的集合。

现定义 $A^-=\{x \in P | \exists_i x \leq a_i\}$，即 A^- 中任一个元素 x 在 A 中能找到一个元素 a_i，使得 $x \leq a_i$。类似地，定义 $A^+=\{x \in P | \exists_i x \geq a_i\}$。直观上看，$A^-$ 是由所有 A "下方"的元素组成的，而 A^+ 是由所有 A "上方"的元素组成的。而且还有下列性质成立：

- 由于至少存在一个极大元不在 A 中，所以这个极大元也不在 A^- 中。因此 $A^- \neq P$，A^- 中的元素个数小于 P 的元素个数 n。
- 由于至少存在一个极小元不在 A 中，所以这个极小元也不在 A^+ 中。因此 $A^+ \neq P$，A^+ 中的元素个数小于 P 的元素个数 n。
- $A^+ \cap A^-=A$。反设存在一个 x 在 $A^+ \cap A^-$ 中，而不属于 A。根据反设，A 中存在两个元素 a_i 和 a_j，满足 $a_i \leq x \leq a_j$，这与 A 是一条反链矛盾。因此该性质成立。
- $A^+ \cup A^-=P$。反设存在一个 x 在 $A^+ \cup A^-$ 中，而不在 P 中。根据反设，对于 A 中的任一个元素 a_i，既不满足 $a_i \leq x$，也不满足 $a_i \geq x$。也就是说 x 和 A 中的所有元素都是不可比的，那么 $A \cup x$ 是一条比 A 更长的反链，这与 A 是 P 中最长的反链矛盾。因此该性质成立。

因为 A^+、A^- 中的元素个数小于 n，根据归纳假设，A^+、A^- 一定能够划分成 m 条链。设 A^+ 划分成 $C_1^+,C_2^+ \cdots C_m^+$，且 $a_i \in C_i^+$。类似地，设 A^- 划分成 $C_1^-,C_2^- \cdots C_m^-$，且 $a_i \in C_i^-$。显然，对于所有 i，a_i 是 C_i^+ 中的极小元。因为若 C_i^+ 中的极小元不是 a_i 而是 x，那么根据 A^+ 的定义，存在一个 $a_j \leq x$，则有 $a_j \leq x \leq a_i$，这与 A 是反链矛盾，所以 a_i 是极小元。同样地，a_i 是 C_i^- 中的极大元。a_i 是 C_i^+ 中结尾的那些元素，是 C_i^- 开始的那些元素，将 C_i^+ 和 C_i^- 接在一起形成了 m 条链，它们是 P 的一个划分。

② 最多存在两条大小为 m 的反链，即所有的极大元集合和极小元集合中任一个或两个。令 x 是极小元，而 y 是极大元且 $x \leq y$（x 可以等于 y）。此时，$P-\{x,y\}$ 的反链的最大的大小为 $m-1$。根据归纳假设，$P-\{x,y\}$ 可以被划分成 $m-1$ 条链。这些链和链 $\{x,y\}$ 一起构成了 P 的一个划分。

综上所述，Dilworth 定理成立。

根据 Dilworth 定理，问题转化成求 E 中最长反链的大小。也就是要求在原图中选尽量多的边，同时保证选出的边是互不可达的（即在$(E, \leqslant)$中不可比）。如何求解最长的反链呢？事实上，这和原题给出的平面图有很大关系，接下来，返回到原图上继续讨论。

（3）从偏序集模型回归到原题

由于原题给出的图是平面图，而且图中结点也是从左到右给出的，那么对于反链中的所有边都能按照从左到右的顺序排列好（见图 8-74）。

如果用一条线将最长反链所对应的边从左到右连起来，那么这条线不会与平面图中的其他边相交。更加准确地说：

[定理 6] 将最长反链所对应的边从左到右排列好，相邻的两条边一定是在同一个域（闭曲面）中。

所谓的域，是由从一个点到另一个点（一个是极高点，一个是极低点）的两条不同路径（两条路径没有公共边）围成的一个曲面，在这个曲面里没有其他的点和边（见图 8-75），记作 F。在围成域 F 的两条路径中，左边的那条路径定义为 F 的左边界，右边的那条路径定义为 F 的右边界。

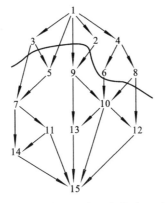

图 8-74　平面图中，反链中的所有边都能从左到右的顺序排列好　　　图 8-75　域 F 的定义

证明： 反设最长反链 A 中存在两条相邻的边不再同一个域中，令这两条边为 a 和 b，且 a 在 b 的左边。一条边最多属于两个不同的域。有 3 种情形：

① a 是某个域 F_1 左边界上的一条边，那么 F_1 右边界上的一条边 c 与 a 和 b 都是不可比的，那么 $A \cup \{c\}$ 是一条更长的反链，矛盾。

② b 是某个域 F_2 右边界上的一条边，那么 F_2 左边界上的一条边 d 与 a 和 b 都是不可比的，那么 $A \cup \{d\}$ 是一条更长的反链，矛盾。

③ a 是域 F_1 右边的那条路径，b 是域 F_2 左边的那条路径。设 $a=(u_1, v_1)$，$b=(u_2, v_2)$。由于平面图中的最高点 v_h 到 u_1 和 u_2 都至少存在一条路径，因此这些路径之间至少存在一个公共点既能够到达 u_1 也能够到达 u_2，令这些公共点中纵坐标最低的点为 u_h。类似地，设既能够被 v_1 到达也能

被 v_2 到达的公共点中纵坐标最高的点为 u_l。由于 a 和 b 不在同一个域中，因此路径 1（u_h-u_1-v_1-u_l）和路径 2（u_h-u_2-v_2-u_l）之间至少存在另一条路径 3，这条路径要么是从路径 1 连到路径 2，要么是从路径 2 连到路径 1。因此路径 3 上一定存在一条边 e，e 和 a、b 都是不可比的，那么 $A \cup \{e\}$ 是一条更长的反链，矛盾。因此反链中相邻的两条边一定是在同一个域中。

受[定理 6]的启发，可以用递推的方法求得图中最长反链的长度。设 $f(x)$ 表示在边 x 左边的平面区域中以 x 结尾的最长反链的长度。设 x 在某个域 F 的右边界上，有 $f(x)=\max\{f(y)\}+1$（y 是 F 左边界上的边）。因为根据[定理 6]，若 x 在某个最长反链中，那么反链中和 x 相邻且在 x 左边的边，只有可能在域 F 的左边界上。得到这个递推式后，只需要按照从左到右从上到下把每一个域求出进行递推即可。

（4）设计相应的算法

可以用 DFS 深度优先遍历实现平面图中域的寻找。DFS 中需要记录两个信息：结点的颜色和扩展它的父结点。每个结点的颜色用 $C[u]$ 来记录。$C[u]$ 有 3 种状态：白色表示结点 u 尚未被遍历，一开始所有结点的颜色都是白色；灰色表示结点 u 已经被遍历，但是它尚未检查完毕，也就是说它还有后继结点没有扩展；黑色表示结点 u 不但被遍历且被检查完毕。扩展它的父结点用 pre 记录。具体计算过程如下：

```
PROC DFS(结点 u);
C[u]←灰色;
While v 是 u 后继结点 do 按照从左到右的顺序扩展 u 的后继结点 v;
If C[v]是白色
   Then {pre[v]←u; DFS(v) }              /*Then*/
   Else {vl←v; vh←v;
        While C[vh]是黑色 Do vh←pre[vh]; /*是黑色，说明是域的边界上的结点；灰色就是
极高点*/
        递推求出右边界的 f(x);            /*pre 回溯的边是左边界，vh-u-vl 是右边界*/
        pre[v]←u };                      /*Else*/
 C[u]←黑色;
End;                                      /*DFS*/
```

分析上述算法的时间复杂度：对每一个点进行 DFS 遍历，复杂度为 $O(|E|)$；回溯寻找每个域边界上的边，并且进行递推求解。由于是平面图，每条边最多属于两个不同域的边界，因此这一步的复杂度为 $O(|E|+|F|)$。因为原题给出的图是平面图，根据欧拉定理，边数 $|E|$ 和域数（即说面数）$|F|$ 都是 $O(n)$ 级别的，因此总的时间复杂度为 $O(n)$。

最后对两种解法做一个总结：网络流模型基础上的解法 1 体现了原题的网络（有向无环）特性，但没有充分体现原题的平面图性质。而偏序集模型基础上的解法 2 实现了从网络流问题到平面图问题的转化，完整揭示了问题的本质。正是由于回归到问题的本质，后面才能用 DFS 充分挖掘平面图的性质，得到最优复杂度的算法。

从上述两种方法的比较可以看出，两种不同的图论模型导致了两种算法在时间复杂度上的较大差异，可见选择模型的重要性。在设计算法之前，选择一个正确的图论模型往往能够起到事半功倍的效果，不仅能降低算法设计的难度，还使设计出的算法简单高效。当然，在很多时

候，最终算法并不一定是基于所选的图论模型来设计的，就如解法 2 的偏序集并没有出现在 DFS 中，但一旦想到偏序集，问题可以说就解决了一半。图论模型更多的是思考的一种过渡，使思路变得清晰。

8.5.2　在充分挖掘和利用图论模型性质的基础上优化算法

"模型"是图论基本思想的精华，是解决图论问题的关键。上一节讲述了选择合适模型的重要性和搭建图论模型的方法。建立模型仿佛是为算法设计搭建一个平台，接下来的工作是在这个平台上充分挖掘和利用原题的性质，设计一个解决问题的好算法。如何挖掘和利用模型的性质呢？通常有 3 种方法：

① 定义法：从问题最基本的性质入手寻找突破口。
② 分析法：分解子问题，充分挖掘问题的各种特性，精心设计每个部分的算法。
③ 综合法：站在全局的高度，在挖掘最具代表性的模型特性的基础上优化算法。

显然，这 3 种方法属于不同的层次，是一个循序渐进、不断升华的过程。下面同样用一个具体实例来加以说明。

【例题8.23】爱丽丝和鲍勃

爱丽丝和鲍勃在玩一个游戏。爱丽丝画了一个有 n（$n \le$ 10 000）个结点的凸多边形，多边形上的结点从 1～n 按任意顺序标号，然后在多边形中画几个不相交的对角线（公共点为结点不算相交），再把每条边和对角线的端点标号告诉鲍勃，但没有告诉哪条是边，哪条是对角线。鲍勃必须猜出结点顺（逆）时针的标号序列，任意一个符合条件的序列即可。

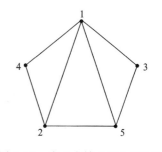

图 8-76　有 5 个结点的凸多边形

例如 $n=5$，给出的边或对角线是(1,4), (4,2), (1,2), (5,1), (2,5), (5,3)，(1,3)，那么一个可能的结点标号顺序为(1,3,5,2,4)，对应的多边形如图 8-76 所示。

 思路点拨

解法 1：运用定义法

根据题目意思，不难得到基础的图论模型：凸多边形对应了一个有 n 个结点的图 G，多边形的边和对角线对应着图 G 中的边。而且十分明显的是，图 G 是一个平面图，根据欧拉公式，图中边的数量级为 $O(n)$。研究图 G 的平面图性质可以发现：

结论：一条对角线将凸多边形分成了两部分，每部分都至少含有一个除对角线外结点，而且这两部分分居在对角线的两侧。

由此可知，在图 G 中只存在唯一的一条哈密顿回路。因为对角线会将多边形分成不相关连的两部分，所以对角线不可能存于哈密顿回路上。因此，哈密顿回路上的边都是由多边形上的边组成，而多边形的边只有 n 条，可知哈密顿回路也就只有一条。不妨设这条哈密顿回路为 H_1, H_2,

H_3, $\cdots$, H_n。目标就是要找到这个哈密顿回路。下面讨论如何利用这些性质来设计算法。

由上述结论可知，如果一条边是对角线，那么将对角线的两个端点从图 G 中删除，图 G 一定会变成两个互不可达的连通分块；而如果一条边是多边形上的边，那么将这条边的两个端点删除，图 G 将仍然是连通的。也就是说，能够根据图 G 中边的连通性来判断一条边是对角线还是边。由此得到第一种解法：

```
For u←1 do n
For v←1 do n
 If (u,v)∈G(E)
   Then{将u和v两个结点从图 G 中删除得到新图 G';
         在新图 G'任选一个出发点 a，对图 G'进行遍历；
         If a能够到达图 G'中的其他点
           Then 标记(u,v)是多边形的边          /*图 G'是连通的*/
           Else 标记(u,v)是多边形的对角线       /*图 G'是不连通的*/
         }                                    /*Then*/
删除图 G 中所有对角线，得到新图 C；              /*C是图 G 中的哈密顿回路*/
遍历新图 C，得到多边形结点的标号序列；
```

解法 1 的解题策略是运用了定义法：利用对角线将多边形划分成两部分的性质找到多边形中所有的对角线，这种解题策略是从问题最基本的性质入手寻找突破口的。

分析一下解法 1 的时间复杂度：要枚举的边最多为 $2n$ 条，每判断一次图的连通性为 $O(n)$，所以复杂度为 $O(n^2)$；删除边和遍历新图的复杂度都为 $O(n)$。所以总的复杂度为 $O(n^2)$。n 最大时候达到 10 000，因此解法 1 的时间复杂度稍高，仍要继续优化。

解法 2：运用分析法

继续挖掘图 G 的性质发现，由于图 G 中的对角线是不相交的，那么必定存在一个结点 u，它的度数为 2。而且可以肯定的是，和 u 相连的两条边一定是多边形的边。将以 u 为结点的三角形从多边形上删除，剩下的图形仍然是一个多边形。是否能用这个性质判断一条边是多边形的边还是对角线呢？答案是肯定的。

由于图中一定存在一个度数为 2 的结点 u，因此设 u 是哈密顿回路上的结点 H_i，其相邻的两个结点为 H_{i-1} 和 H_{i+1}。而 (H_{i-1},H_i) 和 (H_i,H_{i+1}) 两条边都是多边形的边，将这两条边添加到一个附加图 C 中（附加图 C 一开始只有 n 个结点，对应着多边形的结点，结点之间没有边相连）。将以 u 为结点的三角形（即三角形 $H_iH_{i-1}H_{i+1}$）从多边形上砍掉后，剩下的图形仍然是一个多边形。也就是说，可以把 H_i 从图 G 中删除，若 H_{i-1} 和 H_{i+1} 之间没有边相连，就添加一条新边 (H_{i-1},H_{i+1})（虚边），得到新图 G'。这时，新图 G' 中仍唯一存在一条哈密顿回路，$\cdots H_{i-2},H_{i-1},H_{i+1},H_{i+2}\cdots$。图 G' 和图 G 具有同样的性质，因此它至少存在一个度为 2 的点，令其为 H_j，那么 (H_{j-1},H_j) 和 (H_j,H_{j+1}) 这两条边有可能为多边形的边、多边形的对角线或者新添加的虚边，将其中多边形的边添加到图 C 中。然后按照同样的方法把 H_j 从图 G' 删除，得到一个新图。依此类推，不断地从新图中找到度为 2 的点，然后将其相应的两条边中是多边形的边添加入图 C 中，接着从图中删除这个点。如此反复，直到图中不存在度为 2 的点。然后在图剩下的边中，把是多边形的边添加到图 C 中，图 C 便是所要求的原始多边形。

样例的模拟过程如图 8-77 所示。其中，图 8-77（a）给出了原图 G 的变化过程，图 8-77（b）给出了对应附加图 C 的变化过程。

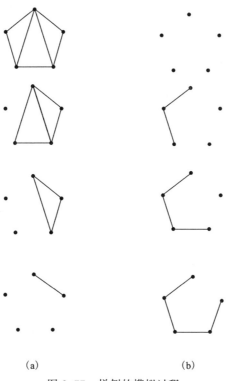

（a） （b）

图 8-77 样例的模拟过程

还存在一个问题没有解决：如何判断移除的边是否是原多边形的边呢？首先考虑一下，一条边 (H_i,H_j) 什么时候才会被移除。一条边 (H_i,H_j) 当且仅当成为某个多边形的边时，它才有可能被移除。如果 (H_i,H_j) 是原始多边形的一条对角线，当且仅当哈密顿回路上从 H_{i+1} 到 H_{j-1} 的结点都已经被删除，(H_i,H_j) 才有可能成为新多边形的边。如何判断从 H_{i+1} 到 H_{j-1} 的结点是否已经被删除了呢？这时构造的附加图 C 就起到了作用。若从 H_{i+1} 到 H_{j-1} 的结点已经被删除，则这些结点在原多边形上相应的边都已经添加到图 C 中，H_i 到 H_j 在图 C 中一定存在一条路径。因此判断一条移除的边 (H_i,H_j) 是否是对角线，只需要判断在图 C 中 H_i 和 H_j 是否连通。值得注意的是，当图 C 中已经有了 $n-1$ 条边时，剩下的那条边会被判断成对角线，但此时已经能够确定多边形结点的标号序列了。

算法的大致轮廓已经清楚了，下面为算法选择合适的数据结构：

① 图 G 的存储结构：由于图 G 是稀疏图，可以用邻接表存储，用来查找度为 2 的结点与哪些边相连。还要用一个哈希表存下所有的边，用于查找任意两个点是否相连。设一条边为 (u,v)，哈希表可以用 $u \times n+v$ 作为关键字，哈希函数为 $f(u,v)=(u \times n+v) \bmod P$，$P$ 为大质数。这样在保证查找复杂度仍然是 $O(1)$ 的情况下，存储空间比邻接矩阵小了很多。

② 枚举度为 2 的结点：很容易想到用最小堆来找出度为 2 的结点，不过这样的复杂度稍高。

由于结点的度数只减少不增加，而且真正有效的度数只有 1 和 2，所以可以建立 4 个桶来替代堆。将结点按度数分别放到 4 个不同的桶中：度数为 0、度数为 1、度数为 2、度数大于 2。每个桶中用双向链接表存储不同的结点，当一个结点的度数被修改时，将该桶从原桶中删除，放到相应的桶中。在双向链表中，插入和删除结点的时间复杂度都是 $O(1)$。而因为每个结点的度数是不断减少的，所以每个结点最多进出每个桶一次。综上所述，在这些桶中查找和调整一个度为 2 的结点所需的时间复杂度为 $O(1)$。

③ 在图 C 中添加边，判断任意两点的连通性：可以采用并查集来实现边的添加（即将两个连通子图合并）和判断点的连通性（即判断两个点是否在同一个连通子图中）。添加一条边和判断一对点的连通性两种操作的均摊复杂度为 $O(\alpha(n))$。

由此引出第二种解法：

将 n 个结点按照度数分别放到度数为 0，度数为 1，度数为 2，度数大于 2 的 4 个桶中。初始化附加图 C；
While 存在一个度数为 2 的结点 u do
{在邻接表中找到和 u 相邻的两个结点为 v_1 和 v_2；
If(u,v_1) 和 (u,v_2) 非虚边
   Then{用并查集检查其是否为对角线；
       将属于多边形的边插入到图 C 中}；   /*Then*/
 将结点 u 标记为不可用；
 If 边(v_1,v_2) 不存在图 G 中   /*用哈希表检查*/
    Then {添加一条虚边(v_1,v_2)；v_1 和 v_2 的度数不变}；   /*Then*/
    Else{v_1 和 v_2 的度数减一；
       If v_1 或 v_2 修改后的度数不符合所在桶的性质
         Then 该结点移至相应的桶中}；   /*Else*/
}   /*While*/

——检查残图 G 中所有度数为 1 的结点相应的边在附加图 C 中的连通性，把非对角线和虚边的边插入到图 C 中。

遍历图 C 得到原始多边形结点的标号顺序。

解法 2 在每个结点删除时，最多添加一条虚边，因此原始边和虚边的总数仍然是 $O(n)$ 级别的。由于解法 2 在发现了每次删除多边形的一个角时仍是一个多边形，因此找到了子问题的相似性，这样就可以不断地缩小问题的规模；解法 2 还体现了一种化归的思想：将未知问题分成几个步骤（或者子问题），每个步骤都是我们熟知的，可以为每一步选择最好的算法。由于每个子问题都解决了，原问题也就迎刃而解。从子问题的相似性和化归思想的意义上讲，解法 2 是一种分析法。分析法的好处是，分解后的子问题一般比原问题要简单，困难的是每一部分都会影响到最终算法的复杂度，因此每个部分的算法设计都要精益求精。

现在分析一下时间复杂度：在邻接表中找度数为 2 的所有结点的时间复杂度为 $O(n)$；用并查集查找对角线和插入多边形边的均摊时间复杂度为 $O(n\alpha(n))$；用哈希表查找度为 2 的结点 u 出发的两条边(u,v_1)、(u,v_2)的端点 v_1 和 v_2 是否在图 G 中有边相连、边插入和桶调整的时间复杂度都是 $O(1)$，因此解法 2 的时间复杂度为 $O(n\alpha(n))$。因为解法 2 的编程复杂度太高，因此需要简化程序。解法 2 虽然已经较为充分的挖掘出问题的各种特性，但在利用这些特性时，是通过不断分解成子

问题，然后一一击破的方法来实现的。我们不禁提出一个问题：是否能找到一种综合的方法，将所有特性一并利用，使得解决方法既简便又高效呢？

解法 3：运用综合法

回到多边形所在的平面图上。若按深度优先来遍历平面图，当经过一条对角线时，平面图便被分成了两个部分。由于是深度优先遍历，那么在这两部分剩下的点中，有一部分的点会被优先遍历到。因此可以模仿 DFS 寻找块的算法，利用结点的遍历顺序和 low 函数来判断边的性质。

首先定义一下 DFS 中需要用到的两个函数：

dfn[v]表示 v 是深度优先搜索中第几个被遍历到的。

low[v]=min{dfn[v],low[w_1],dfn[w_2]}，其中 w_1 表示 v 的儿子结点，w_2 表示 DFS 树中异于 v 的父亲结点的其他祖先结点。

接下来分情况讨论如何用 dfn 和 low 函数判断一条边的性质：

考虑 DFS 树上的一条边(u,v)，其中 u 是 v 的父亲结点。由于图 G 是一个块，因此每个点的儿子个数不会超过 2。根据 v 的度数分下面 4 种情况：

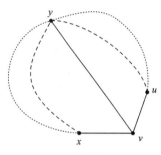

图 8-78 说明中的用图

① v 的儿子数为 0：意味着(u,v)是原始多边形的边。否则，v 所有的祖先结点都在(u,v)的一侧，而另一侧一定仍有点存在，与儿子数为 0 矛盾。令 x 是与 v 直接相连的祖先结点中 *dfn* 值最小的一个结点，那么(x,v)一定也是原始多边形的边，如图 8-78 所示。证明略。

另外，(x,v)为多边形的边。v 不是 x 的父亲结点，说明 x 一定先于 u 被遍历到，而且 x 是 u 的祖先结点。也就是说，x 到 u 存在一条路径，路径上的边都是由 DFS 树上的边组成。令 y 为异于 x 和 u，而与 v 相连的点。由于图 G 是平面图，那么 y 一定在 x 到 u 路径上。因此 y 一定后于 x 被遍历，即 dfn[y]小于 dfn[x]。所以 x 一定是与 v 相连的祖先结点中 dfn 值最小的。

② v 的儿子数为 1，且 u 为 DFS 树的根：易知，(u,v)一定是多边形的边。

③ v 的儿子数为 1，且 u 不是 DFS 树的根：令 w 为 v 唯一的儿子。有两种可能：

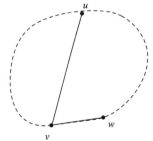

图 8-79 low[w]大于等于 dfn[u]情况说明的用图

- 若 low[w]大于等于 dfn[u]，则(u,v)为多边形的对角线。因为(u,v)将平面分成了两部分，w 和其子树结点是遍历不到另一部分的，如图 8-79 所示。

令 x 为与 v 直接相连的祖先结点中 dfn 值最小的一个结点，那么(x,v)一定是原始多边形的边（证明同情况 1 中的分析）。而与 v 相连的另一条多边形的边可以在遍历 w 时找到。

- 若 low[w]小于 dfn[u]，则(u,v)是多边形的边，而与 v 相连的另一条多边形的边可以在遍历 w 时找到。

④ v 的儿子数为 2，则与 v 相连的两条多边形的边可以在遍历儿子结点时找到。

上述 4 种情况已经能够判断图 G 中所有边的性质了，利用 DFS 树反映的这些问题特性进行搜索，由此得出解法 3。

对图 G 进行一次深度优先遍历，确定多边形结点的标号顺序。

解法 3 的解题过程体现了一种综合思想，不是单独考虑每一条边的连通性，而是从全局考虑，发现了多边形的边和对角线在 DFS 树中的区别。因此解法 3 的设计一气呵成，体现了图论中一种"序"的优美性。这种综合法的运用需要有全局观，要能够发现最具代表性的模型特性。

解法 3 的时间复杂度为线性的 $O(n)$。

上述 3 种解法都是建立在同一个模型上的，不同的方法对模型性质挖掘的深度不同也就决定了不同的时间复杂度。解法 1 运用了定义法，解法 2 运用了分析法，解法 3 运用了综合法。在解题过程中，这 3 种策略和"模型"一样，具有普遍的适用性。它们不仅仅是一种方法，更是一种思维的方式和思考的角度。灵活地运用和掌握 3 种解法，有利于探索未知、研究算法。另外，本题的解析过程，不仅仅体现了图论的基本思想，同时还展现了算法与数据结构的完美结合，以及算法的优化思想。

📃 小　结

图是用点、边和权来描述事物和事物之间的关系，是对实际问题的一种抽象。建立图论模型，就是要从问题的原型中，抽取有用的信息和要素，使要素间的内在联系体现在点、边、权的关系上，使纷杂的信息变得有序、直观、清晰。本章着重讨论了 4 种特殊的、有广泛应用前景的图结构：

① 网络流模型。网络是一种特殊类型的简单有向图（含源点、汇点和流量限制条件）。本章在阐述网络与流概念的基础上，讲解了最大流算法的核心——增广路径和通过最大流计算最小割的手段；在容量有上下界的网络中计算最大流的问题上，介绍了分离流量、等价变换流网络的方法。

网络流的算法具有十分广泛的用途，许多经典的图论问题可以转化成网络流量的计算，现实生活中的许多问题也可以转化为网络流和最小割问题。在解题过程中，构造流网络的数学模型最具挑战性意义。因为没有现成的模式可以套用，发现问题本质，创造可适用最大流算法的模型是解决问题的关键。

② 二分图模型。二分图 G 也是一种特殊类型的图，其点集 $V(G)$ 可被分成两个互补的子集 V_1、V_2，对于属于同一子集的任两点 x、y，$(x,y) \notin E(G)$。由于这种特殊性，二分图作为描述现实世界中两类不同事物间的相互关系的有效模型而得到广泛的应用。二分图上的算法有很多区别于一般图算法的优势，所以将一个一般图转换成二分图，往往会取得"事半功倍"的效果。转换的关键一般是从题目本身的条件出发，挖掘题目中深层次的信息，通过——对应的匹配性质分类图的结点。在建立起二分图的模型后，一般可通过合理使用二分图的基本算法和相关定理求解。计算二分图的最大匹配有匈牙利算法，计算结点加权二分图的最佳匹配有 KM 算法。如果二分图有更多的限制和要求，也可以通过最大流等更复杂的模型来解决，但从算法效率和编程复杂度上说，基于二分图的算法一般比基于最大流的算法简单高效。因此最佳的办法是，充分利用题目的特有

性质，将经典的匹配算法适当变形，从而得到更高效的算法。

③ 分层图思想。分层图的思想核心是挖掘问题性质。当干扰因素使问题的模型变得模糊，导致不能用严谨的数学语言表达时，可以通过分层将干扰因素细化为若干状态；通过层的连接将状态联系起来，最终找到算法。即相当于分类讨论，将未知变为已知。这样可以强化原有问题的性质，通过分层后，由于新得到的图论模型将问题的本质特征凸显出来，因此比较容易找到解决问题的方法。显而易见，"分层图思想"是一种放大目标、分类解决的"升维"策略。

④ 平面图。平面图是一种任意两条边不相交的无向图。平面图理论在解题过程中有一定的应用价值。研究平面图的目的就是利用平面图的性质优化算法。但有时候，单独应用平面图理论还不够，需要和其他算法知识综合起来应用。例如，在求解平面图问题的同时引入偏序集。偏序集中的数据关系满足自反性、反对称性及传递性，偏序集的图形表示为哈斯图。如果能够从信息原型中挖掘出平面图的特征，洞悉出有向边蕴涵的偏序关系，则可以清晰思路，简化算法。当然，要达到理想的效果需要平时多积累、多思考，再遇到问题时才能运用自如。

本章在给出了上述几种特殊图结构的基础上，提出了正确选择图论模型的极端重要性。在为实际问题选择合适的图论模型时，不能仅根据问题的表征或者自身的经验去解题，否则会得不到高效的算法。应该因"题"制宜，有创新思路，深入分析问题的各种性质，将这些性质结合在一起，从而寻找到最能体现问题本质的图论模型。

建立完模型以后，应该充分挖掘和利用模型性质，以此来优化算法。根据对模型性质挖掘的深度不同，我们提出了 3 种普遍适用的方法：

① 从问题最基本的性质入手寻找突破口的"定义法"。

② 分解子问题，充分挖掘问题各种特性的"分析法"。

③ 站在全局高度，在挖掘最具代表性的模型特性的基础上优化算法的"综合法"。

这 3 种方法是我们挖掘和利用模型性质的 3 个思考角度。无论采用哪种方法，都要注意数据结构与算法的结合和优化。数据结构与算法的结合是知识融会贯通的体现，简化数据结构、优化算法是为了进一步完善程序设计，体现了解题者的一种基本素养和不断进取的精神状态。或许，提出的这 3 种方法不能概全，但这并不重要，重要的是揭示了研究图论问题的基本思路和方法的大致轮廓。世上的事万变不离其宗，只有最基本的东西才是解决问题的基础和根本。

第 **9** 章

数据关系上的构造策略

"数据结构 + 算法 = 程序",这就说明程序设计的实质就是对确定的问题选择一种合适的数据结构,加上设计一种好的算法。由此可见,数据结构的设计在程序设计中有着基础性、主导性的地位。

数据结构是相互之间存在一种或多种特定关系的数据元素的集合。所谓关系,是指数据元素之间的逻辑关系,因此数据结构又称数据的逻辑结构。而相对于逻辑结构这个比较抽象的概念,我们将数据结构在计算机中的表示又称数据的存储结构。

建立问题的数学模型,进而设计解决问题的算法,直至编出程序并调试通过,这就是编程解题的一般步骤。我们要建立问题的数学模型,必须先找出问题中各对象之间的关系,也就是确定所使用的逻辑结构;同时,设计算法和程序必须确定如何实现各个对象的操作,而操作方法决定于数据所采用的存储结构。因此,数据逻辑结构和存储结构的好坏将直接影响到程序的效率。

下面,结合实例围绕合理选择数据结构来优化算法这一问题,探讨选择数据结构的原则和方法:

① 分析数据逻辑结构的重要性,提出选择逻辑结构的两个基本原则。

② 比较顺序和链式两种存储结构的优点和缺点,讨论选择线性存储结构的方法。

③ 进一步探讨科学组合多种数据结构的方法。

9.1　选择数据逻辑结构的基本原则

编程解题,首先要分析试题中数据元素之间的关系,并根据这些特定关系来选用合适的逻辑结构,以实现对问题的数学描述,为数学建模创造条件。逻辑结构实际上是用数学方法来描述问题中所涉及操作对象及对象之间的关系,将操作对象抽象为数学元素,将对象之间的复杂关系用数学语言描述出来。

根据数据元素之间关系的不同特性,通常有以下 4 种基本逻辑结构:集合、线性结构、树状结构、图状(网状)结构。这 4 种结构中,除了集合中的数据元素之间只有"同属于一个集合"的关系外,其他 3 种结构中数据元素之间分别为"一对一"、"一对多"、"多对多"的关系。

因此，在选择逻辑结构之前，应先把题目中的操作对象和对象之间的关系分析清楚，然后再根据这些关系的特点来合理地选用逻辑结构。尤其是在某些复杂的问题中，数据之间的关系相当复杂，可选用的逻辑结构可能不只一种，但选用哪种逻辑结构会直接影响算法效率。

对于这一类问题，应采用怎样的标准对逻辑结构进行选择呢？下面将探讨选择合理逻辑结构应充分考虑的两个因素：

① 充分利用"可直接使用"的信息。

② 不记录"无用"信息。

9.1.1 充分利用"可直接使用"的信息

首先，这里所讲的"信息"，是指元素与元素之间的关系。对于待处理的信息，大致可分为"可直接使用"和"不可直接使用"两类。对于"可直接使用"的信息，只须直接拿来即可使用；而对于"不可直接使用"的信息，可以通过某些间接的方式，使其成为可以使用的信息，但转化的过程需要花费一定的时间。由此可见，我们所需要的是尽量多的"可直接使用"的信息。这样的信息越多，算法的效率就会越高。

对于不同的逻辑结构，其包含的信息是不同的，算法对信息的利用也会出现不同的复杂程度。因此，要使算法能够充分利用"可直接使用"的信息，避免算法在信息由"不可直接使用"向"可直接使用"的转化过程中浪费过多的时间，必然需要采用一种合理的逻辑结构，使其包含更多"可直接使用"的信息。

【例题9.1】圆桌问题

圆桌上围坐着 $2n$ 个人，其中 n 个人是好人，另外 n 个人是坏人。如果从第一个人开始数数，数到第 m（步长）个人，则立即处死该人；然后从被处死的人之后开始数数，再将数到的第 m 个人处死……依此类推，不断处死围坐在圆桌上的人。试问，预先应如何安排这些好人与坏人的座位，能使得在处死 n 个人之后，圆桌上剩余的 n 个人全是好人。

已知好人和坏人的人数 n（$n \leqslant 32\,767$）、步长 m（$m \leqslant 32\,767$），计算排列方案。排列方案用连续的若干行字符来表示，每行的字符数量不超过 50，用大写字母 G 表示好人，大写字母 B 表示坏人。不允许出现空白字符和空行。

思路点拨

图 9–1 所示为 n=5，m=3 时的模拟过程。

该题实际上是在一个长度为 $2n$ 的圆排列上，以 m 为间隔进行 n 次出队操作。有两种解法：

（1）普通解法——线性表"查找"法

① 用顺序存储结构实现。即使用数组记录当前圆排列中每个元素的初始位置，初始值为 1～$2n$。可根据前一个出队元素的位置（即数组下标）直接定位，找到下一个出队元素的位置，然后删去，并将它后面的元素全部前移一次。图 9–2 依次列出了"处死 5 人"的数组移动情况，其中☆指明当前出队元素在数组中的位置，共进行 7+4+1+5+2=19 次操作，时间复杂度 $O(n^2)$。

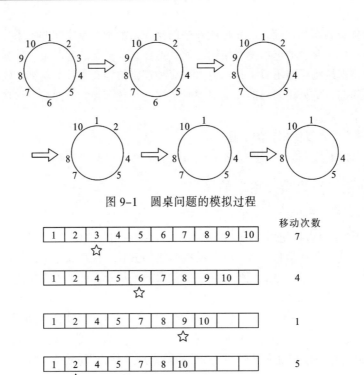

图 9-1　圆桌问题的模拟过程

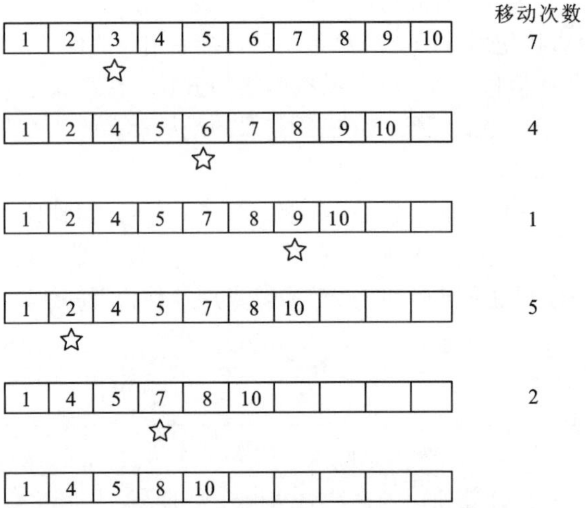

图 9-2　依次列出"处死 5 人"的数组移动情况

如果将找下一个出队元素的操作称为"找点",将删除该元素后要进行的操作称为"去点",可以看出:顺序存储结构的优点是"找点"时,可以由现在出队元素的位置直接计算并在数组中精确定位;而缺点也很明显,就是"去点"时,都需要把它后面所有的元素整体移动一次,显然,"去点"时的元素移动就是信息由"不可直接使用"向"可直接使用"的转化过程,其时间复杂度为 $O(n)$。所以应用顺序存储结构,程序的整体时间复杂度是 $O(n^2)$。

②　用链式存储结构实现。即使用链表记录当前圆排列中每个元素的初始位置,初始值为 1～2n。图 9-3 列出了 n=5,m=3 时的初始链表。每出队一个元素后,只要将这个元素直接从链表中删去,然后指针后移 m-1 次,找到下一个出队元素。

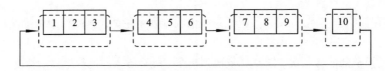

图 9-3　m=3,n=5 时的初始链表

链式存储结构的优点是"去点"时,只要修改应该被删除结点的父指针的指向即可,不需要移动元素;缺点是"找点"时,需要移动 $m-1$ 次定位指针,所以应用链式存储结构,程序的整体时间复杂度是 $O(nm)$。图 9-4 依次列出了"处死 5 人"的操作,其中☆指明当前出队元素在链表中的位置,共进行 $5 \times 3=15$ 次操作。

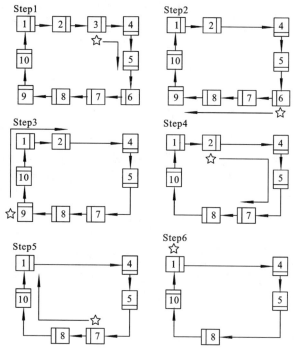

图 9-4 依次列出"处死 5 人"的操作

从哲学角度分析,"找点"和"去点"是存在于程序和数据结构中的一对矛盾。应用顺序存储结构时,"找点"效率高而"去点"效率低;应用链式存储结构时,"去点"效率高而"找点"效率低,这都是由数据结构本身决定的,不会随人的主观意志存在或消失。这就表明"找点"和"去点"的时间复杂度不会同时降为 O(1)。我们希望有这样一种数据结构,在实现"找点"和"去点"时,使复杂度降到尽量低。在综合考虑顺序存储结构和链式存储结构的特点之后,我们设想出这样一种数据结构模型。

总体思想就是在较好地实现"直接定位"的基础上,尽量避免大量元素移动。因为小规模的数据移动和指针移动,时间都可以接受,所以从总体上来说,这种数据结构的时间复杂度不会太高。实现时,我们将上面的数据结构模型做了一些小小的变动,并提出改进解法,即"直接定位法"。

(2)改进解法——"直接定位法"

"直接定位法"的存储结构如图 9-5 所示,其中 group 表示将原来的数据分为几段存储;每一段的开头记下的 amount 值表示此段中现有元素的个数。随程序的运行,amount 值不断减小。

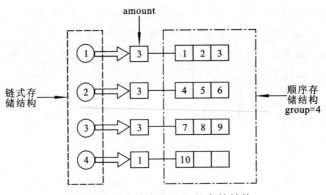

图 9-5　"直接定位法"的存储结构

直接定位法共进行 1+2+2+3+5=13 次操作。

"直接定位法"较好地体现出"直接定位"的思想，由于将所有的结点分为若干段之后，每次删除一个结点后，需要移动的结点数相对不是很多，这样就使程序效率大大提高，且 m 越大，效果越明显。

这种分段式数组可以看做链式存储结构和顺序存储结构的结合产物，兼具这两种存储结构的优点。

请注意，这里提到"结合产物"借用生物学中的部分思想——子代因为遗传作用而具有亲代的某些特征，同时又因为变异作用而与亲代存在差别。我们设计出的综合数据结构应该继承其"亲代"（即原本未经变化的数据结构）的优点，摒弃其"亲代"的缺点，运用了这种存储结构后，程序效率显著提高。

对于这个例子，虽然线性表也可以解决，但由于顺序存储结构在"去点"问题上需要数据移动，而链式存储结构在"找点"问题上需要指针移动，因此线性表中的信息就属于"不可直接使用"的信息。相对而言，分段式数组兼具了链式存储结构和顺序存储结构的优点，将"不可直接使用"的信息转化成"可直接使用"的信息，算法效率的提高自然在情理之中。

9.1.2　不记录"无用"信息

一般情况下，数据结构越复杂，可包含的信息量就越大，但并不意味着一定要使用复杂的数据结构。在某些时候，复杂的数据结构中容易混杂冗余信息。

数据结构含的信息多自然是好事，但倘若其中"无用"（不需要）的信息太多，就只会增加思考分析和处理问题时的复杂程度，这样反而不利于解决问题了。

【例题9.2】寻找子串

从由 01 串构成的文件中，找出长度在 A 和 B 之间出现次数最多的 N 个不同频率的子串，子串可以相互覆盖，输出结果必须按子串出现频率的降序排列，频率相同的子串按长度降序排列，频率和长度均相同的子串则按其对应数值降序排列。其中，$0 < A \leqslant B \leqslant 12$，$0 < N \leqslant 20$，输入文件可达到 2 MB。

思路点拨

这道题要求完成以下两步操作：

① 找出所有满足条件的子串，并统计各子串出现的频率。

② 把所有不同子串按要求排序输出。

所有的子串及其频率的存储方式有两种：

（1）采用二叉树结构

上述两步操作中第一步是关键。我们先从具体实例开始研究，长度为 1 的串只有两个：0 和 1。长度为 2 的串有 4 个：00、01、10、11，它们可以看做在长度为 1 的子串后添加 0 或 1 得到。同样，长度为 3 的串可以看做在长度为 2 的子串后添加上 0 或 1 得到，例如 101 是在 10 之后添加"1"得到，其他也可依此类推。这样层层递进的关系使我们想到了树。图 9-6 是一棵二叉树，最上的为根结点，定义每个结点的左枝为 0，右枝为 1，这样一个子串可以与这棵二叉树中的一条路径一一对应。

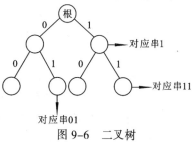

图 9-6　二叉树

为树中的每个点赋予一定的权值，表示该点对应的子串在文件中出现的次数，我们可以得到一些累加规律，例如，当 $A=1$，$B=3$ 时，某个中间状态对应的二叉树如图 9-7 所示。

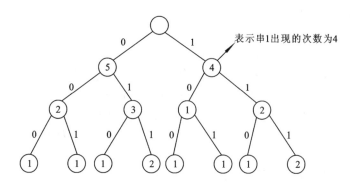

图 9-7　串的长度介于 1 和 3 之间时对应的二叉树

假设现在读到一个串为 011，其中以 0 开头且长度为 1 到 3 的子串有 3 个：0、01、011，统计时应将这 3 个子串的次数加 1，从图 9-7 中可以直观地看到，这个操作相当于在对应的 01 路径上将各结点出现的次数加 1，如图 9-8 所示。

由于对应二叉树的结点很少（最大为 $2^{13}-1 = 8\,191$），完全可以多次遍历，不难从中找出前 N 个频率最大的子串，然后按从大到小的顺序输出。

由这个问题可以看出，相比单链表，树状结构中每一结点与其他结点的联系是一对多的，这样更有利于处理好数据。它在处理空间规模问题表现出来的特点有以下两点：

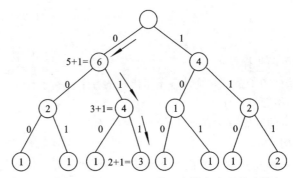

图 9-8 让表示 0、01 和 011 的 3 个结点出现的次数加 1

① 规律性强。如果新代结点与子代结点之间的关系建立得好，那么就可以把庞大的元素安排得井井有条，按照一定的顺序逐层深入，解决当前元素的处理。

② 可操作性强。我们对树的各种操作方法都较为熟练，在解题中，只要根据题目特点建立好树的各种关系，其他操作（如查找、打印）就迎刃而解了。

二叉树虽然结构相对较简单，但包含的有些信息是多余的，出现次数不是最多的子串依然被使用，而有些边被重复使用，可见，数据结构还有待优化。

（2）采用矩阵结构

我们一般用一个二维数组来表示矩阵结构，它有 x、y 两个方向，在实际操作中常用的表示方法是：x 轴表示数据元素，y 轴表示元素的各种状态条件。数组的元素值表示数据元素在当前状态下的变化情况，如图 9-9 所示。

对此题继续分析可以发现，每一个仅由 0 和 1 组成的子串也可以当做二进制数转化为十进制数来表示。然而每个十进制数与 01 串之间并不是一一对应的关系，如 01、010 和 0010 对应的十进制数都是 2，这是为什么呢？原来，在二进制中，10、010 和 0010 表示的是同一个数，但字串 10、010、0010 就不是同一字串了，因为这时 0 不是代表没有，而是一个字符，它们之间存在着长度的差别，为了把长度不同而转化为十进制数却相同的字串区分开来，又设定了"长度"坐标，这样，一维数组变成了二维矩阵 A，其中 $A[X,Y]$ 存储对应十进制数为 X、长度为 Y 的 01 串的频率，如图 9-10 所示。

这样可以查找出出现次数最多的前 N 个串，然后按要求输出。

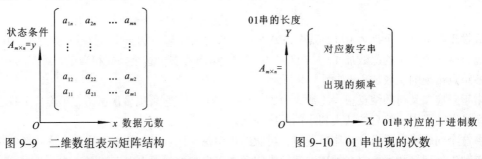

图 9-9 二维数组表示矩阵结构　　　　图 9-10 01 串出现的次数

两种数据结构相比较，矩阵结构为数组的定位操作，而二叉树结构需要递归；二叉树结构中记录的"无用"信息比矩阵结构多；矩阵结构比二叉树结构简洁且结合了二进制计算，因此速度也快了许多。

　　既然采用矩阵结构已经足够，二叉树结构中的一些信息就显然成为"无用"的信息。这些多余的"无用"信息使我们在分析问题时难于发现规律，也很难找到高效的算法。这正如迷宫中的墙一样，越多越难走。"无用"的信息只会干扰问题的规律性，使我们更难找出解决问题的方法。

9.2　选择数据存储结构的基本方法

　　涉及建立数学模型的问题，可能大家都会比较注意合理选择逻辑结构，但是对存储结构的选择，由于误认为其不会对算法的时间复杂度直接构成影响，相对比较轻视。实际上，存储结构的选择对计算时间是有影响的，即便其不能直接影响时间复杂度的阶，同样也应该被重视。众所周知，剪枝作为一种常用的优化算法的方法被广泛地使用，但剪枝未从理论上降低算法时间复杂度的阶。因此，合理选择与剪枝相似的存储结构同样值得重视。

　　这里将重点讨论数据的线性存储结构，因为非线性的数据关系一般也要通过线性的存储方式存入计算机。例如，通过二维数组存储图，用一维的记录数组存储树。数据的线性存储结构分为顺序存储结构和链式存储结构：顺序存储结构的特点是借助元素在存储器中的相对位置来表示数据元素之间的逻辑关系；链式存储结构则是借助指示元素存储地址的指针表示数据元素之间的逻辑关系。因为两种存储结构的不同，导致这两种存储结构在具体使用时也分别存在着优点和缺点。

　　下面举一个较简单的例子：记录一个 $n \times n$ 的矩阵，矩阵中包含的非 0 元素为 m 个（$m \leqslant n^2$）。

　　此时，若采用顺序存储结构，就会使用一个 $n \times n$ 的二维数组，将所有数据元素全部记录下来；若采用链式存储结构，则需要使用一个包含 m 个结点的链表，记录所有非 0 的 m 个数据元素。由这样两种不同的记录方式，我们可以通过对数据的不同操作来分析它们的优点和缺点：

　　① 随机访问矩阵中任意元素。由于顺序结构在物理位置上是相邻的，所以可以很容易地获得任意元素的存储地址，其时间复杂度为 $O(1)$；对于链式结构，由于不具备物理位置相邻的特点，所以首先必须对整个链表进行一次遍历，寻找需要进行访问的元素的存储地址，其时间复杂度为 $O(m)$。此时使用顺序结构显然效率更高。

　　② 对所有数据进行遍历。两种存储结构对于这种操作的复杂度显而易见，顺序结构的空间复杂度为 $O(n^2)$，链式结构为 $O(m)$。由于在一般情况下 m 要远小于 n^2，所以此时链式结构的存储效率要高上许多。

　　除上述两种操作外，对于其他操作，这两种结构都不存在很明显的优点和缺点，如对链表进行删除或插入操作，在顺序结构中可表示为改变相应位置的数据元素。

　　既然两种存储结构对于不同的操作，其时间效率存在较大的差异，那么在确定存储结构时，必须仔细分析算法中操作的需要，合理选择一种能够"扬长避短"的存储结构。

9.2.1　合理采用顺序存储结构

在平常做题时，存储数据大多使用顺序存储结构。究其原因，一方面是顺序结构操作方便；另一方面是在程序实现的过程中，顺序结构相对于链式结构更便于对程序进行调试和查找错误。因此，大多数人习惯认为，能够使用顺序结构进行存储的问题，最"好"采用顺序存储结构。

其实，这个所谓的"好"只是一个相对的标准，是建立在以下两个前提条件之下的：

① 链式结构存储的结点与顺序结构存储的结点数目相差不大。这种情况下，由于存储的结点数比较接近，使用链式结构完全不能体现出记录结点少的优点，并且可能会由于指针操作较慢而降低算法的时间效率。不仅如此，结点数越多，指针占用的空间越大，增大内存溢出的潜在危险。

② 采用哪种存储结构并非算法效率的瓶颈所在。由于不是算法最费时间的地方，这里是否进行改进，显然不会对整个算法构成太大影响，若使用链式结构反而会显得操作过于烦琐。

9.2.2　必要时采用链式存储结构

在分析了使用顺序存储结构的条件后，我们应该对何时采用链式存储结构的问题有一个了解。

由于链式结构中指针操作相对较烦琐，并且速度较慢，调试也不方便，因而人们一般都不太愿意使用链式存储结构。但是这只是一种习惯，当链式结构确实对算法有很大改进时，我们还是不得不重新考虑采用。

【例题9.3】地下城市

已知一个城市的地图（见图 9-11），该地图包含空地和墙。但未给出初始位置。你需要通过一系列的移动（move（方向）指令，即走入指定方向上的相邻格）和探索（look（方向）指令，即询问指定方向上的相邻格是空地还是墙）确定初始时所在的位置。题目的限制是：

① 不能移动到有墙的方格。

② 只能探索当前所在位置 4 个方向上的相邻方格。

以这两个限制条件为前提，要求在探索次数（不包括移动）尽可能少的前提下，报告出初始位置(x,y)（finish(x,y)指令）。

思路点拨

由于存储结构是根据算法的需要确定的，因此，首先应该在分析题意的基础上确定解题的基本思路：先假设所有无墙的方格都可能是初始位置，即可能的解集为所有空地，然后在探索城市的过程中，使用排除法将那些不属于初始位置的空地从可能的解集中删去，显然当解集中仅剩一块空地时，该空地即为真正的初始位置。

下面根据算法需要确定解集的存储结构：由于这道题的地图是一个二维的矩阵，所以一般来讲，采用顺序存储结构理所当然。但是对这道题而言，顺序存储结构明显不适宜。因为包括很多运算量较大的操作，如筛选初始位置的范围、选择探索位置等。如果采用顺序存储结构，无论实际用到多少数据，都需要遍历整个地图。

　　然而，如果采用链式存储结构（见图 9-12 的链表 head），则仅存储需要遍历的数据。这样不仅充分发挥了链式存储结构的优点，而且由于不需要单独对某一个数据进行提取，每次都是对所有数据进行判断，从而避免了链式结构的最大缺点。

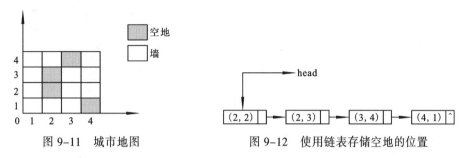

图 9-11　城市地图　　　　　　图 9-12　使用链表存储空地的位置

　　使用链表 head 虽然没有降低问题的时间复杂度（链式存储结构在最坏情况下的存储量与顺序存储结构的存储量几乎相同），在操作上可能稍复杂一些，但由于体现了选择存储结构时扬长避短的原则，改进了算法的瓶颈，因而计算时间也大为改善。由此可见，选择链式结构的必要性和效果是不容忽视的。

　　为了提高算法效率，我们还建立了一条移动路径链表 looked，将旅行者从解集中的空地（相对位置(0,0)）出发，把路径上所有观察到的相对位置和观察方向依次存入这条链表。在链表 looked 和 head 的基础上，反复使用如下排除法：

　　对链表 looked 中的每一个结点，依次搜索 4 个相邻方向。若当前结点 q 的 i（$1 \leqslant i \leqslant 4$）方向的相邻位置未观察，则按照 q 的相对位置计算链表 head 中每个结点的绝对坐标，累计 i 方向的空格数和 n_0 和墙数和 n_w：

　　若链表 head 中每个结点的绝对位置 i 方向都是空格，则设定 q 的 i 方向的相邻位置已观察，该位置和 i 方向进入移动路径链表；

　　若链表 head 中每个结点的绝对位置 i 方向都是墙，则设定 q 的 i 方向的相邻位置已观察；

　　若 $|n_0-n_w|$ 是目前最小的（$|n_0-n_w|<m$），或者 $|n_0-n_w|$ 虽然是目前的最小值（$m=|n_0-n_w|$），但 i 与上一次的观察方向相同，则记下 $|n_0-n_w|$、结点 q 和观察方向 i（$m\leftarrow|n_0-n_w|$，$best\leftarrow q$，$k\leftarrow i$）；

　　依此类推，直至处理完移动路径链表 looked 的所有结点。若 best 结点的观察位置与上一次的观察位置不同，则再从上一次的观察位置退回到首结点（(0,0)位置），然后沿 looked 的指针计算链首结点至 best 的路径，按照路径上各结点的观察方向调用 move 指令。将 best 结点的位置记为最后一次观察的位置，k 记为最后一次观察的方向。设定 best 的 k 方向的相邻位置已观察，相邻位置进入移动路径链表 looked。调用 look(k) 指令，取得 best 位置 k 方向上的格子状态 ch。搜索链表 head 中的每一个结点，按照相对位置 best 的 k 方向的要求计算绝对坐标。若原图中对应位置的状态与 ch 不同，则从 head 中删除该结点。

　　上述过程一直进行到解集 head 中仅剩一块空地为止，该空地即为初始位置。

　　最后要说明的是，为什么要按照 $|n_0-n_w|$ 最小的要求排除链表 head 中不属于初始位置的空格。

若 head 中的每块空地相对于移动路径链表中结点 p 和观察方向 i 来说，有 n_0 块空地和 n_w 堵墙（n_0, n_w<链表 head 中的空地数），则看到墙后可以从 head 中删去 n_0 个不属于初始位置的空地；看到空地后，head 中可被删除的结点数为 n_w 个。由于看见空地的概率为 $\dfrac{n_0}{n_0+n_w}$，看见墙的概率为 $\dfrac{n_w}{n_0+n_w}$，所以从 head 中删去不属于初始位置的空地的概率为 $n_w\dfrac{n_0}{n_0+n_w}+n_0\dfrac{n_w}{n_0+n_w}=\dfrac{2n_0n_w}{n_0+n_w}$（$n_0+n_w$ 为定值）。由此可以看出，n_0 与 n_w 越接近，这个概率越大，即从可能解集中删去的无用空地数越多，选择当前观察位置和观察方向越有价值。按照$|n_0-n_w|$最小的要求排除，可以使每一次的探索尽量多地缩小初始位置的范围，使程序尽量减少对运气的依赖。

9.3 科学组合多种数据结构

上文所探讨的，都是如何对数据结构进行选择，其中包含了逻辑结构的选择和存储结构的选择，是一种具有普遍意义的优化方法。对于多数的问题，我们都可以通过选择一种合理的逻辑结构和存储结构达到优化算法的目的。但是，有些问题却不这么简单了，要对这类问题的数据结构进行选择，常常会顾此失彼，有时甚至根本就不存在一种合适的数据结构。此时，单一的数据结构似乎"力不从心"。

为解决单一数据结构难以适用的问题，可以采用多种数据结构结合的方法。通过这种结合达到取长补短的作用，使不同的数据结构在算法中发挥出各自的优势。多种数据结构结合的方式一般有两种：

① 数据结构的"并联"。

② 数据结构的"嵌套"。

限于篇幅，这里只讲数据结构的并联。

将多个数据结构应用于同一数据集合的方法称为数据结构的并联。

【例题9.4】顽皮的猴子

有 N（$1 \leqslant N \leqslant 30\,000$）只顽皮的猴子挂在树上。每只猴子都有两只手，编号为 1 的猴子的尾巴挂在树枝上，其他猴子的尾巴都被别的猴子的某只手抓着。每一时刻，都有且只有一只猴子的某只手松开，从而可能会有一些猴子掉落至地面。输入一开始猴子们的情况和每一时刻松开手的情况，输出每只猴子落地的时间。

思路点拨

如果把猴子抽象成结点，猴子的手抽象成边，则猴子们的连接情况构成一个连通图，如图 9-13（a）所示。题目就转化成一个连通图不断去边、求各个点离开编号为 1 的点所在的连通分量的时间。例如，猴子 1 在时刻 1 松开左手，猴子 3 在时刻 2 松开左手，猴子 1 和猴子 3 同时在时刻 3 松开右手，图 9-13（b）所示为各个猴子落地的时间。

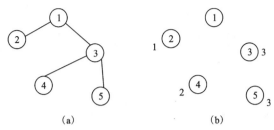

图 9-13 例题转化为连通图不断去边问题

把删边的顺序倒过来，问题转化为从一个无边的图不断添边，求每个点进入编号为 1 的点所在的连通分量的时间（见图 9-14）。

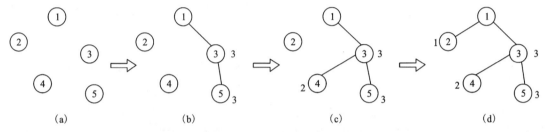

图 9-14 例题转化为无边的图依时刻不断添边问题

我们自然想到用并查集维护：当并查集中某个集合加入编号为 1 的点所在的集合时，需要把这个集合中所有元素的时间记录一下（见图 9-15（a））。但是，并查集并不支持"枚举集合元素"功能，怎么办？

给每个并查集分配一个链表，记录这个集合中所有的元素（见图 9-15（b））。这样，能够方便地枚举集合中的元素。而在并查集合并的时候，链表也能够很快的合并，问题即可解决。

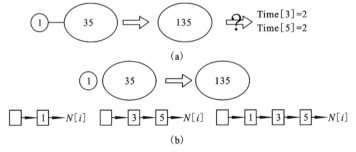

图 9-15 给每个并查集分配一个链表

在并查集不支持枚举元素操作时，引入一个新的数据结构链表来辅助，数据结构的结合方式"并联"成功地解决了问题。为了方便起见，先把一个数据结构支持的操作分为两类：

① **询问操作**：获取该数据结构中记录某些信息的操作，而不改动数据结构中的元素及其相互关系，称为询问操作。

② **维护操作**：与询问操作相反，改动数据结构中元素或元素间相互关系的操作，称为维护操作。

并联的优点：并联而成的新数据结构，支持组成它的数据结构的所有操作。

并联的缺点：所有组成它的数据结构的维护操作时间复杂度的和，是制约计算时间瓶颈。

📑 小　结

程序设计的实质就是对确定的问题选择一种合适的数据结构，设计一种好的算法。由此可见，构造数据关系在程序设计中有着基础性、主导性的地位。本章从 3 个方面探讨了构造数据关系的策略：

1．数据的逻辑结构

设计数学模型的基础是确定数据的逻辑结构，而算法又是用来解决数学模型的。要使得算法效率高，必须提高数据的逻辑结构中信息的利用效果。为此，我们提出了选择逻辑结构的两个条件：

① 利用"可直接使用"的信息。由于中间不需要进行其他操作，利用的效率自然很高。

② 不记录"无用"的信息。因为多余的"无用"信息会使我们在分析问题时难于发现规律，难于找到高效的算法。正如迷宫中的墙一样，越多越难走。不记录这些"无用"的信息会使我们更加专心地研究分析"有用"的信息，对信息的使用也必然会更加优化。

2．数据的存储结构

数据的存储结构分为顺序存储结构和链式存储结构：顺序存储结构的特点是借助元素在存储器中的相对位置来表示数据元素之间的逻辑关系；链式存储结构则是借助指示元素存储地址的指针表示数据元素之间的逻辑关系。如果两种存储结构的结点数比较接近，或采用哪种存储结构对算法效率的影响不大时，通常采用顺序存储结构；如果是需要记录的结点少，或者是提高算法效率的需要，则可采用链式存储结构。

3．组合多种数据结构

组合方式有数据结构的"并联"（将多个数据结构应用于同一数据集合的方法）和数据结构的"嵌套"（在一个数据结构中"嵌套"另一个数据结构）。在各种数据结构优劣难辨、难以取舍时，通常用映射来"并联"各数据结构；在问题呈"嵌套"结构且规模较大的情况下，一般可考虑使用"嵌套"的数据结构。"并联"或"嵌套"的目的是为了形成一种更方便运算、时空效率更高的数据结构。

最后想提醒读者的是，我们平时使用数据结构，往往只将其作为建立模型和算法实现的工具，而没有考虑这种工具对程序效率所产生的影响。随着问题的难度和规模的不断增大，对算法时空效率的要求也越来越高，数据结构对算法效率的制约力也越来越大。因此，我们在做题时，必须充分考虑数据结构在程序设计中的基础性作用，充分考虑"扬长避短"的选择原则和"取长补短"的结合方法，才能更加有效地优化算法。

第 10 章

数据统计上的二分策略

在 ACM/ICPC 竞赛中，我们经常会遇到统计方面的问题。这些问题的表现形式比较单一，用基本的数据处理方法就可以实现。但问题的规模一般较大，粗劣的算法只能导致低效。为了提高时效，在统计中要借助一些特殊的计算工具和有效的数据结构来帮助解决。本章主要讨论统计问题上的二分策略，也就是将分治思想与相应的数据结构相结合，使得统计过程尽可能模式化，以达到提高效率的目的。

下面，介绍 4 种数据统计问题上的二分策略：

① 线段树——将这种处理区间线段的数据结构推广到数据统计上。

② 用于动态统计问题的静态方法——用数组统计需要频繁更新的数据对象。

③ 静态二叉排序树——一种不同于线段树的构造模式，它的形式是二叉排序树，用于解决点统计问题。

④ 虚二叉树——也是用于解决点统计问题的一种方法，但略去了静态二叉排序树的构造，在有序表中进行虚实现。

10.1　利用线段树统计数据

线段树处理的对象是区间线段，而统计问题处理的对象通常是点。由于点是一种特殊的区间，因此，可以将线段树的构造进行变形，使其转化为记录点的结构。

将线段树上的初等区间分裂为具体的点，用来计数，即每棵子树的叶结点为区间内的所有数据点。同时按照区间的中点分界时，数据点要么落在左子树的底层，要么落在右子树的底层，如图 10-1 所示。

原线段数记录基数的 $C[v]$ 在这里就可以用来计算落在定区间内的点数了，原搜索路径也发生了改变，不存在"跨越"的情况。同时插入每个点的时候都必须深入到叶结点，因此，一般来说都要有 $\log_2 n$ 的复杂度。

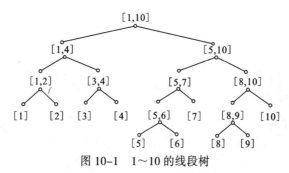

图 10-1　1～10 的线段树

应用这样的线段树一方面是方便计数，另一方面是由于它实际上是排序二叉树，容易求出最大和最小值，下面就看一个求最值的例子。

【例题10.1】Promotion问题

一位顾客要进行 n（$1 \leqslant n \leqslant 5\,000$）天购物，每天都会有一些账单。每天购物后，顾客从以前的所有账单中挑出两张账单，分别是面额最大的和面额最小的那两张，并把这两张账单从记录中删除，其余账单留在以后继续统计。输入的数据保证所有 n 天的账单总数不超过 $1\,000\,000$，并且每张账单的面额值是 $1 \sim 1\,000\,000$ 之间的整数，还保证每天总能找到两张账单。

思路点拨

本题明显体现了动态维护的特性，即每天都要插入一些面额随机的账单，同时还要找出面额最大和最小的那两张。不妨建立前面所说的线段树，这棵线段树的范围是[1,1 000 000]，即把所有面额的账单设为一个点。例题要求每次删除树中最大账单和最小账单对应的两个结点、并将当天账单插入树中。那么如何找到面额最大和最小的账单呢？显然，对于一个根为 v 的子树来说，如果 v 存在左儿子（$C[\mathrm{LSON}[v]]>0$），则最小账单一定在其左子树上。同样，如果 v 存在右儿子（$C[\mathrm{RSON}[v]]>0$），则最大账单在其右子树上；否则，如果 v 不存在左儿子（$C[\mathrm{LSON}[v]]=0$），那么最大和最小的两张账单都在右子树上。对于一个特定面额来说，它的插入、删除、查找路径是相同的，路径长度即为树的深度，即 $\log_2 1\,000\,000 \approx 20$。由于每天在记录当天账单的同时，要删除记录中面额最大和最小的两张账单，因此最坏情况下的时间复杂度为 $n \times 20 + n \times 20 \times 2$，这比普通排序的实现要简单得多。

本题还可以采取巧妙的办法，线段树不一定要保存账单的具体面额。由于我们对 $1\,000\,000$ 种面额都进行了保存，所以存储量比较大。采取一种"节省空间"的方法：用 hash 来保存每一种面额的账单数目。对于一个具体面额为 V 的账单，我们在线段树中保存 $\dfrac{V}{100}$ 的值，也就是说，把连续 100 种面额的账单看成是一组。由于 V 的范围是 $1 \sim 1\,000\,000$，所以线段树中有 10 000 个点。在找最大数和最小数时，首先找到所在的组，然后在 hash 里对这个组进行搜索，组内的搜索量不会超过 100。由于线段树变小了，所以树的深度只有 $\log_2 10\,000 \approx 14$。计算时间的上限降为 $n \times 14 + n \times 14 \times 100 \times 2$，显然，这种方法的时空效率比前一种方法更好。

线段树不仅可以解决一维数据序列的统计问题，而且在面对二维数据区的统计问题时，也可以通过构建二维的线段树或类似线段树的面积树来解决。下面不妨来看一个实例。

【例题10.2】战场统计系统

2050 年，人类与外星人之间的战争已趋于白热化。就在这时，人类发明出一种超级武器，这种武器能够同时对相邻的多个目标进行攻击。凡是防御力小于或等于这种武器攻击力的外星人遭到它的攻击，就会被消灭。然而，拥有超级武器是远远不够的，人们还需要一个战地统计系统时刻反馈外星人部队的信息。这个艰巨的任务落在你的身上，请你设计出这样一套系统，这套系统需要具备能够处理如下两类信息的能力：

① 外星人向$[x_1,x_2]$内的每个位置增援一支防御力为 v 的部队。

② 人类使用超级武器对$[x_1,x_2]$内的所有位置进行一次攻击力为 v 的打击，系统需要返回在这次攻击中被消灭的外星人个数。

注意：防御力为 i 的外星人部队由 i 个外星人组成，其中，第 j 个外星人的防御力为 j。

现已知位置数 n（ $0<n\leqslant 30\,000$ ）、信息条数 m（ $0<m\leqslant 2\,000$ ），每条信息的具体内容（ k,x_1,x_2,v ），其中，k 为信息类别（ $k=1$ 或 2 ），$[x_1,x_2]$为区间（ $0<x_1\leqslant x_2\leqslant n$ ），v 为外星人向该区间增援部队的防御力或人类对该区间的攻击力（ $0<v\leqslant 30\,000$ ）。要求按照信息的先后顺序计算需要返回的信息。

 思路点拨

解法 1：构建二维线段树

先将区间信息和部队信息抽象化：用二维数组 $T[x,y]$表示在单位区间$[x,x]$上防御力为 y 的部队数。如果在$[x_1,x_2]$中增加防御力为 v 的部队，就是在这个二维数组中添加一个$[x_1,x_2][1,v]$的矩形。要使用一次武器就相当于查找一个矩形$[x_1,x_2][1,v]$中的部队数目，并将此矩形中的所有部队删除。

于是，这题就属于数据处理类型，需要比较高效地完成如下两个操作：

① 在二维数组内加入一个矩形（见图 10-2，插入矩形$[x_1,x_3][1,v_1]$）。

② 查找一个矩形内的部队数并将其删除（见图 10-2，删除矩形$[x_2,x_4][1,v_2]$）。

如果采用最简单的方法：对矩形内的每个点进行操作，则复杂度高达 $O(m\times n\times v)$。

首先可以考虑在一维上优化：在每个单位区间$[x,x]$上，分别用一棵线段树记录各种防御力的部队数，如图 10-3 所示。

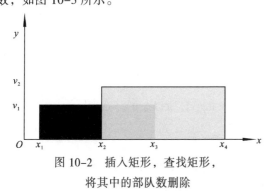

图 10-2　插入矩形，查找矩形，
将其中的部队数删除

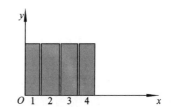

图 10-3　在每个单位区间上用线段树
记录各种防御力的部队数

① 插入一个矩形[x_1,x_2][1,v]，就变成了执行 x_2-x_1+1 次在线段树上插入线段[1,v]的操作，这和一般插入是一样的。

② 统计一个矩形内的部队数目并删除该矩形[x_1,x_2][1,v]内的部队，同样执行 x_2-x_1+1 次统计并删除线段树区间[1,v]的操作。如果要在 V 区间内删除区间[1,v]，而[1,v]并未完全覆盖 V 区间，则需要将 V 区间分配给两个儿子（见图 10-4）。

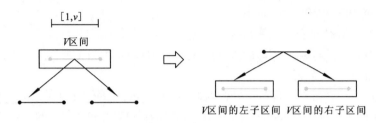

图 10-4　V 区间分成左右子区间

查找是比较简单的。每个结点记录该区间的左指针 a、右指针 b、区间被覆盖的次数 t，以及该区间的部队总数 total：

$$V.total=V.t*(V.b-V.a+1)+V.LSON.total+V.RSON.total。$$

而删除该区间内的部队就比较复杂，因为删除的区间并不与插入的区间对应。假设现在要删除结点 v 及它的儿子，则此操作相当于把 v 及它儿子的记录全部修改成0。这就可以用到上述提到的大规模修改数据的方法——收缩和释放子树。在结点 v 中增加一个布尔变量，记录 v 是否为叶子。

收缩子树——如果要删除以 v 为根的子树，则把它的叶子标志赋成真（见图 10-5（a））。

释放子树——如果要在区间 v 内删除区间[1,v]，而[1,v]并未完全覆盖 V 区间，那么 V 区间就要被分解成左子区间和右子区间，分别在两个儿子中删除区间[1,v]；如果要在叶结点 v 代表的区间插入[1,v]且 V 区间不被[1,v]完全覆盖，则需要将 V 区间释放出两个儿子结点，然后再把区间[1,v]插入它的两个儿子中（见图 10-5（b））。

图 10-5　收缩子树和释放子树

优化后每次删除、统计、插入的复杂度都是 $O(n\times\log_2 v)$，所以总的复杂度降为 $O(m\times n\times\log_2 v)$。现在的问题是，是否有更好的解法呢？答案是有的。

解法 2：构建类似线段树的面积树

由于这是个二维的区间，不妨将整个二维的区间建成类似线段树的面积树。

假设整个二维区间是[1,$2^1,\cdots,2^k$][1,$2^1,\cdots,2^k$]，$T(x_1,x_2,y_1,y_2)$ 表示二维区间[x_1,x_2][y_1,y_2]的面积树，

递归定义一棵树 T:

① T 的根结点为整个二维区间。

② 区间 $[x,x][y,y]$ 为叶子结点。

③ 对儿子进行划分:

- 若 $T(x_1,x_2,y_1,y_2)$ 的参数满足 $x_1=x_2$、$y_1=y_2$,则 T 为叶子结点。

- 若 $T(x_1,x_2,y_1,y_2)$ 的参数满足 $x_2-x_1 \geq y_2-y_1$,则 T 的左右儿子分别为 $T_1(x_1,(x_1+x_2)\mathrm{div}2,y_1,y_2)$ 和 $T_2((x_1+x_2)\mathrm{div}2+1,x_2,y_1,y_2)$ (见图 10-6(a))。

- 若 $T(x_1,x_2,y_1,y_2)$ 的参数满足 $x_2-x_1<y_2-y_1$,则 T 的左右儿子分别为 $T_1(x_1,x_2,y_1,(y_1+y_2)\ \mathrm{div}2)$ 和 $T_2(x_1,x_2,(y_1+y_2)\ \mathrm{div}2+1,y_2)$ (见图 10-6(b))。

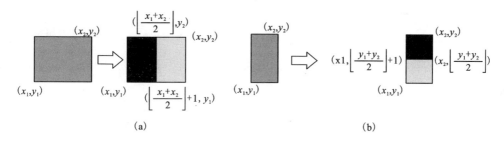

图 10-6　构建类似线段树的面积树

其实这样的建树方法与大家熟悉四叉树是等价的,只是减少了儿子数目,操作相对方便。这样建树后,任意矩形被面积树分为不超过 2^k 块。所以在这样的一棵树中进行一次插入或删除的操作复杂度不超过 $O(2^k)$,具体操作和一维线段树是类似的,这里不再赘述。所以,总的复杂度降为 $O(m \times (n+v))$。

本题除了上述两种解法外,还可以利用矩形切割模型来求解。有关矩形切割模型的思想将在第 12 章计算几何的应对策略中阐述。

10.2　一种解决动态统计的静态方法

所谓动态统计,是指作为统计对象的数据需要被频繁更新。在静态数组的基础上实现动态数据的统计,称为解决动态统计的静态方法。那么,怎样实现这一统计过程呢?下面通过一个实例展开分析。

【例题10.3】动态统计数字矩阵

在一个 $N \times N$ 的方阵中,开始时每个格子里的数都是 0,现在动态地提出一些问题和修改:提问的形式是求某一个特定的子矩阵(该子矩阵以 (x_1,y_1) 为左下角、以 (x_2,y_2) 为右上角)中所有元素的和;修改的规则是指定某一个格子 (x,y),在 (x,y) 中的格子元素上加上或者减去一个特定的值 A。现在要求你能对每个提问做出正确的回答,$1 \leq N \leq 1\,024$,提问和修改的总数可能达到 60 000 条。

如果采用直译方法，则可以用双重循环统计子矩阵的数和。但由于问题规模较大，采用这种方法的时间效率较低，要提高时效，需要采用一种特殊的数据结构定义子矩阵。子矩阵是二维的，不妨利用缩小目标的降维思想，首先讨论一维序列的求和问题，然后将其规律推广至二维。

10.2.1 讨论一维序列的求和问题

首先，将统计子矩阵数和的问题简化为一维序列求和的问题：设序列的元素存储在 $a[]$ 中，a 的下标是 $1\sim n$ 的正整数，需要动态更新某个 $a[x]$ 的值，同时要求出 $a[x_1]\sim a[y_1]$ 中所有元素的和。

显然，利用线段树可以使问题得到高效的解决，因为我们知道计算 $a[x_1]\sim a[y_1]$ 中所有元素的和可以用 $\sum_{i=1}^{y_1} a[i] - \sum_{i=1}^{x_1-1} a[i]$，即用部分和求差的技术。而在线段树上求 $\sum_{i=1}^{x} a[i]$ 这种形式相对容易，修改元素值的方法也类似，这里不做详细说明。下面介绍一种非常有趣和巧妙的解题方法，相比线段树要简单得多。

对于序列 $a[]$，我们设一个数组 C，其中

$$C[i] = \sum_{p=i-2^k+1}^{i} a[p]$$（k 为 i 在二进制下末尾 0 的个数）

即 $C[i]$ 为 a 的一个子序列和，该子序列的尾指针为 i，长度为 2^k。显然，a 序列的求和操作与这个特定的 C 有着特殊的联系。那么在这个用来记录元素和的数组中，$C[k]$ 到底是怎样的表现呢？举一个例子，如 $C[56]$，将 56 写成二进制的形式为 111 000，那么 $C[56]$ 对应子序列的最小下标为 $56-2^3+1=49$，$C[56]$ 表示的是 $a[49]\sim a[56]$ 的元素和。若 i 在二进制下末尾非 0，则 $C[i]$ 只能代表 $a[i]$。例如 $C[7]$，对应子序列的最小下标为 $7-2^0+1=7$，因此只能表示 $a[7]$ 的值。

也许读者已经注意到了，C 的定义非常奇特，似乎看不出什么规律。下面将具体研究 C 的特性，考察如何在其中修改一个元素的值，以及如何求部分和，之后就会发现 C 的非常巧妙的作用。

（1）计算 $C[x]$ 对应的 2^k（k 为 x 在二进制数下末尾 0 的个数）

由定义可以看出，这一计算是经常用到的，有没有简单的操作可以得到这个结果呢？我们可以利用这样一个计算式子：

$$2^k = x \text{ and}(x \text{ xor}(x-1))$$

这里巧妙地利用了位操作：按照异或操作的定义，$(x \text{ xor}(x-1))$ 使得 x 末尾的 $k+1$ 位全 1，前面的位变 0；按照与操作的定义，$x \text{ and}(x \text{ xor}(x-1))$ 使得 x 除第 k 位为 1 外，其他位均为 0，即结果为 2^k。

在下面的叙述中，我们用函数 lowbit(x) 来表示这个计算式子，即 lowbit(x)=$x \text{ and}(x \text{ xor}(x-1))$。

（2）修改一个 $a[x]$ 的值

在前面提出的问题中，其实要解决的是两个问题：修改 $a[x]$ 的值，以及求部分和。我们已经借用 C 来表示 a 的一些和，所以这两个问题的解决，就是要更新 C 的相关量。对于一个 $a[x]$ 的修改，只要修改所有与之有关系，即能够包含 $a[x]$ 的 $C[i]$ 值，那么具体哪些 $C[i]$ 是能够包含 $a[x]$ 的呢？举

一个数为例，如 x=1001010，从形式上进行观察，可以得到：

p_1=1001010，p_2=1001100，p_3=1010000，p_4=1100000，p_5=1000000

其特征是 p_i 在最后一个 1 上进位得到 p_{i+1}（$1 \leqslant i \leqslant 4$）。这里的每一个 p_i 都是能够包含 x 的，也就是说，任意的 $C[p_i]$ 都包含 $a[x]$。这一串数到底有什么规律呢？可以发现：

$$p_1 = x$$
$$p_i < p_{i+1}$$
$$p_{i+1} = p_i + \text{lowbit}(p_i)$$

从观察上容易看出这是正确的，从理论上也容易证明它是正确的。这些数是否包括了所有需要修改的值呢？从二进制数的特征上考虑，可以发现对于任意的 $p_i < y < p_{i+1}$，$C[y]$ 所包含的值是 $a[p_{i+1}] + \cdots + a[y]$，$C[y]$ 是不可能包含 $a[x]$ 的。

再注意观察 p 序列的生成，我们每次是在最后一个 1 上进位得到下一个数，所以 p 序列所含的数最多为 $\log_2 n$，这里 n 是 a 表的长度，或者说是 C 表的长度，因为记录的值是 $C[1]$-$C[n]$。当 P 序列中产生的数大于 n 时，就不需要继续这个过程了。在很多情况下对 $a[x]$ 进行修改时，涉及的 P 序列长度要远小于 $\log_2 n$。对于一般可能遇到的 n 来说，都是几步之内就可以完成的。修改一个元素 $a[x]$，使其加上 A，变成 $a[x]+A$，可以有如下的过程：

```
PROC updata(x,A);                      /*a[x]+A*/
p←x;                                   /*修改所有能够包含a[x]的C[i]值*/
While(p<=n)do {C[p]←C[p]+A;p←p+lowbit(p)} /*While*/
End;                                   /*updata */
```

（3）计算一个提问[x,y]的结果

下面来解决求部分和的问题。根据以往的经验，把这个问题转化成为求 sum(1,y)-sum(1,x-1)。那么如何根据 C 的值来求一个 sum(1,x) 呢？可以有如下过程：

```
FUNC sum(x);                           /*计算 ∑_{i=1}^{x} a[i] */
ans←0;p←x;                             /*累计所有能够包含a[1]…a[x]的C[i]值*/
While(p>0)do {ans←ans+C[p];p←p-lowbit(p)};/*While*/
sum←ans
End;                                   /*sum*/
```

这个过程与 updata 十分类似，很容易理解。同时，它的复杂度是 $\log_2 n$。每次解答一个提问，只要执行两次 sum，然后相减，所以一次提问需要的操作次数为 $2\log_2 n$。

通过上两步的分析发现，动态维护数组求和过程的复杂度通过 C 的巧妙定义都降为 $\log_2 n$，这个结果令人非常惊喜和满意。

10.2.2　将一维序列的求和问题推广至二维

对于一维序列的求和问题，用子程序 updata(x,A) 和 sum(x) 就可以轻易地解决。采用的数据结构是一维数组，比线段树要简单得多。只要把这个一维的问题很好地推广到二维，就可以解决 mobiles 问题。那么如何推广呢？注意在 mobiles 问题中，修改的是 $a[x,y]$ 的值，那么模仿一维问题的解法，可以将 $C[x,y]$ 定义为：

$C[x,y]=\sum a[i,j]$（其中：$x-$lowbit$(x)+1 \leqslant i \leqslant x$，$y-$lowbit$(y)+1 \leqslant j \leqslant y$）

其具体的修改和求和过程实际上是一维过程的嵌套，这里省略其具体描述。可以发现，经过这次推广，计算的时间复杂度为 $O(\log_2 n^2)$。而就空间而言，仅将一维数组简单地变为二维数组，升维的代价比较低。如果尝试建立二维线段树来解决这个问题，它的时间复杂度和空间性复杂度要比这种静态方法高很多。虽然从方便升维的意义上讲，这种特殊的统计方法比线段树更有优势，但从推广价值上看，这种统计方法似乎不如线段树，因为它不太容易推广到其他问题，而线段树却能支持许多特殊的统计问题。

10.3　在静态二叉排序树上统计数据

线段树经过左右分割以后，实际上具有二叉排序树的性质。这种数据结构非常适用于处理线段区间，也可以推广至数据点的统计。但是，线段树在处理数据点时，保留了许多冗余或累赘的信息。例如，线段树需要设立过多的指针来指向左子树和右子树；线段树的结点表示区间，处理点时不需要保留这样的区间；线段树上的一个结点分裂为两个半区间是通过一个中间点来分割的，那么在点的统计问题中，只要保留这样的分割点就可以了。

在处理数据点的时候，更为简便的方法是建立一棵二叉排序树，使得数据对象与树中的结点对应。同时利用二叉排序树的性质（左子树上的所有点的值都比根小，右子树上的所有的点的值都比根大），把线段树的优点继承下来。

首先，输入待处理的数据对象，建立一棵可用以静态统计的二叉排序树作为模板。例如，对于集合{3,4,5,8,19,23,6}，建立一棵包含 7 个点的二叉排序统计树（见图 10-7）。

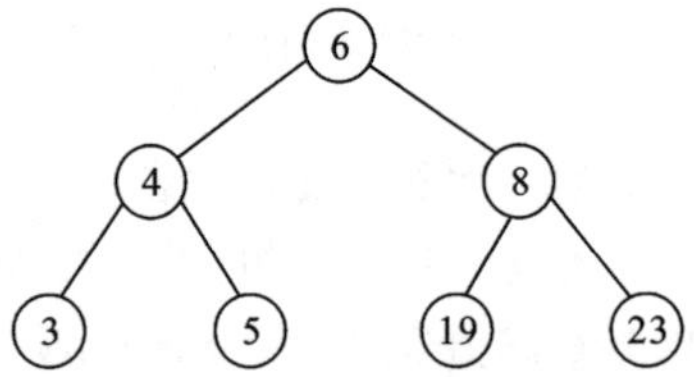

图 10-7　建立一棵包含 7 个点的二叉排序统计树

每个结点内的数字为对应元素值。

10.3.1　建立静态二叉排序树

建立二叉统计树的第一步，是把所有待处理的 n 个数据离散化，形成一个排序的映射，称为 X 映射。例如，集合{3,4,5,8,19,23,6}的 X 映射为 X={3,4,5,6,8,19,23}，n=7。

现在要把 X 映射中的数据填入树中，使它符合二叉排序树的性质。选择一维数组 v 作为二叉排序树的存储结构，将二叉树的结点从上到下、从左到右进行编号，并令根结点的编号为 1，结点的编号与数组 v 的下标对应（图 10-8（a）圆圈内数字）。

这与静态堆的实现十分类似。对于任何一个数组下标为 i 的结点，其左儿子的数组下标自然为 $i \times 2$，右儿子的数组下标为 $i \times 2+1$。现在要把 x 的映射填入数组 v 中，$v[1,2,\cdots,n]$ 应该保存相应位置上的点值。例如，将 X={3,4,5,6,8,19,23}填入到数组 v 中，得到静态二叉排序树（见图 10-8（b），圆圈右上角的数字为 v 的下标，圆圈内数字为下标变量值）。

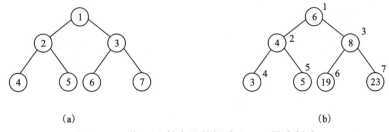

$$(a) \qquad\qquad\qquad (b)$$

图 10-8　将 X 映射中的数据填入二叉排序树中

注意到对 v 对应的二叉树进行中序遍历，正好对应 X 中的映射，所以按照中序遍历的顺序构造 v：

```
PROC  build(ID: integer)              /*ID是v结点的下标*/
If (ID*2<=n) Then build(ID*2);        /*递归左子树*/
p←p+1;v[ID]=x[p];                     /*记录v[ID]的位置值*/
If (ID*2+1<=n) Then build(ID*2+1);    /*递归右子树*/
End;                                  /*build*/
```

在主程序中调用

```
p←0;                                  /*X映射中的指针初始化*/
build(1);                             /*从根出发构造静态二叉排序树v*/
```

即可构造静态二叉排序树。显然，这棵二叉树近似丰满，因此是一棵平衡树，它的深度为 $\log_2 n$。

10.3.2　在静态二叉排序树上进行统计

在这棵树中，对于任何将要处理的一个点，它具有值 value，我们根据 value 很容易在树中找到相应的结点。例如，为了动态维护点的个数，在树的每个结点上设一个 sum，表示以该结点为根的子树上的结点数。最初 sum[i]=0。查找一个点有如下过程：

```
PROC search(value);                   /*查找值为value的结点，并计算sum*/
now←1;
Repeat
sum[now]←sum[now]+1;                  /*累计子树的点数*/
If(v[now]=value) Then break;
If(v[now]>value) Then now←now*2       /*统计左子树*/
                 Else now←now*2+1;    /*统计右子树*/
Until false;
End;                                  /*search*/
```

我们可以在 $\log_2 n$ 时间内动态维护 sum，其过程与 value 的查找是同步的。

这个 sum 的设立比较普通。根据需要，我们还可以做一些特殊的设定。例如，在每个结点上设一个 less，表示值小于等于子根结点值的结点总数（即左子树的结点总数+1）。那么查找时有：

```
PROC search1(value);                  /*查找值为value的结点，并计算less*/
now←1;
Repeat
```

```
    If(value<=v[now]) Then less[now]←less[now]+1;  /*累计包括子根在内的左子树上的点数*/
      If(v[now]=value) Then break;
      If(v[now]>value) Then now←now*2                /*统计左子树*/
                    Else now←now*2+1;                /*统计右子树*/
   Until false;
   End;                                              /*search1*/
```

这个过程与前一个大同小异。实际上，less[i]=sum[i]−sum[i×2+1]，举这个例子是为了说明可以结合具体问题变换二叉排序树的结构。例如，可以利用其变化来解决例题 10.3 动态统计数字矩阵，将刚才 less 的定义做一点变化：令它为根及其左树上所有点上的权和即可。如果要在 $a[x]$ 上增加 A，有如下过程：

```
   PROC search2(x,A);             /*在 a[x] 上增加 A，调整子根及其左树上的结点权和 less*/
   now←1;
   Repeat
   If(x<=v[now]) Then less[now]←less[now]+A;  /*累计包括子根在内的左子树上的点的权和*/
   If(v[now]=x)Then break;
   If(v[now]>x) Then now←now*2                /*统计左子树*/
            Else now←now*2+1;                 /*统计右子树*/
   Until false;
   End;                                       /*search2*/
```

另外，如果要求 sum(x) 的值，有如下过程：

```
   FUNC  sum(x): longint                      /*计算值小于等于 x 的结点权和*/
   ans←0;now←1;
   Repeat
   If(v[now]<=x) Then ans←ans+less[now];      /*将包括子根 now 在内的左子树上的结点
                                                  权和计入 ans*/
   If(v[now]=x) Then break;
   If(v[now]>x) Then now←now*2                /*统计左子树*/
            Else now←now*2+1;                 /*统计右子树*/
   Until false;
    sum←ans;
   End;                                       /*sum*/
```

可以发现这几个过程基本相似，这种实现用于例题 10.3 动态统计数字矩阵，其时间效率并不低于解决动态统计的静态方法，而且它的存储结构也是 1 个数组，可以很容易地推广到二维解决数字矩阵和的问题，最后的空间复杂度也是一样的。

10.3.3　静态二叉排序树的应用

二叉静态排序树的结构和思路，与线段树一样，因为二者本质上是相似的。这种方法经常被应用到离散化的统计问题中，尤其是平面问题的统计。

【例题10.4】采矿

金矿的老师傅年底要退休了。经理为了奖赏他尽职尽责的工作，决定送他一块长方形地，

长度为 s，宽度为 w。老师傅可以自己选择这块地，显然其中包含的采金点越多越好。你的任务就是计算最多能得到多少个采金点（如果一个采金点的位置在长方形的边上，它也应当被计算在内）。

任务：已知地域尺寸 s 和 w（$1 \leqslant s$，$w \leqslant 10\,000$），采金点的总数 n（$1 \leqslant n \leqslant 15\,000$）和 n 个采金点的坐标 (x,y)（$-30\,000 \leqslant x$，$y \leqslant 30\,000$），计算最多的采金点数。

思路点拨

例如，图 10-9 就给出了一个采金方案。

这是一个针对点进行扫描的问题，容易想到离散化，例如，用两根线来进行扫描，使得两根线之间的区域在 x 坐标上相差不超过 s，然后再统计这一个带状区域中的每一个宽度为 w 的矩形，如图 10-10 所示。

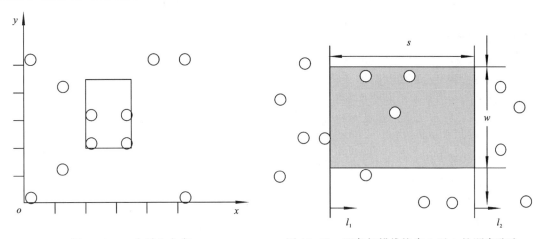

图 10-9　一个采金方案　　　　图 10-10　两条扫描线按先 l_1 后 l_2 的顺序移动

图 10-10 中是两条扫描线 l_1 和 l_2，按照先 l_1 后 l_2 的顺序移动，通过调整，使得 l_1 到 l_2 的距离不大于 s。这时中间带状区域的点成为进一步研究的对象，可以发现，每个点进出要处理的带状区域各一次。

对于带状区域中的所有点，由于它们的横坐标差不会大于 s，所以可以忽略所有的横坐标，仅考虑它们的纵坐标。例如，在一个带状区域内有 5 个点的纵坐标分别是 {5,3,9,1,9}，$w=2$。很自然地，考虑将这几个坐标排序成 {1,3,5,9,9}，然后可以通过类似横坐标的扫描方法来求得宽度为 w 的矩形。但是在本题中，这种方法不是很好，要进一步考虑对纵坐标的特殊处理：

对于每一种坐标 y，建立成两个点事件 $(y,1)$，$(y+w+1,-1)$，点事件 (i,j) 中的 i 为 y 坐标，j 为进出带状区域的标志。例如，将 5 个排序后的 y 坐标 {1,3,5,9,9} 标成 $(1,1)$，$(4,-1)$，$(3,1)$，$(6,-1)$，$(5,+1)$，$(8,-1)$，$(9,+1)$，$(12,-1)$，$(9,+1)$，$(12,-1)$，一共是 10 个点事件，再将它们按照 y 坐标排序，得 $(1,+1)$，$(3,+1)$，$(4,-1)$，$(5,+1)$，$(6,-1)$，$(8,-1)$，$(9,+1)$，$(9,+1)$，$(12,-1)$，$(12,-1)$。进出带状区域的标志反映在一个 y 坐标的映射上，然后从低到高求和，如图 10-11 所示。

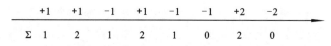

图 10-11 将进出带状区域的标志反映在一个 y 坐标的映射上

注意坐标下的求和，这些和中最大的一个就是该带状区域中包含最多点数的矩形，每个位置上的 Σ 值记录下此位置之前所有标号的和。

通过这步巧妙的转换，我们可以用前面的二叉静态排序树来实现 y 坐标的点事件处理。同时前面已经说过，每一个点进出带状区域仅一次，因此我们要利用树的统计实现：在插入或者删除一个点事件之后，能够维持坐标下 Σ 的值，能够在很短时间内得到 Σ 中最大的一个值。算法大致如下：

将所有的点事件映射到 y 坐标中，最多有 n=15 000 个点，所以可能有 30 000 个不同的坐标，将这些值建立一棵可用以统计的二叉排序树，即 build。树上的每个结点设立两个值：一个是 sum，记录以该点为根的子树上结点的权和，开始时 sum=0；另一个是 maxsum，记录以该点为根的子树上 Σ 中的最大值。注意这里的定义是以该结点为根的，也就是在子树上的值。

插入点事件 (y,k)、并维护 sum 和 maxsum 特性的计算过程分两个部分：

① 向下找到 y 所在的结点。

② 从 y 所在的结点出发沿路径向上，

路径上每个结点 now 的 sum 值增加 k，而结点 now 的 maxsum 值的计算实际上是一个动态规划的过程。因为是要取得 Σ 中的最大值，所以有 3 种情况：

① Σ 中的最大值在左树上（maxsum[now×2]）。

② Σ 中的最大值正好包含根结点（sum[now]−sum[now×2+1]）。

③ Σ 中的最大值在右树上（sum[now]−sum[now×2+1]+maxsum[now×2+1]）。

由此得出：

maxsum[now]←max{maxsum[now×2],sum[now]−sum[now×2+1],sum[now]−sum[now×2+1]+maxsum[now×2+1]}

上述计算由过程 insert(y,k) 完成，其中 y 为坐标，k 是一个标号，其值为+1 或者−1。该调整完路径上每个结点的相关量后，maxsum[1]就是当前的一个最优解。

```
PROC insert(y,k);          /*插入点事件(y,k)，维护 sum 和 maxsum 的特性*/
   now←1;                  /*首先向下找到 y 所在的结点 now*/
Repeat
  If v[now]=y Then break;
  If v[now]<y Then now←now*2+1
            Else now←now*2;
Until false;
Repeat                     /*然后再向上，对路径上的每个点的 sum 和 maxsum 进行修改*/
   sum[now]←sum[now]+k;
   maxsum[now]←max{maxsum[now*2],sum[now]-sum[now*2+1],sum[now]-sum[now*2+1]
+maxsum[now*2+1]};
now←now div2;
```

```
Until now=0;                      /*直至追溯到根为止*/
End;                             /*insert*/
```

insert 过程是解决本题的核心，其时间复杂度为树高，即 $\log_2 n$。有了这个过程以后，很容易完成整个算法，只要先将所有的点按照横坐标先排序，然后利用两条扫描线 l_1 和 l_2 进行扫描。根据前面的分析，n 个点进出扫描的带状区域各一次，每一次对应两个点事件，因此总共是 $4n$ 次 insert 操作。整个算法的时间复杂度为 $O(n\log_2 n)$，算法的编程实现也不复杂。

通过这个例子可以深刻感受到利用二叉树的好处。二叉树与前面的线段树在本质上是相似的，只是这种实现更加方便和简洁。当然，对于这一类题目，首先要将问题进行一些转化，使之可以有效地利用二叉树。本例中正是利用了点事件这一概念，才找到了有效的算法。

10.4　在虚二叉树上统计数据

从 10.3 节的介绍中可以看到，二叉树是一种非常实用的静态处理方法，但在使用之前必须构造出一棵空树。实际上，结合二分法，可以不用专门构造出二叉树的结构，本节就将介绍怎样略去这种构造。由于失去了二叉树的外在形式，所以就将它称为虚二叉树的实现。

值得注意的是，虽然不去构造这样的二叉树，但是我们必然仍然要用到它的平衡树性质，以及计算上的简便性。这里的想法是：对于任何一个有序表，在对其进行二分查找时，实际上就等于在一个二叉树上进行查找。这里我们依然假设查找的对象在表中总是存在的，例如，如下这个二分查找的程序段：

```
FUNC BinSearch(x);                /*通过二分法在数组 v 中查找值为 x 的元素下标*/
l←1;r←n;                          /*设置左右指针*/
While (l<=r) Do                   /*若区间存在，则计算中间指针*/
{m←(l+r) div2;
    If(V[m]=x)Then BinSearch←m;   /*返回被查找对象的下标*/
    If (V[m]>x) Then r←m-1        /*若 x 在左区间，则调整右指针*/
            Else l←m+1;           /*若 x 在右区间，则调整左指针*/
};                               /*While*/
End;                             /*BinSearch*/
```

其中，m 每次都位于当前区间 $[l,r]$ 的中央，这与前面所讲的线段树或者二叉树构造都是近似的。对于一个表 $\{1,3,4,8,9\}$ 的二分查找，等价于在图 10-12 的二叉排序树上进行查找。

或者用另外一种解释说，m 取中间值，即为一个子树根，它的左方元素 $[l,m-1]$ 构成了其左子树的形态，而右方元素 $[m+1,r]$ 构成了右子树形态，这棵二叉树称为虚二叉树。它的结构与一般的排序二叉树类似，但不同的是，一般的排序二叉树以初始序列的首元素为根，其结构取决于初始序列；而虚二叉树以序列的中间值为根，其结构取决于排序后的序列。虽然这

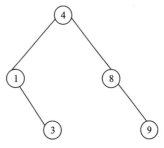

图 10-12　与表 $\{1,3,4,8,9\}$ 的二分查找等价的二叉排序树查找

棵树不是近似满二叉树，没有像二叉静态排序树那样的完美结构，但是它也是一棵平衡二叉树。因为仅由二分查找的性质可得，最多 $\log_2 n$ 次查找就可以找到这个结点，即对于某个固定值的修改仅跟 $\log_2 n$ 个结点有一定关系。

在利用二叉静态排序树时，需要先构造出一棵树，然后在每个结点上进行修改。这种思路的好处是，我们可以通过下标得到父亲儿子的关系，结构清晰。而在虚二叉树中，通过对二分查找的考察，得出一个排好序的线性表，其对应一棵树，虽然这棵树的形态并没有真正构造出来，但在二分查找的过程中是固定的。

在构造二叉静态排序树时，把所有需要修改的量都保留在根结点上。把这种方法迁移到虚二叉树中，每棵子树的根结点实际上就是在二分查找中 m 对应的值，这样就省去了构造。

举查找结点的例子来说明这种虚实现的方法，设 LESS 表示根及其左树上所有结点的个数：

```
PROC SEARCH(x);                            /*查找值为 x 的结点，计算 LESS*/
l←1;r←n;                                    /*设置左右指针*/
While(l<=r) Do                             /*若区间存在，则计算中间指针*/
  {m=(l+r) div 2;
   If  x<=V[m] Then LESS[m]←LESS[m]+1;     /*若 x 为结点 m 的值或位于 m 的左区间，则累计 m
                                             及其左树上所有结点的个数*/
   If  x=V[m] Then break;                   /*若找到值为 x 的结点，则退出过程*/
   If  x<V[m] Then r←m-1                    /*若 x 在左区间，则调整右指针*/
   Else l←m+1;                              /*若 x 在右区间，则调整左指针*/
   };                                       /*While*/
End;                                        /*SEARCH*/
```

只要在头脑中想象一棵虚拟的排序二叉树，就不难理解这个过程的具体含义了。虚实现实际上省去了构造，因而它在实现上进一步简单化了。在效率上我们依然保证了它的复杂度不超过 $\log_2 n$。

虚实现中的 V 实际上就是一个有序的映射表，它仍然处理动态维护特性的问题，在实现之前，首先要将所有要处理的对象进行排序，这一点与前面处理问题的方法是类似的。

【例题10.5】计算左下方的点数

在一个平面直角坐标系上有 n 个点，n 最多为 15 000，要求每个点的左下方有多少个点，也就是说对于每个点 x_i、y_i，求满足 $x_j \leq x_i$ 并且 $y_j \leq y_i$ 的 j 的个数。

思路点拨

对于这种类似形式的问题已经讨论了很多次，现在要用虚实现来解决这个算法，使得它的时间复杂度为 $O(n\log_2 n)$。

首先将点排序，排序的规则是 x 优先，在 x 优先的情况下，按照 y 优先。这样可以使得对于任意的 $(x_i \leq x_j, y_i \leq y_j)$，有 $i \leq j$。然后就可以不考虑 x 坐标了，因为在排好序的表中，x 总是有序，下面只考察 y 的包含情况。

把 y 坐标排序，建立映射关系，放在 V 数组中，V 中的 y 坐标从小到大排序。我们只要按照先前点排序的顺序依次把各个 y 插入到计数用的 LESS 中去，同时就可以得到一个结点左下方的值。把前面的函数改成如下形式：

```
FUNC INSERT-AND-GET(y): integer    /*计算和返回 y 坐标左下方的值*/
l←1;r←n;ans←0;                     /*设置左右指针，y 坐标左下方的值/
While (l<=r) do                    /*若区间存在，则计算中间指针*/
 {m=(l+r)div 2;
  If y<=V[m] Then LESS[m]←LESS[m]+1;/*若 y 为结点 m 的值或位于 m 的左区间，则累计 m
                                        及其左树上所有结点的个数*/
  If y>=V[m] Then ans←ans+LESS[m]; 
  If y=V[m]Then break;             /*若找到值为 y 的结点，则返回 y 坐标左下方的值*/
  If y<V[m] Then r←m-1             /*若 y 在左区间，则调整右指针*/
  Else l←m+1;                      /*若 x 在右区间，则调整左指针*/
  };                               /*While*/
 INSERT-AND-GET←ans;               /*返回 y 坐标左下方的值*/
End;                               /*INSERT-AND-GET*/
```

这个函数的实现不需要过多解释，它的复杂度为 $O(\log_2 n)$。

最后要讲的是，这种虚二叉树可用于计算最长单调序列。最长单调序列是动态规划解决的经典问题。现在以求最长下降序列（严格下降）为例，说明怎样用 $O(n\log_2 n)$ 来解决它。

设问题处理的对象是序列 $a[1,2,\cdots,n]$。最基本的动态规划方法是这样实现的：

$$a[0] = \infty$$
$$M[0] = 0$$
$$M[i] = \max\{M[j]+1,\ 0 \leqslant j < i\text{并且}a[j] > a[i]\}$$
$$P[i] = j\ (j\text{是上式中取}\max\text{时的}j\text{值})$$
$$ans = \max\{M[i]\}$$

在这个公式中 P 表示决策。专门考虑这个 P，可能有多个决策都可以使 $M[i]$ 得到最大值，这些决策都是等价的。我们可以对 P 进行特殊的限制，即在所有等价的决策 j 中，P 选择 $a[j]$ 最大的那一个。

P 的选择跟我们得到的结果并没有任何关系，对于第 x 个数来说，它可以组成长度为 $M[x]$ 的最长下降序列，它的子问题是在 $a[1,2,\cdots,x-1]$ 中的一个长度为 $M[x]-1$ 的最长下降序列，并且这个序列的最后一个数大于 $a[x]$。让 P 选择这些所有可能解中末尾数最大的，也就是说在处理完 $a[1,2,\cdots,x-1]$ 之后，对于所有长度为 $M[x]-1$ 的下降序列，$P[x]$ 的决策只跟其中末尾最大的一个有关，其余同样长度的序列就不需要关心了。

由此想到用另外一个动态变化的数组 b。当计算完了 $a[x]$ 之后，$a[1,2,\cdots,x]$ 中得到的所有下降序列按照长度分为 L 个等价类，每一个等价类中只需要一个作为代表，这个代表在这个等价类中末尾的数最大，把它记为 $b[j]$，$1 \leqslant j \leqslant L$。$b[j]$ 是所有长度为 j 的下降序列中末尾数最大的那个序列的代表。

由于我们把 $a[1,2,\cdots,x-1]$ 的结果都记录在 b 中，那么处理当前的一个数 $a[x]$，就无须和前面的 $a[j]$（$1 \leqslant j \leqslant x-1$）做比较，只需要和 $b[j]$（$1 \leqslant j \leqslant L$）进行比较。

对于 a[x]的处理，我们简单地说明：

首先，如果 a[x]<b[L]，也就是说在 a[1,2,…,x-1]中只存在长度为 1 到 L 的下降序列，其中 b[L]是作为长度为 L 的序列的代表。由于 a[x]<b[L]，显然把 a[x]接在这个序列的后面，形成了一个长度为 L+1 的序列。a[x]显然也可以接在任意的 b[j]（1≤j<L）后面，形成长度为 j+1 的序列，但必然有 a[x]<b[j+1]，所以它不可能作为 b[j+1]的代表。这时 b[L+1]=a[x]，即 a[x]作为长度为 L+1 的序列的代表，同时 L 应该增加 1。

另一种可能是 a[x]≥b[1]，显然这时 a[x]是 a[1,2,…,x]中所有元素中最大的，它仅能构成长度为 1 的下降序列，同时它又必然是最大的，所以它作为 b[1]的代表，b[1]=a[x]。

如果前面的情况都不存在，肯定可以找到一个 j，2≤j≤L，有 b[j-1]>a[x]，b[j]≤a[x]，这时分析，a[x]必然接在 b[j-1]后面，形成一个新的长度为 j 的序列。这是因为，如果 a[x]接在任何 b[k]后面，1≤k<j-1，那么都有 b[k+1]>a[x]，a[x]不能作为代表。而对于任何 b[k]，其中 j≤k≤L，都有 b[k]≤a[x]，a[x]不能延长这个序列。由于 a[x]≥b[j]，所以就将 b[j]更新为 a[x]。

在任何一种情况完成之后，b[1,2,…,L]显然是个下降的序列，但它并不表示长度为 L 的下降序列，这点不可混淆。

这几种情况实际上都可以归结为：处理 a[x]，令 b[L+1]无穷小，从左到右找到第一个位置 j，使 b[j]≤a[x]，然后则只要将 b[j]=a[x]，如果 j=L+1，则 L 同时增加。x 处以前对应的最长下降序列长度为 M[x]=j。这样的程序段先描述为：

```
FUNC longest-decreasing-subsequence': integer;   /*计算和返回最长下降子序列的长度*/
L←0;                                /*最长下降子序列的长度初始化*/
For x←1 To n Do                     /*枚举序列 a 的每一个元素*/
{b[L+1]←-∞;                         /*长度为 L+1 的下降子序列的代表元素初始化*/
 j←1;                               /*按照长度递增的顺序寻找代表元素小于等于 a[x]的
                                       下降子序列*/
 While (b[j]>a[x])Do j←j+1;
 b[j]←a[x];                         /*a[x]作为长度为 j 的下降子序列的代表元素*/
 If j>L Then L←j;                   /*调整下降子序列的最大长度*/
   };                               /*For*/
longest-decreasing-subsequence'←L;  /*返回最长下降子序列的长度*/
End;                                /* longest-decreasing-subsequence'*/
```

注意，程序段标识的部分容易退化。当 a 本身是下降序列时，它退化为 $O(n^2)$ 的算法，这时就要利用二分法了。标识的部分是找到最小的 j，满足 b[j]≤a[x]，由于 b[1,2,…,L]一定是一个单调下降的有序序列，所以我们只需要用二分查找找到这个位置，其原理就等同于在二叉树上进行查找。于是，计算过程修改为：

```
FUNC longest-decreasing-subsequence: integer;    /*计算和返回下降子序列的最大长度*/
ans←0;                              /*最长下降子序列的长度初始化*/
For i←1 to n do                     /*枚举序列 a 的每一个元素*/
{j←1;k←ans;                         /*二分查找代表元素小于等于a[i]的下降子序列长度j*/
 While (j<=k) Do
 {m←(j+k) div 2;
  If b[m]>a[i] Then j←m+1
```

```
            Else k←m-1;
  };                                    /*While*/
 If j>ans Then ans←ans+1;               /*调整下降子序列的最大长度*/
 b[j]←a[i];                             /*a[i]作为长度为j的下降子序列的代表元素*/
  };                                    /*For*/
longest-decreasing-subsequence←ans;/*返回最长下降子序列的长度*/
End;                                    /*longest-decreasing-subsequence*/
```

longest-decreasing-subsequence 过程计算出最长下降序列的长度。其实解决上升序列或者最长不上升序列，只要将算法中的不等号略做修改。相信在理解了此方法的原理后，读者就不难做出这种修改。

本题还有一些有趣的地方：在用 b 求得最长下降序列长度的同时，也完成了对 a 序列用最少的不下降序列进行覆盖的构造。换句话说，我们可以通过这个方法来说明一个序列的不下降最小覆盖数等于最长下降序列的长度，这是一个有趣的命题。

为什么说完成了构造呢？只要注意到我们每次处理 a[x] 的时候，都把 b[j] 更新为 a[x]，它的构造意义就是说，a[x] 接在 b[j] 的那个代表的后面，即 b[j] 代表所在覆盖路径上的下个点是 a[x]。同时当 L 增加时，我们单独开辟了一条新的覆盖路径，a[x] 作为这条路径上的头一结点。

也许本题的动态规划说明显得较为烦琐。如果将动态规划的方程一点点地变形，也能得到最后的方案。本文中试图直接说明它的正确性，所以没有采用间接的方法。

📄 小　结

本章围绕统计问题展开讨论，讨论的大多数问题中是平面离散化一类的问题，解决这些问题的基本思想，就是利用二分的方法和特殊的数据结构来实现提高效率的目的。

本章所提到的 4 种方法（线段树、动态统计的静态方法、静态二叉排序树和虚二叉树）基本相似，适合于大多数点统计的问题，但数据结构不尽相同，我们尽量选择比较容易和简便的数据结构来支持其运算。无论是构造相应的静态方法、树结构还是虚实现，都凸现了一个核心思想：在多数有序问题中，采用二分法可能会起到"画龙点睛"的关键作用。

第⑪章

动态规划上的优化策略

　　动态规划是解决多阶段决策最优化问题的一种思想方法。所谓"动态"，是指在问题的多阶段决策中，按某一顺序，根据每一步所选决策的不同，将随即引起状态的转移，最终在变化的状态中产生一个决策序列。动态规划就是为了使产生的决策序列在符合某种条件下达到最优。动态规划作为一种重要的思想方法，被广泛应用于编程解题。动态规划之所以对于不少问题具有较高的时间效率，关键在于它减少了"冗余"。所谓"冗余"，是指不必要的计算或重复计算部分，算法的冗余程度是影响算法效率的关键因素。动态规划在将问题规模不断缩小的同时，记录已经求解过的子问题解，充分利用求解结果，避免了反复求解同一子问题的现象，从而减少了冗余。

　　但是，动态规划求解问题时仍然可能存在冗余。这些冗余包括：求解无用的子问题，对结果无意义的引用等。下面给出动态规划时间复杂度的计算公式：

$$时间复杂度=状态总数 \times 每个状态的决策数 \times 每次状态转移所需的时间$$

　　虽然从抽象性和严谨性的角度看，这个式子并不能作为普遍的计算公式，但是公式给出了 3 个决定时间效率的因素：

① 状态总数。

② 每个状态的决策数。

③ 每次状态转移所需的时间。

为优化动态规划的效率指明了基本方向。

　　下面，我们将结合实例讨论这 3 个因素的优化。这里需要指出的是：3 个决定时间效率的因素（状态数、决策数、每次状态转移的时间）之间不是相互独立的，而是相互联系、矛盾而统一的。有时实现了某个因素的优化，另外两个因素也随之得到了优化；有时实现某个因素的优化，却要以增大另一因素为代价。因此，需要我们在优化时坚持"全局观"，统筹兼顾好这 3 个因素，力避"顾此失彼"，真正实现三者间的平衡。

11.1　减少状态总数的基本策略

动态规划的求解过程需要枚举每一个阶段中的所有状态值，状态的规模大小直接影响到算法的时间效率。因此减少状态总数是动态规划优化的一个重要部分。减少状态总数的途径有两条：

① 改变状态表示。

② 选择适当的规划方向。

11.1.1　改进状态表示

状态的规模与状态表示的方法密切相关，通过改进状态表示减小状态总数是一种较为普遍的优化方法。

【例题11.1】青蛙过河

有一条宽度为 L 的小河上有一座独木桥，一只青蛙想越过河去。在河中有一些荷叶，青蛙很讨厌踩在这些荷叶上。由于河宽和青蛙一次跳过的距离都是正整数，我们可以把青蛙可能到达的点看成数轴上的一串整点：0，1，…，L（其中 L 是河宽）。坐标为 0 的点位于河的一侧，坐标为 L 的点位于河的另一侧。青蛙从坐标为 0 的点开始，不停地向坐标为 L 的点的方向跳跃。一次跳跃的距离是 S 到 T 之间的任意正整数（包括 S、T）。当青蛙跳到或跳过坐标为 L 的点时，就算青蛙已经越过河了。

已知河宽 L（$1 \leqslant L \leqslant 10^9$），青蛙跳跃的距离范围 $S \sim T$（$1 \leqslant S \leqslant T \leqslant 10$），荷叶片数 M（$1 \leqslant M \leqslant 100$），及河中各片荷叶的位置（保证起点和终点处没有荷叶）。你的任务是确定青蛙要想过河，最少需要踩到的荷叶数。

思路点拨

例题给出了河宽、河中荷叶的位置信息和青蛙一次跳跃的范围，要求计算出青蛙过河最少需要踩到的荷叶数。本题可以采用搜索的方法求解，但编程复杂度和效率都不尽理想。下面，我们集中分析动态规划的解法。

解法 1：设河的位置为阶段和状态

由于计算是由左而右展开的，因此河的位置既可表示为阶段，也可表示为状态。对于 L 很小的数据来说，不难写出动态规划的状态转移方程。设

opt[n]为青蛙到达 n 位置最少需要踩到的荷叶数：

$$\text{rock}[n] = \begin{cases} 1 & n\text{位置有荷叶} \\ \\ 0 & n\text{位置无荷叶} \end{cases}$$

青蛙的跳前位置为 $n-i$。根据题意，青蛙一次跳跃的距离 i 应在 $S \sim T$ 之间，因此状态转移方程是

$$opt[n] = \min_{S \le i \le T}\{opt[n-i]+rock[n]\}$$

显然，计算这个方程的时间复杂度是 $O(n)$ 级的。由于 n 的上限高达 10^9，因此极限数据在有限的时间内是无法出解的，必须优化。

解法 2：设荷叶位置为阶段和状态

相比上限为 10^9 的桥长 L 而言，荷叶数 M 要小得多，其上限充其量为 100。我们不妨以荷叶为对象，从左到右进行规划：

（1）计算青蛙可以跳多远

分两种情况分析：

① 如果相对距离 $v \ge s(s-1)$，青蛙是一定能够跳到的。

首先可以通过数学分析得出，如果相对距离 $v \ge s(s-1)$，则青蛙可以采用一次跳跃 s 距离或 $s-1$ 距离的方式到达该位置。

[定理] $px+(p+1)y=Q$，在 $Q \ge p \times (p-1)$ 时是一定有解的。

证明：由于 p 与 $p+1$ 间差 1，故方程 $px+(p+1)y=Q$ 有整数解。设其解为
$$x=x_0+(p+1)t, \quad y=y_0-pt（t 是整数）$$
取适当的 t，使得 $0 \le x \le p$（只需要在 x_0 上加上或减去若干个 $p+1$）。当 $Q>p(p-1)-1$ 时，有
$$(p+1)y=Q-px>p(p-1)-1-px \ge p(p-1)-1-p \times p=-(p+1)$$
于是 $y>-1$，故 $y \ge 0$ 也是非负整数。证毕。

由于题目给出的是 $[S, T]$ 的一个区间（$1 \le S \le T \le 10$），于是当相邻的两个荷叶之间的距离不小于 $10 \times 9=90$ 时，则后面的距离都可以到达，我们就可以认为它们之间的距离就是 90。如此一来，我们就将原题 L 的范围缩小为 $100 \times 90=9\,000$，这样的时间效率完全可以承受。

② 如果相对距离 $v<s(s-1)$，则用一次跳跃的距离范围递推。

设 $b[i]$ 为青蛙能否用 s 到 t 的一次跳跃距离跳至 i 远的标志。显然

$$b[i]=\begin{cases} \text{true} & i=0 \\ b[i-j] & 1 \le i \le 90, \ s \le j \le t \end{cases}$$

综合上述两点，即可以判断出青蛙能否跳到相对距离为 v 远的位置了。设青蛙能否跳到相对距离为 v 远的标志为 $can[v]$（$v \le 90$）：

$$can[v]=\begin{cases} \text{false} & v<0 \\ \text{true} & v \ge s(s-1) \\ b[v] & 0 \le v < s(s-1) \end{cases}$$

（2）从左到右、逐片荷叶进行规划

设 $x[i]$ 为桥上由左而右顺序的第 i 个荷叶位置；$a[i,j]$ 为青蛙跳至 $x[i]$ 左方相对距离为 j 的位置时所经过的最少荷叶总数（$0 \le i \le n$，$0 \le j \le t-1$）。若 $j=0$，说明青蛙踩到了桥上的第 i 个荷叶。初

始时，$a[i,j]=n+1$。显然，青蛙在跳跃过程中有两种可能：

① $x[i]-j$ 位置位于 $x[i-1]$ 的左方，即 $x[i]-j \leqslant x[i-1]$（见图 11-1）。

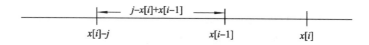

图 11-1　青蛙跳跃过程中的第一种情况

显然，跳至 $x[i]-j$ 位置经过的最少荷叶总数为 $a[i-1,j-x[i]+x[i-1]]$。

② $x[i]-j$ 位置位于 $x[i-1]$ 的右方，即 $x[i]-j>x[i-1]$（见图 11-2）。

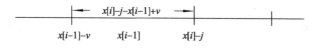

图 11-2　青蛙跳跃过程中的第二种情况

显然，如果青蛙能够由 $x[i-1]-v$ 位置跳至 $x[i]-j$ 位置（$can(x[i]-j-x[i-1]+v)=true$），则跳至 $x[i]-j$ 位置经过的荷叶总数为 $a[i-1,v]$ 或者为 $a[i-1,v]+1$（$j=0$ 时，即踩到了桥上的第 i 个荷叶）。但究竟 v 多大时，才能使得最少荷叶数最少呢？我们无法预知，只能在 $0\sim t-1$ 的范围内一一枚举 v，从中找出经过的最少荷叶数。由此得出状态转移方程

$$
a[i,j]=\begin{cases}
a[i-1, j-x[i]+x[i-1]] & x[i]-j \leqslant x[i-1] \\
\min_{0 \leqslant v < t-1}\{a[i-1,v]|\text{青蛙能够从}x[i-1]-v\text{位置跳至}x[i]-j\text{位置}\} & x[i]-j > x[i-1], j \neq 0 \\
\min_{0 \leqslant v < t-1}\{a[i-1,v]|\text{青蛙能够从}x[i-1]-v\text{位置跳至}x[i]-j\text{位置}\}+1 & x[i]-j > x[i-1], j = 0
\end{cases}
$$

最后，我们枚举青蛙跳出独木桥前的最后一个起跳位置 $x[n]-i$（$0 \leqslant i \leqslant t-1$），从中计算出青蛙过河最少需要踩到的荷叶数 $\min_{0 \leqslant i \leqslant t-1}\{a[n,i]\}$。

但问题还没有完全解决：当 $S=T$ 时，上述状态转移方程是无法使用的，因为在这种情况下，青蛙不可避免地跳到其位置为 S 倍数的荷叶上，因此只需要在所有荷叶中，统计出坐标是 S 倍数的荷叶个数就可以了。

改进后的算法，状态总数为 $O(m \times t)$，每个状态转移的状态数为 $O(t)$，每次状态转移的时间为 $O(1)$，所以总的时间复杂度为 $O(m \times t^2)$。值得注意的是，算法的空间复杂度也由改进前的 $O(n)$ 降至优化后的 $O(m \times t)$。

本题的优化过程表明：应用不同的状态表示方法设计出的程序，在效率性能上迥然不同。改进状态表示可以减少状态总数，进而降低算法的时间复杂度。在降低算法的时间复杂度的同时，也降低了算法的空间复杂度。因此，通过改进状态表示来减少状态总数的策略，在优化动态规划中占有举足轻重的地位。

11.1.2 选择适当的规划方向

在动态规划的实现中，规划方向的选择主要有两种：顺推和逆推。有些情况下，选取不同的规划方向，程序的时间效率也有所不同。一般的，若初始状态确定、目标状态不确定时，则应考虑采用顺推；反之，若目标状态确定、初始状态不确定时，就应该考虑采用逆推；那么，若在初始状态和目标状态都已确定、顺推和逆推都可选用的情况下，能否考虑选用双向规划呢？

双向搜索的方法已为大家所熟知，它的主要思想是：在状态空间十分庞大，而初始状态和目标状态又都已确定的情况下，由于扩展的状态量是指数级增长的，于是为了减少状态的规模，分别从初始状态和目标状态两个方向进行扩展，并在两者的交汇处得到问题的解。上述优化思想能否推广至动态规划呢？来看下面这个例子。

【例题11.2】划分大理石

已知有价值分别为 1～6 的大理石各 a[1,2,3,4,5,6]块，大理石的总数不超过 20 000。现要将它们分成两部分，使得两部分价值和相等，问是否可以实现。如果能够分成价值和相等的两部分，则计算每种大理石的数量；否则输出 No Solution。

 思路点拨

解法 1：选择顺推方向

令价值和 $S = \sum_{i=1}^{6} i \times a[i]$。若 S 为奇数，则不可能实现，否则令 $Mid = \dfrac{S}{2}$，则问题转化为能否从

给定的大理石中选取部分大理石，使其价值和为 Mid。这实际上是一个组合数学的母函数问题，但用动态规划求解也是等价的。设 $m[i,j]$ 表示能否从价值为 1～i 的大理石中选出部分大理石，使其价值和为 j（$0 \leqslant i \leqslant 6$，$0 \leqslant j \leqslant Mid$）。若能，则用 true 表示，否则用 false 表示。显然，如果能从前 i 种大理石中产生其价值和为 j 的选石方案，且其中价值为 i 的大理石选取了 k 块（$0 \leqslant k \leqslant a[i]$），则前 $i-1$ 种大理石的价值和一定为 $j-i \times k$。反之亦然。由此得出：

状态转移方程：$m[i,j] = m[i,j]$ OR $m[i-1, j-i \times k]$（$0 \leqslant k \leqslant a[i]$）；

边界条件：$m[i,0] = true$（$0 \leqslant i \leqslant 6$）；

显然，若 $m[i, Mid] = true$（$0 \leqslant i \leqslant 6$），则可以实现题目要求，否则不可能实现。

我们来分析上述算法的时间性能，上述算法中每个状态可能转移的状态数为 $a[i]$，每次状态转移的时间为 $O(1)$，而状态总数是所有值为 true 的状态总数，实际上就是母函数中的项数。

解法 2：双向规划

实践发现：本题在大理石的种类数 i 较小时，由于可选取的大理石的品种和数量较少，因此值为 true 的状态也较少，但随着 i 的增大，大理石价值品种和数量的增多，值为 true 的状态也急剧增多，使得规划过程的速度减慢，影响了算法的时间效率。另一方面，单向规划关心的仅是能否得到价值和为 Mid 的状态，那么从两个方向分别进行规划：

顺向规划：求出从价值为 1～3 的大理石中选出部分大理石所能获得的所有价值和。

逆向规划：求出从价值为 4～6 的大理石中选出部分大理石所能获得的所有价值和。

最后通过判断两者中是否存在和为 Mid 的价值和，得出问题的解。按照这一想法，状态转移方程改进为：

当 $i \leq 3$ 时：$m[i,j]=m[i,j]\text{OR } m[i-1,j-i \times k]$（$1 \leq k \leq a[i]$）；

当 $i > 3$ 时：$m[i,j]=m[i,j]\text{OR } m[i+1,j-i \times k]$（$1 \leq k \leq a[i]$）；

规划的边界条件为：$m[i,0]=\text{true}$（$0 \leq i \leq 7$）；

这样，若存在 k，使得 $m[3,k]=\text{true}$ 和 $m[4,Mid-k]=\text{true}$，则可以实现题目要求，否则无法实现。

从图 11-3 中可以看出双向动态规划与单向动态规划在状态总数上的差异，图中的阴影部分即为双向动态规划节省的状态空间。

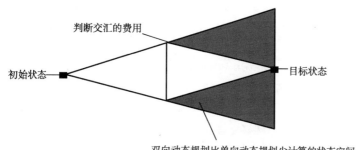

图 11-3　双向动态规划

本题的实际背景与双向搜索的背景十分相似：状态的增长速率都相当快，以至于在瞬间产生庞大的状态空间，但有确定的初始状态和目标状态，而且可以实现交汇的判断。采用了双向动态规划后，状态总数大幅度减少。这一优化过程证明了通过双向扩展减少状态量的方法不仅适用于搜索，同样也适用于动态规划。这种在不同算法中寻找共同属性、互为借鉴的思想，可以促使我们不断创造出新的解题方法。

11.2　减少每个状态决策数的基本策略

在使用动态规划解题时，计算当前状态就是在引用已经计算过的子状态的基础上做决策，这个过程称为"状态转移"。因此，每个状态可能做出的决策数，即每个状态可能转移的状态数是决定动态规划时间复杂度的一个重要因素。可通过如下 4 种方法来减少每个状态可能转移的状态数：

① 利用最优决策的单调性。

② 优化决策量。

③ 合理组织状态。

④ 细化状态转移。

11.2.1 利用最优决策的单调性

当代价函数 $w[i,j]$ 满足 $w[i,j]+w[i',j']\le w[i',j]+w[i,j']$，$i\le i'\le j\le j'$ 时，称 w 满足四边形不等式。当函数 $w[i,j]$ 满足 $w[i',j]\le w[i,j']$（$i\le i'\le j\le j'$）时，称 w 关于区间包含关系单调。

如果状态转移方程的形式为

$$m[i,j]=\min_{i<k\le j}\{m[i,k-1]+m[k,j]\}+w[i,j]$$

且代价 w 为满足四边形不等式的单调函数（可以推导出 m 也为满足四边形不等式的单调函数），则可利用四边形不等式推出最优决策 s 的单调性，从而减少每个状态转移的状态数，将算法的时间复杂度由原来的 $O(n^3)$ 降低为 $O(n^2)$。方法是通过记录子区间的最优决策来减少当前的决策量。令

$$s[i,j]=k,\ k\text{ 满足 } m[i,j]=m[i,k-1]+m[k,j]+w[i,j]$$

由于决策 s 具有单调性（$s[i,j-1]\le s[i,j]\le s[i+1,j]$），因此状态转移方程可修改为

$$m[i,j]=\min_{s[i,j-1]\le k\le s[i+1,j]}\{m[i,k-1]+m[k,j]\}+w[i,j]$$

使用这种优化方法，需要满足：

① 在计算 m 的同时记录子区间的最优决策 s。

② 预先证明代价函数、状态转移方程和最优决策函数是满足四边形不等式的单调函数。

一般来讲，只要状态转移方程的形式为

$$m[i,j]=\min_{i<k\le j}\{m[i,k-1]+m[k,j]\}+w[i,j]$$

且能够证明出代价函数 w 的单调性，则可以在此基础上推导出状态转移方程和最优决策函数的单调性，由此得出状态转移方程的优化形式。我们不妨结合 3 个实例，了解一下这种优化方法的思想和应用。

【例题11.3】最优排序二叉树

所谓二叉排序树，是指具有下列性质的非空二叉树：

① 若根结点的左子树不空，则左子树的所有结点值均小于根结点值。

② 若根结点的右子树不空，则右子树的所有结点值均不小于根结点值。

③ 根结的左右树也分别为二叉排序树。

现在已知 n（$1\le n\le 1\,000$）个关键字的权值 k_i 和查找频率 p_i（$1\le i\le n$），要求寻找一种构造二叉排序树的方案，使得总查找长度 $\sum_{i=1}^{n}p_i\times(\text{depth}(k_i)+1)$ 最小。

思路点拨

解法 1："直叙式"的状态转移方程

设 $C[i,j]$ 为结点 i 到结点 j 对应子树的最小查找长度；$w(i,j)$ 为结点 i 到结点 j 的频率之和 $\sum_{a=i}^{j}p_a$；

k 为中间结点，即结点 i 到结点 $k-1$ 为左子树序列，结点 k 到结点 j 为右子树序列。按照二叉排序树总查找长度的定义，结点 i 到结点 j 对应子树的查找长度为

$$\sum_{a=i}^{j} p_a \times (\text{depth}(k_a)+1) = \sum_{a=i}^{j} p_a \times \text{depth}(k_a) + \sum_{a=i}^{j} p_a = \sum_{a=i}^{j} p_a \times \text{depth}(k_a) + w[i,j]$$

显然，要使得该范围内的查找长度最短，其左右子树的查找长度之和必须最短，即 $C[i,j] = w(i,j) + \min_{i<k\leq j} \{C[i,k-1]+C[k,j]\}$，由此得出状态转移方程：

$$C[i,i]=p_i$$

$$C[i,j] = w(i,j) + \min_{i<k\leq j} \{C[i,k-1]+C[k,j]\} \quad (1 \leq i < j \leq n)$$

可以从这个"直叙式"的状态转移方程上得到一个时间复杂度为 $O(n^3)$ 的算法，这个算法效率一般，应进行优化。

解法 2：利用最优决策的单调性

（1）由决策代价函数 w 的单调性出发推导状态转移方程的单调性

我们考虑一下 $w(i,j)$ 的性质。它表示的是结点 i 到结点 j 的频率之和。很明显，若有 $[i,j] \subseteq [i',j']$，则有 $w[i,j] \leq iw[i',j']$。由 w 关于区间包含关系单调，可以推知状态转移方程 C 也为满足四边形不等式的单调函数，即

对于任意的 $a \leq b \leq c \leq d$，都有 $C[a,c]+C[b,d] \leq C[a,d]+C[b,c]$。

证明：这一性质可用数学归纳法证明。具体证明过程如下：

当 $a=b$ 或 $c=d$ 时，不等式显然成立，函数 c 满足四边形不等式。否则，分两种情形进行归纳证明：

情形 1：$a<b=c<d$

在这种情形下，四边形不等式简化为 $C[a,c]+C[c,d] \leq C[a,d]$。设 $[a,d]$ 区间的最优决策 $k=max\{p|C[a,d]=C[a,p-1]+C[p,d]+w[a,d]\}$，须分两种情形讨论，即 $k \leq c$ 或 $k>c$。下面只讨论 $k \leq c$，$k>c$ 的情况与其类似，这里不讨论。当 $k \leq c$ 时：

$$C[a,c]+C[c,d] \leq w[a,c]+C[a,k-1]+C[k,c]+C[c,d]$$
$$\leq w[a,d]+C[a,k-1]+C[k,c]+C[c,d]$$
$$\leq w[a,d]+C[a,k-1]+C[k,d]$$
$$= C[a,d]$$

$C[a,c]+C[c,d] \leq C[a,d]$ 得证。

情形 2：$a<b<c<d$

设

$[b,c]$ 区间的最优决策 $y=max\{p|C[b,c]=C[b,p-1]+C[p,c]+w[b,c]\}$

$[a,d]$ 区间的最优决策 $z=max\{p|C[a,d]=C[a,p-1]+C[p,d]+w[a,d]\}$

仍须再分两种情形讨论，即 $z \leq y$ 或 $z>y$。下面只讨论 $z \leq y$，$z>y$ 的情况与其类似，这时里不讨论。由 $a<z \leq y \leq c$ 有

$$C[a,c]+C[b,d] \leqslant w[a,c]+C[a,z-1]+C[z,c]+w[b,d]+C[b,y-1]+C[y,d]$$

$$\leqslant w[a,d]+w[b,c]+C[b,y-1]+C[a,z-1]+C[z,c]+C[y,d]$$

$$\leqslant w[a,d]+w[b,c]+c[b,y-1]+C[a,z-1]+C[y,c]+C[z,d]$$

$$= C[a,d]+C[b,c]$$

$C[a,c]+C[b,d] \leqslant C[a,d]+C[b,c]$ 得证。

综上所述，状态转移方程 C 为满足四边形不等式的单调函数。

（2）由状态转移方程的单调性推出最优决策函数的单调性

令

$$K_{i,j}=\max\{k|C[i,j]=C[i,k-1]+C[k,j]+w[i,j]\}$$

在任意区间 $[i,j]$ 上，可以由状态转移方程 $C[i,j]$ 的单调性，推出最优决策函数 K_{ij} 的单调性，即

$$K_{i,j} \leqslant K_{i,j+1} \leqslant K_{i+1,j+1} \quad (i \leqslant j)$$

证明如下：

显然，当 $i=j$ 时单调性成立。因此下面只讨论 $i<j$ 的情形，由于对称性，只要证明 $K_{i,j} \leqslant K_{i,j+1}$。令 $C_k[i,j]=C[i,k-1]+C[k,j]+w[i,j]$。要证明 $K_{i,j} \leqslant K_{i,j+1}$，只要证明对于所有 $i<k \leqslant k' \leqslant j$ 且 $C_{k'}[i,j] \leqslant C_k[i,j]$，有 $C_{k'}[i,j+1] \leqslant C_k[i,j+1]$。

事实上，我们可以证明一个更强的不等式：$C_k[i,j]-C_{k'}[i,j] \leqslant C_k[i,j+1]-C_{k'}[i,j+1]$，也就是 $C_k[i,j]+C_{k'}[i,j+1] \leqslant C_k[i,j+1]+C_{k'}[i,j]$。

利用状态转移方程：

$$C[i,j] = \min_{i<k \leqslant j} \{C[i,k-1]+C[k,j]\}+w[i,j] \quad (i<j)$$

将其展开整理可得：$C[k,j]+C[k',j+1] \leqslant C[k',j]+C[k,j+1]$，这正是 $k \leqslant k' \leqslant j<j+1$ 时的四边形不等式。

综上所述，当状态转移方程 C 满足单调性质时，最优决策函数 $K_{i,j}$ 也具有单调性。

于是利用 $K_{i,j}$ 的单调性，得到优化的状态转移方程：

$$C[i,i]=p_i$$

$$C[i,j] = w(i,j)+\min_{K_{i,j-1}<k_{i,j} \leqslant k_{i+1,j}} \{C[i,k_{i,j}-1]+C[k_{i,j},j]\} \quad (1 \leqslant i \leqslant j \leqslant n);$$

我们以区间长度 l 划分阶段（$2 \leqslant l \leqslant n$），以区间 (i,j) 的首指针 i 作为状态（$1 \leqslant i \leqslant n-l+1$，$j=l+i-1$）。当在第 l 阶段计算 $K_{i,j}$ 时，已经在第 $l-1$ 阶段计算出 $K_{i+1,j}$ 和 $K_{i,j-1}$，枚举 $K_{i,j}$ 可能值的时间复杂度为 $O(K_{i+1,j}-K_{i,j-1}+1)$，该阶段中计算 $K_{l,l+1} \sim K_{n-1,n}$ 共需时间 $O(K_{n-l+1,n}-K_{1,1}+n-d) \leqslant O(n)$。共有 n 个阶段，由此得出总的时间复杂度为 $O(n^2)$，比最初的动态规划减少了一个阶，时间效率明显优化。

【例题11.4】石子合并问题

在一个操场上摆放着一排 n（$n \leqslant 20$）堆石子。现要将石子有次序地合并成一堆。规定每次只能选相邻的两堆石子合并成新的一堆，并将新的一堆石子数记为该次合并的得分。

现已知石子堆数 n 和每堆的石子数，要求计算将 n 堆石子合并成一堆的最小得分。

思路点拨

解法 1："直叙式"的状态转移方程

这道题是动态规划的经典应用。由于最大得分和最小得分的解法是类似的，所以这里仅对最小得分的解法进行讨论。设 n 堆石子依次编号为 $1, 2, \cdots, n$。各堆石子数为 $d[1,\cdots,n]$；合并 $d[i,\cdots,j]$ 所得到的最小得分为 $m[i,j]$（$1 \leqslant i \leqslant j \leqslant n$）；最后一次合并的断开位置为 k，即此前合并的得分为 $m[i,k-1]+m[k,j]$，本次合并的得分为 $\sum_{l=i}^{j} d[l]$。要使得合并 i 堆到 j 堆石子的总得分最小，则必须枚举断开位置 k，寻找此前合并的最小得分。由此得出状态转移方程：

边界条件：$m[i,j]=0$（$i=j$）；

状态转移方程：$m[i, j] = \min\limits_{i<k \leqslant j} \{m[i,k-1]+m[k,j]\} + \sum_{l=i}^{j} d[l]$（$i<j$）；

同时令 $s[i,j]=k$，表示合并的断开位置，便于在计算出最优值后构造出最优解。上式中 $\sum_{l=i}^{j} d[l]$ 的计算，可在预处理时计算。由于 $t[i] = \sum_{j=1}^{i} d[j]$，$i=1,\cdots,n$，$t[0]=0$，则 $\sum_{l=i}^{j} d[l] = t[j]-t[i-1]$。

上述算法的状态总数为 $O(n^2)$，每个状态转移的状态数为 $O(n)$，每次状态转移的时间为 $O(1)$，所以总的时间复杂度为 $O(n^3)$。

解法 2：利用最优决策的单调性

在石子归并问题中，令 $w[i,j]=\sum_{l=i}^{j} d[l]$，则 $w[i,j]$ 满足四边形不等式，同时由 $d[i] \geqslant 0$，$t[i] \geqslant 0$ 可知 $w[i,j]$ 满足单调性：

$$m[i,j]=0 \quad (i=j)$$

$$m[i, j] = \min\limits_{i<k \leqslant j} \{m[i,k-1]+m[k,j]\} + w[i,j] \quad (i<j) \qquad (*)$$

对于满足四边形不等式的单调函数 w，可推知由状态转移方程（*）定义的函数 $m[i,j]$ 也满足四边形不等式，即 $m[i, j] + m[i', j'] \leqslant m[i', j] + m[i, j']$，$i \leqslant i' \leqslant j \leqslant j'$。这一性质可用数学归纳法证明如下：

对四边形不等式中"长度" $l=j'-i$ 进行归纳：

当 $i=i'$ 或 $j=j'$ 时，不等式显然成立。由此可知，当 $l \leqslant 1$ 时，函数 m 满足四边形不等式。当 $l>1$ 时，分两种情形进行归纳证明：

情形 1：$i<i'=j<j'$

在这种情形下，四边形不等式简化为如下的反三角不等式：$m[i,j]+m[j,j'] \leqslant m[i,j']$。设

$k=\max\{p|m[i,j']=m[i,p-1]+m[p,j']+w[i,j']\}$，再分两种情形讨论，即 $k\leqslant j$ 或 $k>j$。下面只讨论 $k\leqslant j$，$k>j$ 的情况与其类似，这里不讨论。当 $k\leqslant j$ 时：

$$m[i,j]+m[j,j'] \leqslant w[i,j]+m[i,k-1]+m[k,j]+m[j,j']$$
$$\leqslant w[i,j']+m[i,k-1]+m[k,j]+m[j,j']$$
$$\leqslant w[i,j']+m[i,k-1]+m[k,j']$$
$$= m[i,j']$$

情形 2：$i<i'<j<j'$

设

$$y=\max\{p \mid m[i',j]=m[i',p-1]+m[p,j]+w[i',j]\}$$
$$z=\max\{p \mid m[i,j']=m[i,p-1]+m[p,j']+w[i,j']\}$$

仍需要再分两种情形讨论，即 $z\leqslant y$ 或 $z>y$。下面只讨论 $z\leqslant y$，$z>y$ 的情况与其类似，这里不讨论。由 $i<z\leqslant y\leqslant j$ 有

$$m[i,j]+m[i',j'] \leqslant w[i,j]+m[i,z-1]+m[z,j]+w[i',j']+m[i',y-1]+m[y,j']$$
$$\leqslant w[i,j']+w[i',j]+m[i',y-1]+m[i,z-1]+m[z,j]+m[y,j']$$
$$\leqslant w[i,j']+w[i',j]+m[i',y-1]+m[i,z-1]+m[y,j]+m[z,j']$$
$$= m[i,j']+m[i',j]$$

综上所述，$m[i,j]$ 满足四边形不等式。令

$$s[i,j]=\max\{k|m[i,j]=m[i,k-1]+m[k,j]+w[i,j]\}$$

由函数 $m[i,j]$ 满足四边形不等式可以推出函数 $s[i,j]$ 的单调性，即

$$s[i,j]\leqslant s[i,j+1]\leqslant s[i+1,j+1] \quad (i\leqslant j)$$

显然，当 $i=j$ 时单调性成立。因此下面只讨论 $i<j$ 的情形。由于对称性，只要证明 $s[i,j]\leqslant s[i,j+1]$ 即可。

令 $m_k[i,j]=m[i,k-1]+m[k,j]+w[i,j]$。要证明 $s[i,j]\leqslant s[i,j+1]$，只要证明对于所有 $i<k\leqslant k'\leqslant j$ 且 $m_k[i,j]\leqslant m_k[i,j]$，有 $m_{k'}[i,j+1]\leqslant m_k[i,j+1]$ 即可。

事实上，我们可以证明一个更强的不等式：$m_k[i,j]-m_{k'}[i,j]\leqslant m_k[i,j+1]-m_{k'}[i,j+1]$，也就是 $m_k[i,j]+m_{k'}[i,j+1]\leqslant m_k[i,j+1]+m_{k'}[i,j]$。

利用状态转移方程（＊）将其展开整理可得：$m[k,j]+m[k',j+1]\leqslant m[k',j]+m[k,j+1]$，这正是 $k\leqslant k'\leqslant j<j+1$ 时的四边形不等式。

综上所述，当 w 满足四边形不等式时，函数 $s[i,j]$ 具有单调性。

于是，我们利用 $s[i,j]$ 的单调性，得到优化的状态转移方程：

边界条件：$m[i,j]=0$（$i=j$）；

状态转移方程：$m[i,j] = \min\limits_{s[i,j-1]\leqslant k\leqslant s[i+1,j]}\{m[i,k-1]+m[k,j]\}+w[i,j]$（$i<j$）；

用类似的方法可以证明，对于最大得分问题，也可采用同样的优化方法。改进后的状态转移方程所需的计算时间为

$$O\left(\sum_{i=1}^{n-1}\sum_{j=i+1}^{n}(1+s[i+1,j]-s[i,j-1])\right)=O\left(\sum_{i=1}^{n-1}(n-i+s[i+1,n]-s[1,n-i])\right)=O\left(n^2\right)$$

上述方法利用四边形不等式推出最优决策的单调性，从而减少每个状态转移的状态数，降低算法的时间复杂度。这种优化具有普遍意义，对于划分最优子区间、且决策代价 $w[i,j]$ 满足四边形不等式的动态规划问题，都可以采用相同的优化方法。

【例题11.5】邮局

按照递增顺序给出一条直线上坐标互不相同的 n 个村庄，要求从中选择 p 个村庄建立邮局，每个村庄使用离它最近的那个邮局，使得所有村庄到各自所使用的邮局的距离总和最小。

已知村庄数 n、邮局数 p（$1\leqslant p\leqslant n\leqslant 2\,000$）、$n$ 个村庄的 x 坐标，要求计算最小距离和。

🖱 思路点拨

解法 1："直叙式"的状态转移方程

本题也是一道动态规划问题。将 n 个村庄按坐标递增依次编号为 1，2，…，n，各个邮局的坐标为 $d[1,\cdots,n]$；$w[i,j]$ 表示在 $d[i,\cdots,j]$ 之间建立一个邮局的最小距离和。可以证明，当仅建立一个邮局时，最优解出现在中位数，即设建立邮局的村庄为 k，则 $k=\left\lfloor\dfrac{(i+j)}{2}\right\rfloor$ 或 $k=\left\lceil\dfrac{(i+j)}{2}\right\rceil$，于是有

$$w[i,j]=\sum_{l=i}^{j}|d[l]-d[k]|\qquad\left(k=\left\lfloor\frac{(i+j)}{2}\right\rfloor\text{或}k=\left\lceil\frac{(i+j)}{2}\right\rceil\right)$$

w 函数可以在初始时计算，以便在状态转移方程中直接引用。

状态表示 $m[i,j]$ 为在前 j 个村庄建立 i 个邮局的最小距离和，这个最小距离和由两部分构成：前 k 个村庄建立 $i-1$ 个邮局的最小距离和 $m[i-1,k]$ 和 $d[k+1,\cdots,j]$ 之间建立第 i 个邮局的最小距离和 $w[k+1,j]$。要求出 $m[i,j]$，则必须枚举所有可能的中间位置 k（$i-1\leqslant k\leqslant j-1$），找出 $m[i-1,k]+w[k+1,j]$ 的最小值。由此得出状态转移方程：

边界条件：$m[1,j]=w[1,j]$（$1\leqslant j\leqslant n$）；

状态转移方程：$m[i,j]=\min\limits_{i-1\leqslant k\leqslant j-1}\{m[i-1,k]+w[k+1,j]\}$（$i\leqslant j$）；

同时，令 $s[i,j]=k$，记录使用前 $i-1$ 个邮局的村庄数，便于在算出最小距离和之后构造最优建立方案。$m[p,n]$ 即为问题的解。

上述算法中，$w[i,j]$ 可通过 $O(n)$ 时间的预处理算出。规划过程枚举的状态总数为 $O(n\times p)$，每个状态转移的状态数为 $O(n)$，每次状态转移的时间为 $O(1)$，该算法总的时间复杂度为 $O(p\times n^2)$。

解法 2：利用最优决策的单调性

本题的状态转移方程与（＊）式十分相似，因此我们猜想其决策是否也满足单调性，即 $s[i-1,j]\leqslant s[i,j]\leqslant s[i,j+1]$。

首先来证明函数 w 满足四边形不等式，即

$$w[i,j]+w[i',j'] \leqslant w[i',j]+w[i,j'] \quad (i \leqslant i' \leqslant j \leqslant j')$$

设 $y = \left\lfloor \dfrac{(i'+j)}{2} \right\rfloor$，$z = \left\lfloor \dfrac{(i+j')}{2} \right\rfloor$。下面分 $z \leqslant y$ 或 $z > y$ 两种情形进行讨论：

由 $i \leqslant z \leqslant y \leqslant j$ 有

$$
\begin{aligned}
w[i,j]+w[i',j'] &\leqslant \sum_{l=i}^{j}|d[l]-d[z]|+\sum_{l=i'}^{j'}|d[l]-d[y]| \\
&\leqslant \sum_{l=i}^{j}|d[l]-d[z]|+\sum_{l=i'}^{j'}|d[l]-d[y]|+\sum_{l=j+1}^{j'}|d[l]-d[z]|-\sum_{l=j+1}^{j'}|d[l]-d[y]| \\
&= \sum_{l=i}^{j'}|d[l]-d[z]|+\sum_{l=i'}^{j}|d[l]-d[y]| \\
&= w[i',j]+w[i,j']
\end{aligned}
$$

接着，我们用数学归纳法证明函数 m 也满足四边形不等式。对四边形不等式中"长度" $l=j'-i$ 进行归纳：

当 $i=i'$ 或 $j=j'$ 时，不等式显然成立。由此可知，当 $l \leqslant 1$ 时，函数 m 满足四边形不等式。

下面分别对 $i<i'=j<j'$ 和 $i<i'<j<j'$ 这两种情形进行归纳证明：

情形 1：$i<i'=j<j'$

即 $m[i,j]+m[j,j'] \leqslant m[i,j']$。

设 $k=\max\{p|m[i,j']=m[i,p-1]+m[p,j']+w[i,j']\}$，再分两种情形讨论，即 $k \leqslant j$ 或 $k>j$。下面只讨论 $k \leqslant j$，$k>j$ 的情况与其类似，这里不讨论。

$$
\begin{aligned}
&m[i,j]+m[j,j'] \\
&\leqslant m[i-1,k]+w[k+1,j]+m[j-1,j-1]+w[j,j'] \\
&\leqslant m[i-1,k]+w[k+1,j'] \\
&= m[i,j']
\end{aligned}
$$

情形 2：$i<i'<j<j'$

设

$$
\begin{aligned}
y&=\max\{p \mid m[i',j]=m[i'-1,p]+w[p+1,j]\} \\
z&=\max\{p \mid m[i,j']=m[i-1,p]+w[p+1,j']\}
\end{aligned}
$$

仍需再分两种情形讨论，即 $z \leqslant y$ 或 $z>y$。

当 $z \leqslant y < j < j'$ 时：

$$
\begin{aligned}
&m[i,j]+m[i',j'] \\
&\leqslant m[i'-1,y]+w[y+1,j']+m[i-1,z]+w[z+1,j] \\
&\leqslant m[i'-1,y]+m[i-1,z]+w[y+1,j]+w[z+1,j'] \\
&= m[i',j]+m[i,j']
\end{aligned}
$$

当 $i-1<i'-1 \leqslant y<z<j'$ 时：

$$m[i,j]+m[i',j']$$
$$\leqslant m[i-1,y]+w[y+1,j]+m[i'-1,z]+w[z+1,j']$$
$$\leqslant m[i-1,z]+m[i'-1,y]+w[y+1,j]+w[z+1,j']$$
$$=m[i,j']+m[i',j]$$

最后，证明决策 $s[i,j]$ 满足单调性。

为讨论方便，令 $m_k[i,j]=m[i-1,k]+w[k+1,j]$；

先来证明 $s[i-1,j]\leqslant s[i,j]$，只要证明对于所有 $i\leqslant k<k'<j$ 且 $m_k[i-1,j]\leqslant m_{k'}[i-1,j]$，有 $m_k[i,j]\leqslant m_{k'}[i,j]$。

类似地，我们可以证明一个更强的不等式：$m_{k'}[i-1,j]-m_k[i-1,j]\leqslant m_{k'}[i,j]-m_k[i,j]$，即 $m_k[i-1,j]+m_{k'}[i,j]\leqslant m_{k'}[i,j]+m_k[i-1,j]$。利用状态转移方程展开整理得到 $m[i-2,k]+m[i-1,k']\leqslant m[i-1,k]+m[i-2,k']$，这就是 $i-2<i-1<k<k'$ 时 m 的四边形不等式。

接着再来证明 $s[i,j]\leqslant s[i,j+1]$，与上文类似，设 $k<k'<j$，则我们只需要证明一个更强的不等式 $m_k[i,j]-m_{k'}[i,j]\leqslant m_k[i,j+1]-m_{k'}[i,j+1]$，即 $m_k[i,j]+m_{k'}[i,j+1]\leqslant m_k[i,j+1]+m_{k'}[i,j]$。

利用状态转移方程展开整理得到 $w[k+1,j]+w[k'+1,j+1]\leqslant w[k+1,j+1]+w[k'+1,j]$，这就是 $k+1<k'+1<j<j+1$ 时 w 的四边形不等式。

综上所述，该问题的决策 $s[i,j]$ 具有单调性，于是优化后的状态转移方程：

边界条件：$m[1,j]=w[1,j]$（$1\leqslant j\leqslant n$）；

状态转移方程：$m[i,j]=\min\limits_{s[i-1,j]\leqslant k\leqslant s[i,j+1]}\{m[i-1,k]+w[k+1,j]\}$（$i\leqslant j$）；

决策记录表：$s[i,j]=k$；

同上文所述，优化后的算法时间复杂度为 $O(n\times p)$。

通过对例题 11.3、例题 11.4 和例题 11.5 的分析，可以看出四边形不等式优化的实质是对结果的充分利用。它通过分析状态值之间的特殊关系，推出了最优决策的单调性，从而在计算当前状态时，利用已经计算过的状态所做出的最优决策，减少了当前的决策量。这就启发我们，在应用动态规划解题时，不仅可以实现状态值的充分利用，也可以实现最优决策的充分利用。这实际上是从另一个角度实现了"减少冗余"。

11.2.2　优化决策量

通过分析问题最优解所具备的性质，缩小有可能产生最优解的决策集合，也是减少每个状态可能转移的状态数的一种方法。在减少决策量的目标上，本办法与四边形不等式优化基本相同。不同的是，四边形不等式优化依据的是最优决策的单调性，需要记录子区间的最优决策；而本办法是直接根据最优解性质得出决策范围，无须记录子区间的最优决策。

【例题11.6】石子合并

在一个圆形操场的四周摆放 n 堆石子（$1\leqslant n\leqslant 200$），现要将石子有序地合成一堆。规定每次只能选相邻的两堆合并成新的一堆，并将新的一堆的石子数记为该次合并的得分。现读入堆数 n 和每堆的石子数，要求选择一种合并石子的方案，使得做 $n-1$ 次合并，得分的总和最大。

思路点拨

本题与例题 11.4 基本类似，唯一不同的是，例题 11.4 要求计算最小得分，而本题要求计算最大得分。

解法 1："直译"的状态转移方程

设 n 堆石子依次编号为 1，2，…，n，各堆石子数依次为 $d[1,\cdots,n]$；$m[i,j]$ 表示合并 $d[i,\cdots,j]$ 所得到的最大得分（$1 \le i \le j \le n$）。显然

边界条件：$m[i,j]=0$（$i=j$）；

状态转移方程：$m[i,j]=\max\limits_{i<k\le j}\{m[i,k-1]+m[k,j]+\sum\limits_{l=i}^{j}d[l]\}$（$i<j$）；

同时令 $s[i,j]=k$，表示合并的断开位置，便于在计算出最优值后构造出最优解。该算法的时间复杂度为 $O(n^3)$。

解法 2：优化决策量

仔细分析问题，可以发现：$s[i,j]$ 要么等于 $i+1$，要么等于 j，即

$$\max\limits_{i<k\le j}\{m[i,k-1]+m[k,j]\}=\max\{m[i,j-1],m[i+1,j]\}\quad(i<j)$$

证明可以采用反证法。设 p 为 $m[i,j]$ 达到最大值的断开位置（$i+1<p<j$），$y=\sum\limits_{l=i}^{p-1}a[l]$，$z=\sum\limits_{l=p}^{j}a[l]$。

下面分为两种情形讨论：

情形 1：$y \ge z$

由 $p<j$，可设 $s[p,j]=k$，则相应的合并方式可以表示为 $((a[i]\cdots a[p-1])((a[p]\cdots a[k-1])(a[k]\cdots a[j])))$，相应的得分为

$$T=m[i,p-1]+m[p,k-1]+m[k,j]+y+z+z$$

下面考虑另一种合并方案 $s'[i,j]=k$，$s'[i,k]=p$，相应的合并方式表示为 $(((a[i]\cdots a[p-1])(a[p]\cdots a[k-1]))(a[k]\cdots a[j]))$，相应的得分为

$$T'=m[i,p-1]+m[p,k-1]+m[k,j]+y+y+z+\sum\limits_{l=p}^{k-1}a[l]$$

由 $y \ge z$ 可得 $T<T'$，这与使 $m[i,j]$ 达到最大值的断开位置为 p 的假设矛盾。

情形 2：$y<z$

与情形 1 类似。于是，状态转移方程优化为

边界条件：$m[i,j]=0$（$i=j$）；

状态转移方程：$m[i,j]=\max\{m[i,j-1]+m[i+1,j]\}+\sum\limits_{l=i}^{j}d[l]$（$i<j$）；

优化后每个状态转移的状态数减少为 $O(1)$，算法总的时间复杂度也降为 $O(n^2)$。

本题的优化过程是通过对问题最优解性质的分析，找出最优决策必须满足的必要条件，这与搜索中的最优性剪枝的思想十分类似。由此我们再次看到了，相同的优化思想可应用于不同的算

法。同时也认识到：动态规划的优化必须建立在全面细致分析问题的基础上，只有深入分析问题的属性，挖掘问题的实质，才能实现解题方法的优化。

11.2.3　合理组织状态

在动态规划求解的过程中，需要不断地引用已经计算过的状态。因此，为了提高动态规划的时间效率，需要对已经计算出的状态进行合理的组织，即确定状态需要保留的必要条件，依据该条件删除其中无用的状态，并采用合适的数据结构和算法来组织当前保留的状态，以提高引用的效率。

【例题11.7】求最长单调上升子序列

给出一个由 n 个数组成的序列 $x[1,\cdots,n]$，找出它的最长单调上升子序列。即求最大的 m 和 a_1，a_2，$\cdots,a_m$，使得 $a_1<a_2<\cdots<a_m$ 且 $x[a_1]<x[a_2]<\cdots<x[a_m]$。

 思路点拨

解法： "直译"的状态转移方程

这也是一道动态规划的经典应用。动态规划的状态表示描述为

$m[i]$ 表示以 $x[i]$ 结尾的最长上升子序列的长度（$1\leqslant i\leqslant n$），显然，问题的解为 $\max\limits_{1\leqslant i\leqslant n} x\{m[i]\}$。

设 $x[k]$ 为最长单调上升子序列中 $x[i]$ 左邻的元素（$1\leqslant k<i$，$x[k]<x[i]$）。要使得以 $x[i]$ 结尾的上升子序列最长，则其中以 $x[k]$ 结尾的前缀长度也必须最长，于是得到状态转移方程：

$$m[i]=1+\max_{1\leqslant k<i,x[k]<x[i]}\{0,m[k]\}$$

同时当 $m[i]>1$ 时，令 $p[i]=k$，表示最优决策，以便在计算出最优值后构造最长单调上升子序列。

上述算法的状态总数为 $O(n)$，每个状态转移的状态数最多为 $O(n)$，每次状态转移的时间为 $O(1)$，所以算法总的时间复杂度为 $O(n^2)$。

先来考虑以下两种情况：

① 若 $x[i]<x[j]$，$m[i]=m[j]$，则 $m[j]$ 这个状态不必保留。因为可以由状态 $m[j]$ 转移得到的状态 $m[k]$（$k>j$，$k>i$），必有 $x[k]>x[j]>x[i]$，因此 $m[k]$ 也能由 $m[i]$ 转移得到；另一方面，可以由状态 $m[i]$ 转移得到的状态 $m[k]$（$k>j$，$k>i$），当 $x[j]>x[k]>x[i]$ 时，$m[k]$ 就无法由 $m[j]$ 转移得到。由此可见，在所有状态值相同的状态中，只需要保留最后一个元素值最小的那个状态即可。

② 若 $x[i]<x[j]$，$m[i]>m[j]$，则 $m[j]$ 这个状态不必保留。因为可以由状态 $m[j]$ 转移得到的状态 $m[k]$（$k>j$，$k>i$），必有 $x[k]>x[j]>x[i]$，$m[k]$ 也能由 $m[i]$ 转移得到，且 $m[i]>m[j]$，所以 $m[k]\geqslant m[i]+1>m[j]+1$。显然 $m[j]$ 的状态转移是没有意义的。

综合上述两点，我们得出了状态 $m[k]$ 需要保留的必要条件：不存在 i 使得 $x[i]<x[k]$ 且 $m[i]\geqslant m[k]$。于是，保留的状态中不存在相同的状态值，且随着状态值的增加，最后一个元素的值也是单调递

增的。也就是说，设当前保留的状态集合为 S，则 S 具有以下性质：

[性质] 对于任意 $i \in S$，$j \in S$，$i \neq j$，有 $m[i] \neq m[j]$，且若 $m[i] < m[j]$，则 $x[i] < x[j]$，否则 $x[i] > x[j]$。

下面来考虑状态转移。设当前已求出 $m[1, \cdots, i-1]$，当前保留的状态集合为 S，下面计算 $m[i]$：

① 若存在状态 $k \in S$，使得 $x[k] = x[i]$，则状态 $m[i]$ 必定不需保留，也不必计算。证明：不妨设 $m[i] = m[j] + 1$，则 $x[j] < x[i] = x[k]$，$j \in S$，$j \neq k$，所以 $m[j] < m[k] \rightarrow m[i] = m[j] + 1 \leq m[k]$，所以状态 $m[i]$ 不需要保留。

② 否则，$m[i] = 1 + \max\limits_{x[j] < x[i], j \in S} \{m[j]\}$。我们注意到，满足条件的 j 也满足 $x[j] = \max\limits_{x[k] < x[i], k \in S} \{x[k]\}$，所以把状态 i 加入到 S 中。

③ 若②成立，则往 S 中增加了一个状态，为了保持 S 的性质，要对 S 进行维护，若存在状态 $k \in S$，使得 $m[i] = m[k]$，则有 $x[i] < x[k]$，且 $x[k] = \min\limits_{x[j] > x[i], j \in S} \{x[j]\}$，于是状态 k 应从 S 中删去。

从性质可以发现，S 实际上是以 x 值为关键字（也是以 m 值为关键字）的有序集合。若使用平衡树实现有序集合 S，由于每个状态转移的状态数仅为 $O(1)$，而每次状态转移的时间变为 $O(\log_2 n)$，因此该算法的时间复杂度为 $O(n \times \log_2 n)$，效率有所提高。但平衡树的编程复杂度比较高，不妨使用简便的二分法来维护有序集合 S。

回顾本题的优化过程：首先通过状态之间的分析减少需要保留的状态数，同时发现需要保留状态的单调性，从而减少了每个状态可能转移的状态数，并通过简便的二分法来组织当前保留的状态，实现算法的优化。由此可以看出，对于状态的保留，一是数量要少，二是组织要合理。而设计简便的算法、选取恰当的数据结构是优化的关键。

11.2.4 细化状态转移

所谓"细化状态转移"，就是将原来的一次状态转移细化成若干次状态转移，其目的在于减少总的状态转移次数。在优化前，问题的决策一般都是复合决策，也就是一些子决策的排列，因此决策的规模较大，每个状态可能转移的状态数也就较多。优化的方法就是将每个复合决策细化成若干个子决策，并在每个子决策后面增设一个状态。这样，后面的子决策只在前面的子决策达到最优解时才进行转移，因此在优化后，虽然状态总数增加了，但是总的状态转移次数却减少了，算法总的复杂度也就降低了。这种优化方法说明了一个道理：实现一个因素的优化可能要以增大另一个因素作为代价。均衡各种因素的真正目的是降低算法总的时间复杂度。

应该注意的是，"细化状态转移"应该满足一个条件：即原来每个复合决策的各个子决策之间也满足最优化原理和无后效性。即符合最优决策的子决策也是最优决策，前面的子决策不影响后面的子决策。

【例题11.8】城市交通

某城市有 n（$1 \leq n \leq 50$）个街区，某些街区由公共汽车线路相连，如图 11-4 所示，街区 1、2 有一条公共汽车线路相连，且由街区 1 至街区 2 的时间为 34 min。由于街区与街区之间的距离较近，与等车时间相比可忽略不记，所以这个时间为两趟公共汽车的间隔时间，即平均的等车时间。

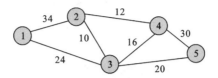

图 11-4　其城市的街区乘车图

由街区 1 至街区 5 的最快走法为 1-3-5，总时间为 44 min。

现在市政府为了提高城市交通质量，决定加开 m（$1 \leq m \leq 10$）条公共汽车线路。若在某两个街区 a、b 之间加开线路（前提是 a、b 之间必须已有线路），则从 a 到 b 的旅行时间缩小为原来的一半（距离未变，只是等车的时间缩短了一半）。例如，若在 1、2 之间加开一条线路，则时间变为 17 min，加开两条线路，时间变为 8.5 min，依此类推。所有的线路都是环路，即如果由 1 至 2 的时间变为 17 min，则由 2 至 1 的时间也变为 17 nin。

求加开某些线路，能使由城市 1 至城市 n 的时间最少。例如，在图 11-4 中，如果 $m=2$，则改变 1-3、3-5 的线路，总的时间可以减少为 22 min。

现已知街区数 n、加开的线路数 m、各街区间的旅行时间（从街区 1 到街区 n 至少有一条路线）。第二行至第 $n+1$ 行，每行为 n 个实数，第 $i+1$ 行第 j 列表示由城市 i 到城市 j 的时间。如果时间为 0，则城市 i 不可能到城市 j。要求计算街区 1 到街区 n 的最小时间 X（保留小数点后两位）和增加的 m 条线路。

思路点拨

设 val[a,b,m]为增加 m 条线路后城市 a 到城市 b 的最短路长，其中 val[a,b,0]为原交通图中边街区 a 至街区 b 的最短，可以直接使用 floyd 算法计算 val[a,b,0]。实际上，floyd 算法是以最短路中间结点的取值来划分阶段的，第 k 个阶段为所有最短路的中间结点小于等于 k 时的情况。而第 k 个阶段只与前 $k-1$ 个阶段有关系，由于同时满足"无后效性"与"最优子问题"这两个性质，因此属于一种动态规划方法。

将道路 a-b 上增加的 m 条边的状态转移细化成如下两个状态转移（设 k 是 a-b 最短路上的一点）：

① 求 a-k 增加 t 条边。

② 求 k-b 增加 m-t 条边。

t 可以取从 0 至 m 的任意值。问题 a-b 增加 m 条边的最优解取决于这两个子问题的最优解。在求 m 条边的过程中，始终只与 a-k 增加 t 条边与 k-b 增加 m-t 条边的子问题发生联系，两个子决策之间满足最优化原理和无后效性，即符合最优决策的子决策也是最优决策，前面的子决策不影响后面的子决策。设

$$\text{val}[a,b,m]= \max_{0 \leq t \leq m, a \leq k \leq b} \{\min\{\text{val}[a,k,t]+\text{val}[k,b,m-t]\}$$

$$val[a,k,0]+val[k,b,m] \mid val[k,b,m]>0$$

$$val[k,b,0]+val[a,k,m] \mid val[a,k,m]>0$$

注意：val 数组的初始值与 floyd 算法不一样，初始值均为 maxint。这个算法的时间复杂度为 $O(n^3 \times m^2)$，约为 $O(n^5)$。

11.3 减少状态转移时间的基本策略

我们知道，状态转移是动态规划的基本操作，因此，减少每次状态转移所需的时间，对提高算法的时间效率具有重要的意义。状态转移主要有两个部分构成：

① 进行决策：通过当前状态和选取的决策计算出需要引用的状态。

② 计算递推式：根据递推式计算当前状态值。其中，主要操作是常数项的计算。因此，提高这两部分时间效率的方法是减少决策时间和减少计算递推式的时间。

11.3.1 减少决策时间

减少决策时间的一个重要途径是采用合适的数据结构，下面看一个实例。

【例题11.9】 LOSTCITY

现给出一张单词表、特定的语法规则和一篇文章：

文章和单词表中只含 26 个小写英文字母 $a \sim z$。单词表中的单词只有名词，动词和辅词这 3 种词性，且相同词性的单词互不相同。单词的长度均不超过 20。语法规则可简述为：

名词短语：任意个辅词前缀接上一个名词；

动词短语：任意个辅词前缀接上一个动词；

句子：以名词短语开头，名词短语与动词短语相间连接而成。

文章的长度不超过 1 000，且已知文章是由有限个句子组成的，句子只包含有限个单词。编程将这篇文章划分成最少的句子，在此前提之下，要求划分出的单词数最少。

已知单词数 n 和每个单词及其属性（格式为'ch_单词'，其中 ch 为单词属性，ch=$\begin{cases} 'n' 名词 \\ 'v' 动词 \\ 'a' 辅词 \end{cases}$)，

要求计算文章划分出的最少句子数和最少单词数。

 思路点拨

（1）状态转移方程

这是也是一道动态规划问题。我们分别用 v、u、a 表示动词、名词、辅词，给出的文章用 $L[1, \cdots, M]$ 表示，则状态表示描述为：

$F(v,i)$：表示 L 前 i 个字符划分为以动词结尾（当 $i<>M$ 时，可带任意个辅词后缀）的最优分解方案下划分的句子数与单词数；

$F(u,i)$：表示 L 前 i 个字符划分为以名词结尾（当 $i<>M$ 时，可带任意个辅词后缀）的最优分解方案下划分的句子数与单词数。

过去的分解方案仅通过最后一个非辅词的词性影响以后的决策，所以这种状态表示满足无后效性。状态转移方程为：

$$F(v,i)=\min\{F(n,j)+(0,1),L(j+1,\cdots,i)为动词;F(v,j)+(0,1),L(j+1,\cdots,i)为辅词,i<>M\}$$

$F(n,i)=\min\{F(n,j)+(1,1),L(j+1,\cdots,i)为名词;F(v,j)+(0,1),L(j+1,\cdots,i)为名词;F(n,j)+(0,1),L(j+1,\cdots,i)为辅词,i<>M\}$

边界条件：$F(v,0)=(1,0)$；$F(n,0)=(\infty,\infty)$；

问题的解为 $\min\{F(v,M),F(u,M)\}$。

上述算法中，状态总数为 $O(M)$，每个状态转移的状态数最多为 20，在进行状态转移时，需要查找 $L[j+1,\cdots,i]$ 的词性，根据其词性做出相应的决策，并引用相应的状态。下面就通过不同的方法查找 $L[j+1,\cdots,i]$ 的词性，比较它们的时间复杂度。

（2）各种查找词性方法的比较

设单词表的规模为 N，首先对单词表进行预处理，将单词按字典顺序排序并合并具有多重词性的单词。在查找词性时有以下几种方法：

方法 1：采用顺序查找法。最坏情况下需要遍历整个单词表，因此最坏情况下的时间复杂度为 $O(20\times N\times M)$，比较次数最多可达 $1\ 000\times 5k\times 20=10^8$，当数据量较大时效率较低。

方法 2：采用二分查找法。最坏情况下的时间复杂度为 $O(20\times M\times\log_2 N)$，最多比较次数降为 $5k\times 20\times\log_2 1\ 000=10^6$，完全可以忍受。

集合查找最为有效的方法要属采用哈希表了。

方法 3：采用哈希表查找单词的词性。首先将字符串每四位折叠相加计算关键值 k，然后用双重哈希法计算哈希函数值 $h(k)$。采用这种方法，通过 $O(N)$ 时间的预处理构造哈希表，每次查找只需要 $O(1)$ 的时间，因此，算法的时间复杂度为 $O(20\times M+N)=O(M)$。

采用哈希表是进行集合查找的一般方法，对于以字符串为元素的集合还有更为高效的方法，即采用检索树。通过检索树查找字符串只要从树根出发走到叶结点即可，需要的时间正比于字符串的长度。如果哈希函数确实是随机的，那么哈希函数的值与字符串中的每一个字母都有关系。所以，计算哈希函数值的时间与检索树执行一次运算的时间大致相当。但计算出哈希函数值后还要处理冲突。因此一般情况下，在进行字符串查找时，检索树比哈希表省时间。

方法 4：采用检索树查找单词的词性。由于每个状态在进行状态转移时需要查找的所有单词都是分布在同一条从树根到叶子的路径上的，因此，如果选取从树根走一条路径到叶子作为基本操作，则每个状态进行状态转移时的最多 20 次单词查找，只需要 $O(1)$ 的时间。另外，建立检索树需要 $O(N)$ 的时间，因此，算法总的时间复杂度虽然仍为 $O(M)$，但是由于时间复杂度的常数因子小于方法 3，因此运行速度也最快。由此可以看出，采用合适的数据结构是优化动态规划的一个重要原则。

首先我们来分析存储文章中所有可能单词的检索树：树根为虚设，每个结点有 52 个儿子，分别标志后继字母是否为单词结尾（即叶结点）。检索树用邻接矩阵存储，根结点通往叶结点的一条路径就是一个单词。显然在检索树中查询单词的时间复杂度与单词长度成正比。

11.3.2　减少计算递推式的时间

计算递推式的主要操作是对常数项的计算。在状态转移方程中，决策代价一般为常数项，因此减少计算递推式所需的时间主要是指减少决策代价的计算时间。

【例题11.10】公路巡逻

在一条没有分岔的公路上有 n（$n \leqslant 50$）个关口，相邻两个关口之间的距离都是 10 km。所有车辆在这条公路上的最低速度为 60 km/h，最高速度为 120 km/h，且只能在关口处改变速度。

有 m（$m \leqslant 300$）辆巡逻车分别在时刻 T_i 从第 n_i 个关口出发，匀速行驶到达第 n_i+1 个关口，路上耗费时间为 t_i 秒。两辆车相遇指他们之间发生超车现象或同时到达某个关口。求一辆于 6 点整从第 1 个关口出发去第 n 个关口的车（称为目标车）最少会与多少辆巡逻车相遇。假设所有车辆到达关口的时刻都是整秒。

已知关口数 n、巡逻车数 m、每辆巡逻车的出发时刻 T_i、出发关口 n_i 和路上耗费时间 t_i，要求计算从第 1 个关口出发去第 n 个关口的目标车最少会与多少辆巡逻车相遇。

思路点拨

（1）状态转移方程

本题也是用动态规划来解。问题的状态表示描述为：

$F(i,T)$ 表示目标车在时刻 T 到达第 i 个关口的途中与巡逻车相遇的最少次数。$W[i,j,k]$ 表示目标车于时刻 j 从第 i 个关口出发、于时刻 k 到达第 $i+1$ 个关口的途中与巡逻车相遇的次数。显然，目标车在时刻 T 到达第 i 个关口的途中与巡逻车相遇的次数由两部分的和组成：目标车在时刻 $T-T_k$ 到达第 $i-1$ 个关口的途中相遇的次数 $F(i-1,T-T_k)$+时刻 $T-T_k$ 从第 $i-1$ 个关口出发、于时刻 T 到达第 i 个关口的途中相遇的次数 $w(i-1,T-T_k,T)$。要使得 $F(i,T)$ 最小，则必须枚举目标车在第 $i-1$ 个关口至第 i 个关口间的行驶时间 T_k（$300 \leqslant T_k \leqslant 600$），求出 $F(i-1,T-T_k)+w(i-1,T-T_k,T)$ 的最小值。由此得出状态转移方程：

$$F(i,T)= \min_{300 \leqslant T_k \leqslant 600} \{F(i-1,T-T_k)+w(i-1,T-T_k,T)\} \quad （2 \leqslant i \leqslant n）$$

边界条件：$F(1,06{:}00{:}00)=0$；

显然，问题解为 $\min\{F(n,T)\}$。

下面来分析上述算法的时间复杂度，问题的阶段数为 n，第 i 个阶段的状态数为 $(i-1) \times 300$，则状态总数为：$O(\sum\limits_{i=1}^{n}(i-1) \times 300) = O(300 \times \dfrac{n \times (n-1)}{2}) = O(150n^2)$，每个状态转移的状态数为 300，每次状态转移所需的时间取决于决策代价函数 w 的计算。

下面采用不同的方法计算 w，比较各种方法在时间复杂度上的差异。

（2）各种计算 w 函数的方法比较

方法 1：在每个决策中都进行一次计算，对所有从第 i 个关口出发的巡逻车进行判断，这样平均每次状态转移的时间为 $O(1+\dfrac{m}{n})$，因为 m 的最大值为 300，算法总的时间复杂度为

$$O\left(150n^2 \times 300 \times (1+\frac{m}{n})\right) = O\left(\frac{m^2n^2}{2} + \frac{m^3n}{2}\right) = O(m^3n)$$

方法 2：仔细观察状态转移方程可以发现，在对状态 $F(i,T)$ 进行转移时，所计算的函数 w 都是从第 i 个关口出发的，而且出发时刻都是 T，只是相应的到达时刻不同，我们考虑能否找出它们之间的联系，从而能够利用已经得出的结果，减少重复运算。

下面来考虑 $w(i,T,k)$ 与 $w(i,T,k+1)$ 之间的联系（见图 11-5）。

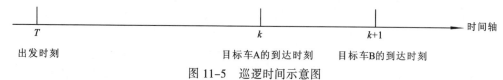

图 11-5　巡逻时间示意图

对于每辆从第 i 个关口出发的巡逻车，设其出发时刻和到达时刻分别为 Stime 和 Ttime，则：

若 Ttime<k 或 Ttime>$k+1$，则目标车 A、目标车 B 与该巡逻车的相遇情况相同；

若 Ttime=k，则目标车 A 与该巡逻车相遇，对目标车 B 的分析又分为：若 Stime≤T，则目标车 B 不与该巡逻车相遇，否则目标车 B 也与该巡逻车相遇；

若 Ttime=$k+1$，则目标车 B 与该巡逻车相遇，对目标车 A 的分析又分为：若 Stime≥T，则目标车 A 不与该巡逻车相遇，否则目标车 A 也与该巡逻车相遇；

令 $\Delta[k]=w[i,T,k+1]-w[i,T,k]$，函数 $G(P)$ 表示所有从 i 个关口出发，且满足条件 P 的巡逻车的数目。由上述讨论得

$$\Delta[k]=G((\text{Ttime}=k+1)\text{and}(\text{Stime}\geq T))-G((\text{Ttime}=k)\text{and}(\text{Stime}\leq T))$$

这样就找到了函数 w 之间的联系。于是，我们在对状态 $F(i,T)$ 进行转移时，先对所有从第 i 个关口出发的巡逻车进行一次扫描，在求出 $w[i,T,T+300]$ 的同时求出 $\Delta[T+301,\cdots,T+600]$，这一步的时间复杂度为 $O(\dfrac{m}{n})$。在以后的状态转移中，由 $w[i,T,k+1]=w[i,T,k]+\Delta[k]$，仅需 $O(1)$ 的时间就可以求出函数值 w，状态转移时间仅为 $O(1)$。则算法总的时间复杂度为

$$O\left(150n^2 \times (\frac{m}{n}+300)\right) = O\left(\frac{m^2n^2}{2} + \frac{m^2n}{2}\right) = O(m^2n^2)$$

虽然，算法时间复杂度的阶并没有降低，但由于 m 的最大值为 300，n 的最大值为 50，所以在数据测试中，优化的效果还是十分明显的。这种优化方法实际上是应用了动态规划本身的思想：在计算递推式的常数项时，引进了函数 Δ，利用了过去的计算结果，避免了重复计算，消除了"冗余"，从而提高算法的时间效率。例题 11.5 中决策代价函数 w 的计算，也是通过预处理减少了重

复计算。近来新出现的双重动态规划，也是应用了这个思想——利用动态规划计算递推式的常数项。可见，这种优化方法是很有普遍性的。

📑 小　结

决定动态规划的时间效率有 3 个因素：

① 状态总数。

② 每个状态的决策数。

③ 每次状态转移所需的时间。

本章从 3 个角度（减少状态数、决策数和每次状态转移的时间）讨论了动态规划的优化方法：

① 状态的规模直接影响到算法的时间效率。减少状态总数、提高算法时效有两个基本方法：

● 选择适宜的状态表示。因为状态的规模与状态的表示方法密切相关，不同的状态表示设计出的程序，在效率性能上迥然不同。

● 选择适当的规划方向。因为问题的初始条件确定了可选用的规划方向，规划方向不同，程序的时间效率也有所不同。尤其是双向扩展，可以大幅度减少状态量，显著提高计算时效。

② 每个状态可能转移的状态数是决定动态规划时间复杂度的一个重要因素。为此，我们提出了减少每个状态转移量的 4 种方法：

● 在证明了最优决策的单调性后，可以利用过去做出的最优决策来减少当前的决策量。

● 借鉴搜索中的最优性剪枝思想来缩小有可能产生最优解的决策集合。

● 减少保留的状态数，合理组织已经计算出的状态。

● 将原来的一次状态转移细化成若干次状态转移，以减少总的状态转移次数。

每一种减少状态转移量的方法都有其适用的条件。例如，利用最优决策的单调性的前提是必须证明状态转移方程为满足四边形不等式的单调函数；再如，细化状态转移的前提是决策满足最优化原理和无后效性。而且优化过程可能会出现一个因素的优化要以增大另一个因素作为代价的情况。因此，优化时必须把握好每种方法的适用条件，坚持"全局观"，统筹均衡好各种因素，避免出现"此起彼伏"的现象。

③ 状态转移主要有决策和计算递推式两个部分构成，因此减少决策时间和计算递推式的时间是加速状态转移的两条基本途径：

● 减少决策时间主要是减少计算决策代价的时间。

● 减少计算递推式的时间主要是减少计算常数项的时间。

在讨论减少状态转移时间的方法的同时，也间接讨论了优化一般算法的方法。这些方法提示我们，在解题过程中，一方面需要深入分析问题的属性，挖掘问题的本质，另一方面需要从原有算法的不足之处入手，推陈出新，精益求精。

最后需要申明的是，3 个决定动态规划时间效率的因素（状态数、决策数、每次状态转移的时间）之间不是相互独立的，而是相互联系、矛盾而统一的。有时实现了某个因素的优化，另外两个因素也随之得到了优化；有时实现某个因素的优化，却要以增大另一因素为代价。因此，需要在优化时统筹兼顾好这 3 个因素，真正实现三者间的平衡。本章给出的优化方法只是一般性的方法，或者说，仅是为读者优化动态规划提供基本思路而已。动态规划具有很大的灵活性，需要结合具体的问题和模型具体分析。状态转移方程的初步设计是如此，调整优化更是如此，更多的优化技巧还需要读者在平时的编程实践中深入挖掘，不断创新。

第 12 章

计算几何上的应对策略

计算几何学是研究几何问题的算法，在现代工程学与数学，诸如计算机图形学、计算机辅助设计、机器人学都要应用计算几何学，随着近年来 ACM/ICPC 竞赛中几何类试题的增加，人们越来越重视几何计算的知识和应用。

ACM/ICPC 竞赛中的几何类试题一般分成 3 类：

① 纯粹的几何计算题。

② 几何的存在性问题，即判断一个几何问题是否存在可行解。

③ 求几何问题的最佳值。

本章将介绍应对这 3 类几何题的基本策略，并在其中穿插一些竞赛所需要的几何知识。

12.1 应对纯粹计算题的策略探讨

要在几何计算题上做到"应付自如"，首先需要夯实解析几何知识的基础。因为任何复杂的算法都是由许多简单的算法组合而成，计算几何题也同样如此。这些最基本的算法包括求直线的斜率，求两条直线的交点，判断两条线段是否相交，求叉积等。这些最基本的算法是解几何题的基础，任何对基本算法的不熟悉，都可能导致解题的失败，所以熟悉几何问题中的基本算法是非常重要的。但是仅有基本算法是远远不够的，因为仅靠竞赛现场思考算法的组合，从时间上来说是来不及的，这就需要熟悉一些经典算法，以便在竞赛中直接使用。这些经典算法包括：求凸包，求最近点对，判断点是否在多边形内等。这些基本算法和经典算法都相对比较简单，一般几何计算的教科书上都有详细介绍，因此本章不再赘述。

其次，应对纯粹的几何计算题需要全面地看待问题，深入地研究问题，仔细地分析题目中的特殊情况。例如求直线的斜率时，直线的斜率为无穷大；求两条直线的交点时，两直线平行等，这些都是要靠平时学习的积累。这就要求我们不仅要精通基本算法和经典算法，而且还要多了解一点拓展性的几何知识，并融入熟悉的数据结构和算法，以提高自己解决几何问题的能力。下面介绍几个拓展性的几何知识，包括如下 4 种：

① 利用二重二叉树计算长方体的体积并。

② 利用多维线段树和矩形切割思想解决平面统计问题和空间统计问题。

③ 利用极大化思想，在一个给定的矩形中找出边界与坐标轴平行，且内部不包含任何障碍点的最大子矩形。

④ 利用平面交的算法计算凸多边形。

12.1.1 利用二重二叉树计算长方体的体积并

在解决长方体体积并的问题之前,先了解一下矩形面积并的概念：二维空间中有 n 个矩形 $R_1, R_2, \cdots, R_n$。$F = R_1 \cup R_2 \cup \cdots \cup R_n$ 可由一个或多个不相交的连通部分组成。例如,图 12-1 中 $R_1 \cup R_2 \cup R_3$ 组成了两个连通面（阴影部分）。F 的面积即为 n 个矩形的面积并。

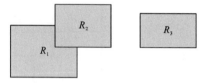

图 12-1 3 个矩形的面积并

计算 n 个平面矩形面积并的一般方法是,首先对平面进行离散化,将平面分割成条;然后在用扫描法对条进行扫描的同时,利用线段树存储条;最后通过线段树的插入和删除操作计算 n 个矩形的面积并。即解题过程为如下的"三步曲"：

① 离散。

② 扫描。

③ 线段树。

下面简要说明这 3 个步骤：

离散：定义离散点为矩形各边（或其延长线）与坐标轴的交点。如图 12-2 中的点 A、B、C、D；定义离散单位段为离散点有序化后相邻两个离散点之间的距离,如线段 AB、线段 BC、线段 CD。在离散之后,可假设图中点 A 的 y 轴坐标为 1,点 B 的 y 轴坐标为 2,点 C 的 y 轴坐标为 3,点 D 的 y 轴坐标为 4。

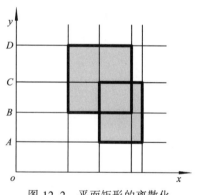

图 12-2 平面矩形的离散化

扫描：先把平面分割成条,使得每个条中的环境变成一维。例如在图 12-3 中,直线 l_1、l_2、l_3、l_4 将平面分成了 3 条。

每一个给定的条的截面都可表现为其相邻两个条截面中任意一个小的修改。例如,图 12-4 中第 2 条的截面可表现为第 1 条的截面加上 AB 段,或第 3 条的截面加上 CD 段。

线段树：线段树是一棵有根二叉树,树中的每一个结点表示了一个区间$[a,b]$。对于每个结点,若 b 与 a 的差大于 1,设 c 等于 a 与 b 的和整除 2 的商,则此结点将有左子结点 a、c 及右子结点 c、b。例如图 12-5 中,区间$[1,4]$,先被分为区间$[1,2]$及区间$[2,4]$。区间$[2,4]$又被分为区间$[2,3]$及区间$[3,4]$。

由于条被抽象为线段,因此可以利用线段树存储条,通过线段树的插入和删除操作计算 n 个矩形的面积并。

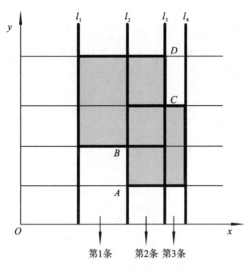

图 12-3　把平面分成 3 条　　　　图 12-4　相邻条截面间的关系

下面将矩形面积并的概念推广至三维，提出三维空间中 n 个长方体体积并的概念：三维空间中有 n 个长方体 $R_1, R_2, \cdots, R_n$。$F = R_1 \cup R_2 \cup \cdots \cup R_n$ 可由一个或多个不相交的连通部分组成。例如，图 12-6 中 $R_1 \cup R_2$ 组成了一个连通体（阴影部分）。F 的体积即为 n 个长方体的体积并。

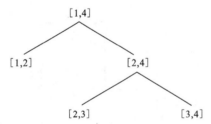

图 12-5　区间[1,4]的线段树

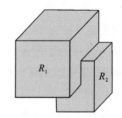

图 12-6　由两个长方体 R_1 和 R_2 的体积并

如同在平面中求 n 个矩形的面积并一样，求三维空间中 n 个长方体的体积并的基本思路也是先将空间离散化，而后对被分割的平面进行顺序扫描。不同的是，这次要储存的将是平面，而不是类似"线段"的条。那么如何存储平面呢？我们采用了二重二叉树的数据结构。

二重二叉树是一棵用于存储平面的树，它建立于线段树之上。根据 x 轴上的区间，应用线段树的构造方式建立 x 轴二叉树；同理建造 y 轴二叉树。这样即可用 x 轴二叉树的结点与 y 轴二叉树的结点来表示一个二维区间。例如，图 12-7 用二重二叉树存储一个 4×4 的矩形。

将 x 轴的区间$[x_1, x_2]$和 y 轴的区间$[y_1, y_2]$的乘积形式，定义为一个以左下角为(x_1, y_1)、右上角为(x_2, y_2)的平面矩形。那么，怎样将这个矩形插入二重二叉树呢？

例如，尝试将矩形区间$(1,5) \times (3,7)$插入二重二叉树：

① 在 x 轴二叉树上插入区间$(1,5)$，并最终到达结点$(1,2)$、$(2,4)$、$(4,5)$。

② 在 y 轴二叉树上，插入区间$(3,7)$，并最终到达结点$(3,4)$、$(4,6)$、$(6,7)$。

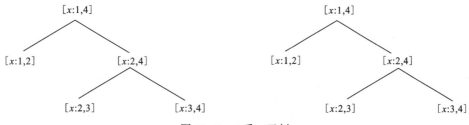

图 12-7　二重二叉树

这样就用两棵二叉树表示了矩形区间 $(1,5) \times (3,7)$（见图 12-8）。

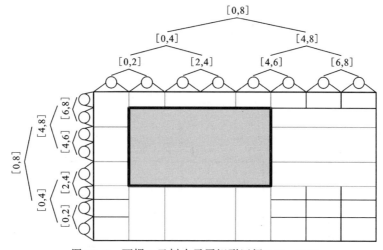

图 12-8　两棵二叉树表示了矩形区间 $(1,5) \times (3,7)$

随着平面矩形的插入或删除，二重二叉树的形式是动态变化的。虽然可以采用动态指针存储二重二叉树，但是为了方便，我们不妨采用静态数组的存储结构。

定义一棵二叉树的根结点的数组下标为 1，对其中所有数组下标为 i 的非叶子结点，其左子结点的数组下标为 $2i$，右子结点的数组下标为 $2i+1$。

这样就可以用一个二维数组 T 来存储二重二叉树。设

$T[x_1,y_1]$ 表示的平面区间：在水平分量上，是 x 轴二叉树中数组下标为 x_1 的结点所表示的区间，在垂直分量上，是 y 轴二叉树中数组下标为 y_1 的结点所表示的区间。

以一个 8×8 的矩形为例，首先对二叉树的结点进行编号（见图 12-9）。

图 12-10 的阴影部分是 $T[1,12]$。

图 12-11 的阴影部分是 $T[5,6]$。

图 12-12 的阴影部分是 $T[13,8]$。

那么，怎样在二重二叉树中插入或删除矩形，怎样计算和修改矩形的面积呢？

① 矩形的插入及删除。对于每个 $T[x_1,y_1]$ 都添加一个参数 C，用来记录这个区间的被矩形完全覆盖的次数。在插入或删除一个矩形时：

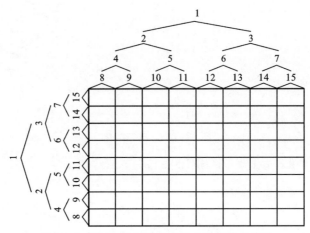

图 12-9　对 8×8 矩形对应的二叉树结点编号

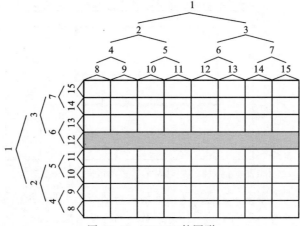

图 12-10　$T[1,12]$的图形

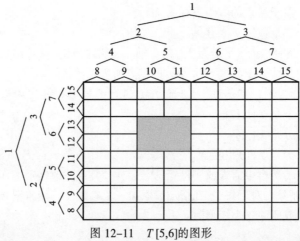

图 12-11　$T[5,6]$的图形

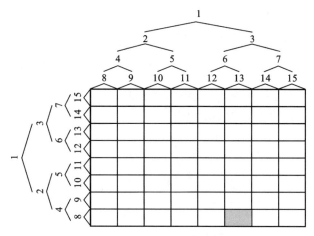

图 12-12　$T[13,8]$的图形

先将矩形的水平分量插入 x 轴二叉树，并用集合 A_x 存储所有最终达到的结点的标号。

再将矩形的垂直分量插入 y 轴二叉树，并用集合 A_y 存储所有最终达到的结点的标号。

对于所有的属于 A_x 的 p 以及属于 A_y 的 q，修改 $T[p,q]$ 的 C 值。

图 12-13 为插入矩形$[1,5] \times [3,7]$的过程。

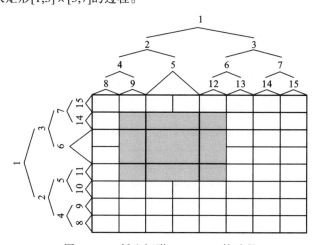

图 12-13　插入矩形$[1,5] \times [3,7]$的过程

在插入水平分量时，最终到达结点 5、9、12，即集合 $A_x=[5,9,12]$；

在插入竖直分量时，最终到达结点 6、11、14，即集合 $A_y=[6,11,14]$。

这样需要修改覆盖次数 C 的结点则为 $T[9,14]$、$T[9,6]$、$T[9,11]$、$T[5,14]$、$T[5,6]$、$T[5,11]$、$T[12,14]$、$T[12,6]$、$T[12,11]$。

② 矩形面积的计算和修改。对于每个 $T[i,j]$ 都添加一个参数 M，用来记录这个区间中矩形的面积并。对于每一个 $T[i,j]$：

• 若覆盖次数 C 大于 0，则 M 等于此区间的总面积。

- 若覆盖次数 C 等于 0，设 $T[i,j]$ 所表示的区间为 $ABCD$，且假设这个区间无论是在 x 轴二叉树还是在 y 轴二叉树中均不是叶子结点，E、F、G、H 分别是线段 AB、BC、CD、DA 的中点，点 I 是线段 EG 与 FH 的交点，$ABCD$ 的面积等于 $AEIH$、$EBFI$、$IFCG$、$HIGD$ 的面积和（见图 12–14）。

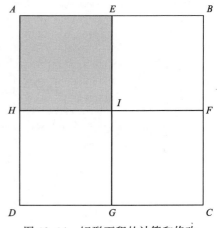

图 12–14　矩形面积的计算和修改

在加入像 $AEIH$ 这样的小矩形的面积时，要考虑 $ABFH$ 及 $AEGD$ 是否已经被覆盖。而对于那些在 x 轴二叉树或在 y 轴二叉树中已是叶子结点的区间，问题就更为简化，这里不再说明。

插入矩形时，所有在 y 轴二叉树中遇到的结点标号用集合 S_y 存储，所有在 x 轴二叉树中遇到的结点标号用集合 S_x 存储。例如，插入矩形 $[1,5]\times[3,7]$ 时，在水平分量上遇到的结点集合 $S_x=\{1,2,3,4,5,6,9,12\}$；在竖直分量上遇到的结点集合 $S_y=\{1,2,3,5,6,7,11,14\}$（见图 12–15）。

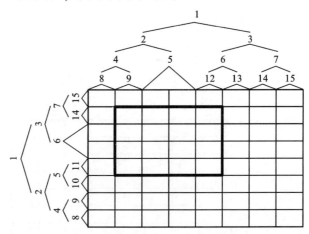

图 12–15　插入矩形时在 x 轴二叉树与 y 轴二叉树上遇到的结点标号集合

若令 $p\in S_y$，$q\in S_x$，则需要修改的 m 值的 $T[p,q]$ 恰好被全部囊括，而后按前面的方法对 $T[p,q]$ 的 m 值进行修改。修改 m 值时，从深度较深的结点开始。而由于先前对结点进行过标号，明显有深度深的结点标号大。所以这一点就较易做到了。

最后，计算一下时间复杂度。在修改 C 时，由于 A_y 与 A_x 的个数都是 $\log_2 n$ 级的，所以在这一步的复杂度为 $O((\log_2 n)^2)$；在修改 m 时，S_y 与 S_x 的个数也是 $\log_2 n$ 级的，所以在这一步的复杂度也为 $O((\log_2 n)^2)$。这样，每添加或删除一个矩形的时间复杂度为 $O((\log_2 n)^2)$。在计算长方体体积并的时候，共要进行 $2n$ 次添加或删除。因此，解决长方体体积并问题的时间复杂度为 $O(n\times(\log_2 n)^2)$。

在解决了三维中的问题后，考虑一下如何解决 d 维的问题。问题虽然被拓展了，但基本思路没有变：离散，分隔，扫描法，存储被分割的块。同时，在提出的二重二叉树的基础上，也可构造出三重、四重乃至 d 重二叉树，对三维、四维及 d 维空间进行存储。当然，随着 d 的不断增大，编程的复杂度和计算的时间复杂度也会不断增大。

12.1.2　利用多维线段树和矩形切割思想解决平面统计或空间统计问题

许多几何题要对平面或空间进行数据统计。例如，用整数代表矩形内的一个方格或长方体内的一个单位立方体，要计算矩形或长方体的数据和。利用多维线段树和矩形切割思想，能够有效地解决这些问题。

1. 多维线段树

线段树通常处理的是线性统计问题，而我们往往会遇到一些平面统计问题和空间统计问题，因此，需要拓展一维的线段树，使它变成二维线段树和多维线段树。一般来说，将一维线段树改成二维线段树，有两种方法：

① 线段树结构的"矩形树"：给原来线段树中的每个结点加入一棵线段树，即所谓"树中有树"，如图 12-16 所示。

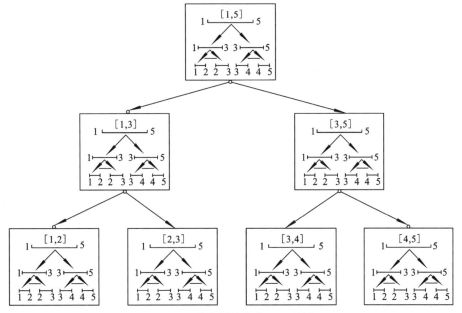

图 12-16　线段树结构的"矩形树"

主线段树的结点 $[x_1,y_1]$ 中，线段 $[x_2,y_2]$ 代表左下角结点坐标为 (x_1,y_1)、右上角结点坐标为 (x_2,y_2) 的矩形 (x_1,y_1,x_2,y_2)。例如，在主线段树的结点 $[1,3]$ 中，线段 $[3,5]$ 表示矩形 $(1,3,3,5)$。容易算出，用这种方法构造一个长和宽分别 x、y 的矩形，其空间复杂度为 $O(x*y)$，时间复杂度为 $O(n \times \log_2 x \times \log_2 y)$，其中 n 为操作数。由于这种线段树的结点又含线段树，因此处理起来较麻烦。

② 线段树结构的"方块树"：将线段树结点中的线段变成矩形，即每个结点代表一个矩形，从而变为所谓的"方块树"。矩形树用的是四分的思想，每个矩形分割为 4 个子矩形。矩形 (x_1,y_1,x_2,y_2) 的 4 个儿子（见图 12-17）分别为

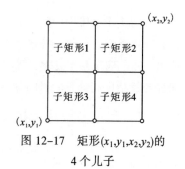

图 12-17 矩形 (x_1,y_1,x_2,y_2) 的 4 个儿子

子矩形 1：$\left(\left\lfloor\dfrac{x_1+x_2}{2}\right\rfloor,y_1,x_2,\left\lfloor\dfrac{y_1+y_2}{2}\right\rfloor\right)$；

子矩形 2：$\left(\left\lfloor\dfrac{x_1+x_2}{2}\right\rfloor,\left\lfloor\dfrac{y_1+y_2}{2}\right\rfloor,x_2,y_2\right)$；

子矩形 3：$\left(x_1,y_1,\left\lfloor\dfrac{x_1+x_2}{2}\right\rfloor,\left\lfloor\dfrac{y_1+y_2}{2}\right\rfloor\right)$；

子矩形 4：$\left(x_1,\left\lfloor\dfrac{y_1+y_2}{2}\right\rfloor,\left\lfloor\dfrac{x_1+x_2}{2}\right\rfloor,y_2\right)$。

这是一棵以矩形 $(1,1,4,3)$ 为根的矩形树（见图 12-18）。

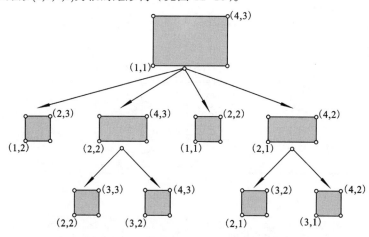

图 12-18 以矩形 $(1,1,4,3)$ 为根的矩形树

以 (x_1,y_1,x_2,y_2) 为根的"方块树"的空间复杂度也是 $O(x\times y)$（x、y 分别为矩形的长和宽）。由于它的结点只代表一个子矩形，因此处理起来比"矩形树"方便。而且在"方块树"中，标记思想依然适用。而"矩形树"中，标号思想在主线段树上并不适用，只能在第二层线段树上使用。但是"方块树"的时间复杂度可能会达到 $O(x\times y)$，比起"矩形树"来就差了不少。

对于多维问题，"矩形树"几乎不可能使用。因此我们可以仿照构造"方块树"的方法，例如对于 n 维的问题，构造以 $(a_1,a_2,a_3,\cdots,a_n,b_1,b_2,b_3,\cdots,b_n)$ 为根的线段树，其中 n 维坐标 $(a_1,a_2,a_3\cdots,a_n)$ 和 $(b_1,b_2,b_3\cdots,b_n)$ 代表 n 维体。用的是 2^n 分的思想，构造出一棵 2^n 叉树。结点的个数变为 $2^n\times(b_1-a_1)\times(b_2-a_2)\times\cdots\times(b_n-a_n)$。

线段树经上述改进后，实现方式上更方便、适用范围更广。但不能算是最好的，尤其是出现了矩形切割思想后，在某些方面便相形见拙了。

2．矩形切割的思想

矩形切割是一种处理平面上矩形的统计方法，许多统计类问题通过数学建模后都能使用矩形切割的思想来解决。矩形切割的原型是线段切割，下面先通过一个实例来看看线段切割的思想。

【例题12.1】涂色

在数轴上进行一系列操作。每次在线段$[a,b]$上涂色，涂的颜色可以有多种，同一线段上，后涂的颜色会覆盖先涂的颜色。经过一系列操作后，对每一种颜色都求出含有该种颜色的单位线段$[k,k+1]$的条数。

 思路点拨

题目要我们求出每种颜色被覆盖的单位线段的数目。如果所有的线段都互不重叠，那么只需要把线段集合中同种颜色的所有线段的长度累加，就能得出该种颜色被覆盖的单位线段的数目了。但事实上线段之间会出现重叠的情况，因此我们引入线段切割的方法来对线段集合中的线段进行动态维护，使得所有线段两两不重叠。那么最后只需要直接将线段的长度累加，就能得出答案。

其实线段切割的思想很简单。若线段集合中本来有一根线段$[a,b]$，现在加入一根新线段$[c,d]$。那么它们之间的位置关系有 5 种，如图 12-19 所示。

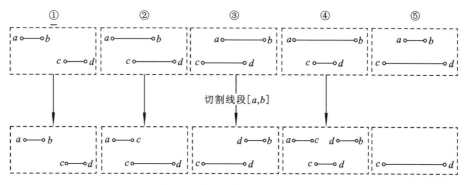

图 12-19 线段$[a,b]$加入线段$[c,d]$后的 5 种位置关系

对于每一种位置关系，我们都可以通过切割线段$[a,b]$，即删除被$[c,d]$覆盖的子段，使得剩下的各段与$[c,d]$不重叠。

因此，每次插入一条线段，就对线段集合中的每一条线段$[a,b]$都判断一下是否出现重叠，若出现重叠则对$[a,b]$进行切割。判断重叠的方法为：若$a \geq d$或者$c \geq b$，就不出现重叠；否则重叠。重叠后采取如下切割方法：

取线段$[a,b]$，$[c,d]$的交集为$[k_1,k_2]$。若$a<k_1$，则加入线段$[a,k_1]$；若$k_2<b$，则加入线段$[k_2,b]$。删除线段$[a,b]$。

等全部线段插入并处理完后，由于所有的线段都不重叠，因此就能直接进行统计了。

（1）线段的数据结构

```
Type
Segment=Record
```

```
        a,b;Longint;
      End;
  var
    Line:array[1..maxn]of Segment;  /*容量为 maxn 的线段表*/
```

通常可以增加一些域来描述线段的状态，如增加 Colour 域来表示线段的颜色。

（2）判断线段重叠（Cross 函数）

```
FUNC Cross(a,b,c,d): boolean;   /*判断线段[a,b]是否与线段[c,d]重叠*/
  If(a>=d)or(c>=b)              /*若不重叠，则返回线段不相交信息；否则返回相交信息*/
    Then Cross←false
    Else Cross←true;
End;                            /*Cross*/
```

（3）切割线段（过程 Cut）

已知线段表中的线段[a,b]和相交线段[c,d]。所谓切割，指的是删除线段[a,b]中与[c,d]交集的部分，即剩余子线段存入线段表，并从线段表中删除[a,b]。其方法是：

取线段[a,b]与线段[c,d]的交集$[k_1,k_2]$：若 $a<k_1$，则加入线段$[a,k_1]$；若 $k_2<b$，则加入线段$[k_2,b]$。删除线段[a,b]。

```
PROC Cut(Num,c,d);              /*切割线段表中的第 Num 条线段，相交线段为[c,d]*/
  If Line[Num].a<c              /*将线段[Line[Num].a,c]加到线段表*/
    Then Add(Line[Num].a,c);
  If d<Line[Num].b              /*将线段[d,Line[Num].b]加到线段表*/
    Then Add(d,Line[Num].b);
  Delete(Num);                  /*删除线段表中的第 Num 条线段*/
End;                            /*Cut*/
```

其中 Add 过程是将一条线段加到线段表中的过程：

```
PROC Add(a,b);                  /*将线段[a,b]加到 Line 表尾*/
  tot←tot+1;                    /*线段表中的线段数+1*/
  Line[tot].a←a;Line[tot].b←b;  /*[a,b]加入 Line 表尾*/
End;                            /*Add*/
```

Delete 过程是删除线段表中一条线段的过程，方法是将线段表尾的线段移到要删除线段的位置上：

```
PROC Delete(Num);               /*将第 Num 条线段从线段表 Line 中删除*/
  Line[Num]←Line[tot];          /*线段表中的第 Num 条线段被表尾线段覆盖*/
  tot←tot-1;                    /*线段表长-1*/
End;                            /*Delete*/
```

根据线段切割的思想，我们稍做推广，便能得出矩形切割的方法：

若矩形集合中已有矩形(x_1,y_1,x_2,y_2)，现加入矩形(x_3,y_3,x_4,y_4)。它们的位置关系可以有很多种（有17 种之多），这里就不一一列举了。但无论它们的位置关系如何复杂，运用线段切割的思想来进行矩形切割，就会变得十分明了。

我们将矩形切割正交分解，先进行 x 方向上的切割，再进行 y 方向的切割。如图 12-20 所示，现在加入矩形 (x_3,y_3,x_4,y_4)，对矩形 (x_1,y_1,x_2,y_2) 进行切割。

步骤 1：首先从 x 方向上切。把线段 (x_1,x_2) 切成 (x_1,x_3)，(x_4,x_2) 两条线段。于是切出两个矩形——(x_1,y_1,x_3,y_2) 和 (x_4,y_1,x_2,y_2)，把它们加入到矩形集合中（见图 12-21）。

步骤 2：接着再进行 y 方向上的切割。把线段 (y_1,y_2) 切成 (y_1,y_3)，相应地又得到一个矩形 (x_3,y_1,x_4,y_2)，把它加入到矩形集合中（见图 12-22）。

步骤 3：把原来的矩形 (x_1,y_1,x_2,y_2) 从矩形集合中删去。

由此，归纳出矩形切割的思想：

先对被切割矩形进行 x 方向上的切割。取 (x_1,x_2)，(x_3,x_4) 的交集 (k_1,k_2)：

若 $x_1<k_1$，则加入矩形 (x_1,y_1,k_1,y_2)；

若 $k_2<x_2$，则加入矩形 (k_2,y_1,x_2,y_2)。

再对切剩的矩形 (k_1,y_1,k_2,y_2) 进行 y 方向上的切割。取 (y_1,y_2)，(y_3,y_4) 的交集 (k_3,k_4)：

若 $y_1<k_3$，则加入矩形 (k_1,y_1,k_2,k_3)；

若 $k_4<y_2$，则加入矩形 (k_1,k_4,k_2,y_2)。

把矩形 (x_1,y_1,x_2,y_2) 从矩形集合中删除。

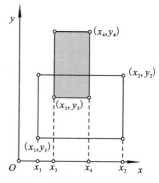

图 12-20　加入矩形 (x_3,y_3,x_4,y_4) 并对矩形 (x_1,y_1,x_2,y_2) 进行切割

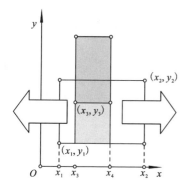

图 12-21　把矩形 (x_1,y_1,x_3,y_2) 和矩形 (x_4,y_1,x_2,y_2) 加入到矩形集合中

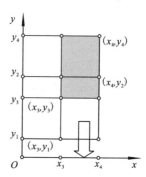

图 12-22　将矩形 (x_3,y_1,x_4,y_2) 加入到矩形集合中

切割过程的代码如下：

```
PROC Cut(x1,y1,x2,y2,Direction);
                    /*沿 Direction 方向，将矩形(x1,y1,x2,y2)从矩形集合中删除*/
Var k1,k2:integer;
  Case Direction of
    1: /*进行 x 方向上的切割*/
```

```
            {k1←Max(x1,x3);k2←Min(x2,x4);
                        /*计算线段(x1,x2)，(x3,x4)交集的左边界和右边界*/
            If x1<k1 Then Add(x1,y1,k1,y2);        /*加入矩形(x1,y1,k1,y2)*/
            If k2<x2 Then Add(k2,y1,x2,y2);        /*加入矩形(k2,y1,x2,y2)*/
            Cut(k1,y1,k2,y2,Direction+1);
                        /*对切剩的矩形(k1,y1,k2,y2)进行y方向上的切割*/
            };                  /*1*/
        2: /*进行y方向上的切割*/
            {k1←Max(y1,y3);k2←Min(y2,y4);
                        /*计算线段(y1,y2)，(y3,y4)交集的上边界和下边界*/
            If y1<k1 Then Add(x1,y1,x2,k1);        /*加入矩形(x1,y1,x2,k1)*/
            If k2<y2 Then Add(x1,k2,x2,y2);        /*加入矩形(x1,k2,x2,y2)*/
            };                  /*2*/
    };                  /*Case*/
End;                  /*Cut*/
```

其中 Add 是加入矩形的过程。

可以将上述矩形切割的思想推广到立方体切割，甚至推广到 n 维空间中的切割。两个 n 维物体有重叠部分的充要条件是：它们在 n 个方向上都存在交集。就是说 (x_1,x_2) 和 (x_3,x_4) 有交集；(y_1,y_2) 和 (y_3,y_4) 有交集；…。

切割的方法也是类似的：先在 x 方向上切，然后在 y 方向上切，接着在 z 方向上切，…，一直到在第 n 个方向上切。当 n 变大的时候，如果用这种方法来写程序，将会显得很复杂，甚至变得不可能。可以做些改动来简化代码，将一个 n 维"物体"用两个数组表示出来 $(a[1]$, $a[2]$, $a[3]$, …, $a[n]$, $b[1]$, $b[2]$, $b[3]$, …, $b[n])$，然后相应地改动一下 Add 过程就可以不用分类讨论，直接改成一重循环，只需要几行就能完成。由于比较简单，这里不再赘述。

3．矩形切割思想的应用

矩形切割思想既可以解决几何问题，也可以作为解决统计类问题的一种数学模型。

【例题12.2】卫星覆盖

卫星可以覆盖空间直角坐标系中一定大小的立方体空间，卫星处于该立方体的中心。其中 (x,y,z) 为立方体的中心点坐标，r 为此中心点到立方体各个面的距离（即 r 为立方体高的一半）。立方体的各条边均平行于相应的坐标轴。我们可以用一个四元组 (x,y,z,r) 描述一颗卫星的状态，它所能覆盖的空间体积 $V = (2r)^3 = 8r^3$。

由于一颗卫星所能覆盖的空间体积是有限的，因此空间中可能有若干颗卫星协同工作。它们所覆盖的空间区域可能有重叠的地方，如图 12-23 所示（阴影部分表示重叠的区域）。

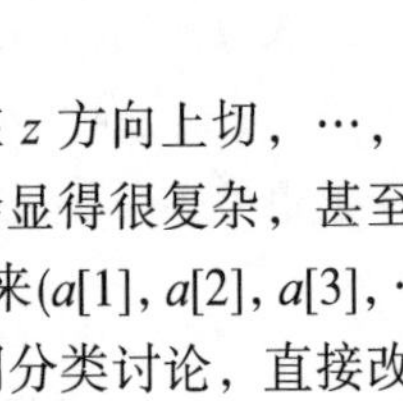

已知空间中的卫星总数 N（$1 \leqslant N \leqslant 100$）和每颗卫星的状态，卫星所能覆盖的立方体空间的中心点坐标 (x,y,z)，半高 r（$-1\,000 \leqslant x$，y，$z \leqslant 1\,000$，$1 \leqslant r \leqslant 200$）。计算 N 颗卫星所覆盖的空间总体积。

图 12-23　两个立方体空间有重叠

思路点拨

本题是一个典型的立方体问题，可以引用矩形切割的思想来解题：每读入一个立方体 $(x_3, y_3, z_3, x_4, y_4, z_4)$，就和已有的立方体 $(x_1, y_1, z_1, x_2, y_2, z_2)$ 判断是否重叠，如果有就进行切割。所有的数据处理完后就可以将全部立方体的体积加起来，就能得出答案了。

应该注意的是新切割生成的立方体与立方体 $(x_3, y_3, z_3, x_4, y_4, z_4)$ 是不会有重叠部分的，因此在读入矩形 $(x_3, y_3, z_3, x_4, y_4, z_4)$ 之前，先把当前立方体集合中的立方体总数 tot 记录下来（ $tot1 \leftarrow tot$ ），那么循环判断立方体重叠只需要循环到 tot1 就行了，新生成的立方体就无须与立方体 $(x_3, y_3, z_3, x_4, y_4, z_4)$ 判断是否重叠了，这样可以节省不少时间。

实际上，如果引入矩形切割思想单单就是为了切矩形，那就没有多大意义了，毕竟这样的题目不多见。其实矩形切割思想并不仅局限于几何问题，其作为一个数学模型，常常可以在许多统计类的问题中使用。

【例题12.3】战地统计系统

2050 年，人类与外星人之间的战争已趋于白热化。就在这时，人类发明出一种超级武器，这种武器能够同时对相邻的多个目标进行攻击。凡是防御力小于或等于这种武器攻击力的外星人遭到它的攻击，就会被消灭。然而，拥有超级武器是远远不够的，人们还需要一个战地统计系统时刻反馈外星人部队的信息。这个艰巨的任务落在你的身上，请你尽快设计出这样一套系统，这套系统需要具备能够处理如下两类信息的能力：

① 外星人向 $[x_1, x_2]$ 内的每个位置增援一支防御力为 v 的部队。

② 人类使用超级武器对 $[x_1, x_2]$ 内的所有位置进行一次攻击力为 v 的打击，系统需要返回在这次攻击中被消灭的外星人个数。

注：防御力为 i 的外星人部队由 i 个外星人组成，其中第 j 个外星人的防御力为 j。

现已知位置数 n（ $0 < n \leq 30\,000$ ）、信息条数 m（ $0 < m \leq 2\,000$ ），每条信息的具体内容（ k, x_1, x_2, v ），其中 k 为信息类别（ $k=1$ or 2 ），$[x_1, x_2]$ 为区间（ $0 < x_1 \leq x_2 \leq n$ ），v 为外星人向该区间增援部队的防御力或者人类对该区间的攻击力（ $0 < v \leq 30\,000$ ）。要求按照信息的先后顺序计算需要返回的信息。

 思路点拨

我们曾经在二维线段树和类似线段树的面积树中介绍过这道题的解法。其实，除了利用二维线段树和面积树的两种解法外，利用矩形切割模型是第三种解法。

因为每支防御力为 v 的部队是由 v 个外星人组成的，防御力依次为 1，2，3，…，v，所以每次向 $[x_1, x_2]$ 增添一支防御力为 v 的部队，就等于增添一个矩形 $(x_1-1, 0, x_2, v)$。例如，在位置 $[2, 6]$ 上增加一支防御力为 3 的部队，其实等于加入了一个矩形 $(1, 0, 6, 3)$（见图 12-24）。

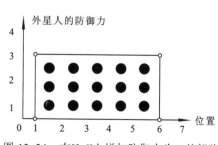

图 12-24 在 $[2,6]$ 上增加防御力为 3 的部队

同理，在$[x_1,x_2]$上使用攻击力为v的武器，就等于把与矩形$(x_1-1,0,x_2,v)$有重叠部分的矩形都进行切割，所以这道题就变成了简单的矩形切割问题。

由于这道题是求每次使用武器所杀死的外星人数目，因此可以相应地根据要求改动一下做法：在增加部队、即插入矩形(x_3,y_3,x_4,y_4)时并不需要与矩形集合中的矩形(x_1,y_1,x_2,y_2)判断是否重叠，因为对于这道题来说，重叠是没有关系的（一个格子可以站多个具有同样防御力的外星人）。而在使用武器的时候，我们像往常一样切割矩形，只是顺便做做统计罢了。

由此可以看到，矩形切割思想并不是只是局限于解决几何类的问题，只要数学建模后能运用矩形切割思想，那么矩形切割思想也不失为一个好方法。

4. 线段树与矩形切割思想的比较

虽然多维线段树与矩形切割思想同为解决动态统计问题两把利刃，但两者还是有不少区别。为了更快捷、更完美地解决问题，应该对什么时候使用线段树较好、什么时候使用矩形切割思想更优的问题有一个明确的认识。

先从时间复杂度和空间复杂度入手，对两种方法进行比较。毕竟时空复杂度是选择算法的决定性因素。

（1）表 12-1 为线段树的时间复杂度和空间复杂度

表 12-1　线段树的时间复杂度及空间复杂度

类型	空间复杂度	时间复杂度	备　　注
一维 线段树	$O(\text{Long\_}x)$	$O(n \times \text{Log}_2(\text{Long\_}x))$	Long_x 为最长线段的长度
二维 线段树	$O(\text{Long\_}x \times \text{Long\_}y)$	$O(n \times \text{Log}_2(\text{Long\_}x) \times \text{Log}_2(\text{Long\_}y))$	Long_x、Long_y 分别为最大矩形的长、宽
三维 线段树	$O(\text{Long\_}x \times \text{Long\_}y \times \text{Long\_}z)$	$O(n \times \text{Log}_2(\text{Long\_}x) \times \text{Log}_2(\text{Long\_}y) \times \text{Log}_2(\text{Long\_}z))$	Long_x、Long_y、Long_z 分别为最大方块的长、宽、高

（2）矩形切割思想的时间复杂度和空间复杂度

矩形切割思想的时间复杂度是较浅显的。每次读入一个矩形，就必须跟矩形集合中的所有矩形进行比较，看看是否出现重叠，因此时间复杂度是 $O(m \times n)$。其中，m 表示输入的矩形数目，n 表示经比较运算后的矩形数目。经过比较运算后，矩形数目是会改变的，n 取其峰值（即曾经出现的矩形数目的最大值）。关于该峰值 n 的计算，就是计算空间复杂度的问题了。

① 矩形切割思想的空间复杂度：矩形切割思想的空间复杂度是由峰值 n 决定的，最多会出现多少个矩形，就开多大的数组，而 n 的计算却十分困难，因为在平面内放置矩形的情况不一样，切割出来的矩形个数和状况也就会不同。为此，我们可以先统计一些数据，数据中的矩形是随机生成的。看看当数据中的矩形个数为 m 时，峰值 n 究竟会是多少如表 12-2 所示。

这些数据中的矩形是随机生成的。其中，m 是输入数据中的矩形个数。对于数据中的每个矩形(x_1,y_1,x_2,y_2)都有 $0 \leqslant x_1 < x_2 \leqslant 60\,000$，$0 \leqslant y_1 < y_2 \leqslant 60\,000$。矩形集合中矩形数目的峰值 n 的计算方法是：对同一个 m 值，生成 10 组数据，得出 10 个 n 值，取这些结果的平均值作为 n 的值。

在矩形个数较小时，如 $m=100$，峰值 n 达到了 239，n 是 m 的两倍多。但随着 m 增大的加快，峰值 n 的增加却比较缓慢。在 $m=5\,000$ 时，$n=1\,015$；$m=10\,000$ 时，$n=1\,296$。可见 n 与 m 并非是正比关系。也就是说，即使矩形个数增加得很快，矩形集合中矩形数目的最大值也只是维持在一个较低的水平。因此对随机数据而言，空间复杂度是很小的。

表 12-2　随机生成的矩形数及对应的峰值

矩形数 m	100	500	1 000	5 000	10 000	5 0000	10 0000
峰值 n	239	479	680	1 015	1 296	1 741	2 092

然而这仅仅是对于随机数据。究竟在构造出来的数据中，峰值 n 可以达到多少呢？下面尝试构造这样的一种数据。

数据一共有 m 个矩形。前 k 个矩形如此放置：第一个矩形 $(1,1,x,y)$ 是最大的（其中，应使 x、y 的值足够大，例如 $x=y=100\,000\,000$），之后的每一个矩形都比前一个矩形缩小一点，即如果前一个矩形是 (x_1,y_1,x_2,y_2)，则下一个矩形为 $(x_1+1,y_1+1,x_2-1,y_2-1)$。例如，第二个矩形就是 $(2,2,x-1,y-1)$，第三个矩形就是 $(3,3,x-2,y-2)$。由于后一个矩形被前一个矩形完全覆盖，且没有边重叠，因此第 $t+1$ 个矩形会将第 t 个矩形切割成 4 块。放入 k 个矩形之后，就有 $4\times(k-1)+1=4k-3$ 个矩形了。图 12-25 就是 $k=4$ 时的情况，共有 13 个矩形。

之后的 $m-k$ 个矩形这样放置：因为前面 k 个矩形中最后一个矩形是 $(k,k,x-k,y-k)$，所以现在放一些这样的矩形条，$(k+1,0,k+2,y+1)$，$(k+3,0,k+4,y+1)$，$(k+5,0,k+6,y+1)$，…，如图 12-26 所示。

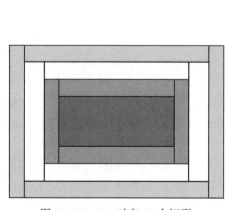

图 12-25　$k=4$ 时有 13 个矩形

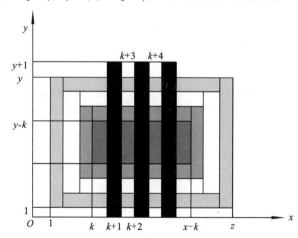

图 12-26　图上放 3 个黑色的矩形条

每放置一个矩形条，就会与 $2k-1$ 个矩形产生重叠，切割后多出 $2k-1$ 个矩形。又因为我们放置第一个矩形 $(1,1,x,y)$ 的时候已假设 x、y 足够大，因此后 $m-k$ 个矩形都能与 $2k-1$ 个矩形发生重叠。因此会多出 $(m-k)\times(2k-1)=-2k^2+(2m+1)k-m$ 个矩形。加上之前的 $4k-3$ 个矩形一共是 $-2k^2+(2m+5)k-(m+3)$ 个矩形。利用二次函数求最值可知当 $k=\dfrac{2m+5}{4}$ 时函数取到最大值

$\dfrac{m^2}{2}-\dfrac{3m}{2}+\dfrac{1}{8}$，空间复杂度达到了 $O(m^2)$。显然，这样的空间需求量极有可能导致内存溢出。

可见，如果针对矩形切割思想的弱点刻意构造数据，空间复杂度将高到无法承受。如果并非针对性地构造极端数据，由表 12-2 可以看出矩形切割思想还是很优秀的。

② 矩形切割思想的时间复杂度：了解了矩形切割思想的空间复杂度之后，时间复杂度就相对容易了。前面已经说过矩形切割思想的时间复杂度是 $O(m\times n)$。根据表 12-2，若是随机数据，在 $m=10\,000$ 时，$n=1\,296$，还是可以接受的；但当 $m=50\,000$ 时，$n=1\,741$，就十分勉强了。

根据线段树和矩形切割思想的时空复杂度，可以得出两种方法的适用范围：

一维线段树的空间复杂度是 $O(\text{Long\_}x)$。若边长很大，则推广至二维或三维后，内存可能无法承受矩形树或方块树的存储需求。例如，方块边长的上限为 $1\,000$，空间复杂度就已经达到了 $O(2^3\times(10^3)^3)=O(8\times10^9)$；相对来说，矩形切割思想在这方面就十分有优势了。它存储一个矩形只需要 4 个域，一个立方体也只需要 6 个域，完全不受边长的限制。矩形或立方体的大小对矩形切割思想的空间复杂度是没有影响的。例如例题 12.2，$-1\,000\leqslant x,y,z\leqslant 1\,000$；例题 12.3，$0<n\leqslant 30\,000$、$0<x_1\leqslant x_2\leqslant n$、$0<v\leqslant 30\,000$。对于这种存储需求量，线段树是无法满足的，而矩形切割思想却不在话下。

线段树的时间复杂是 $O\left(n\times\prod\limits_{i=1}^{k}\log_2(\text{第}i\text{维的最大边长})\right)$，因此，即便矩形数或长方体数 n 较大，线段树也可以做到得心应手，效率俱佳。相比之下，矩形切割思想的效率就不高了。而例题 12.2 中立方体数 n 的上限才 100 个，采用矩形切割思想是非常明智的。

在编程复杂度上，线段树和矩形切割思想都是很容易就能实现的。因此可以得出结论：对于数量多的小矩形或小长方体，一般选择线段树；对于数量少的大矩形或大长方体，一般选择矩形切割的思想。

12.1.3 利用极大化思想解决最大子矩形问题

所谓最大子矩形问题，是指在一个给定的矩形网格中有一些障碍点，要找出边界与坐标轴平行，且内部不包含任何障碍点的最大子矩形。在现实生活或 ACM/ICPC 竞赛中，最大子矩形问题或相关变形的问题屡见不鲜。

下面介绍一种极大化思想在这类问题中的应用，提出两个具有一定通用性的算法，并通过实例讲述这些算法的使用技巧。

1. 与极大化思想有关的概念

有效子矩形：内部不包含任何障碍点且边界与坐标轴平行的子矩形称为有效子矩形。图 12-27（a）是有效子矩形，尽管边界上有障碍点；而图 12-27（b）不是有效子矩形，因为内部含有障碍点。

极大有效子矩形：一个有效子矩形，如果不存在

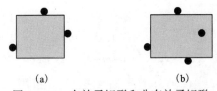

(a)   (b)

图 12-27　有效子矩形和非有效子矩形

包含它且比它大的有效子矩形，就称这个有效子矩形为极大有效子矩形。为了叙述方便，以下简称极大子矩形。

最大有效子矩形：所有有效子矩形中最大的一个（或多个）矩形称为最大有效子矩形。为了叙述方便，以下简称最大子矩形。

所谓极大化思想，其实是一个定理：

[**定理 1**] 在一个有障碍点的矩形中的最大有效子矩形一定是一个极大子矩形。

证明：采用反证法。如果最大子矩形 A 不是一个极大子矩形，那么根据极大子矩形的定义，存在一个包含 A 且比 A 更大的有效子矩形，这与"A 是最大子矩形"矛盾，所以[定理 1]成立。

2. 寻找最大子矩形的两种常用算法

[定理 1]虽然很浅显易懂，但却是至关重要的。根据[定理 1]，可以得到这样一个解题思路：通过枚举所有的极大子矩形，就可以找到最大子矩形。下面根据这个思路来设计算法。为了叙述方便，设整个矩形的大小为 $n \times m$，其中障碍点个数为 s。

算法 1：枚举法

通过枚举所有的极大子矩形找出最大子矩形。根据这个思路可以发现，如果算法中有一次枚举的子矩形不是有效子矩形，或者不是极大子矩形，那么可以肯定这个算法做了"无用功"，这也就是需要优化的地方。怎样保证每次枚举的都是极大子矩形呢？

我们先分析有效子矩形的特征：如果一个有效子矩形的某一条边既没有覆盖一个障碍点，又没有与整个矩形的边界重合，那么肯定存在一个包含它的有效子矩形。由此得出极大子矩形的特征。

[**定理 2**] 一个极大子矩形的 4 条边一定都不能向外扩展。更进一步地说，一个有效子矩形是极大子矩形的充要条件是这个子矩形的每条边要么覆盖了一个障碍点，要么与整个矩形的边界重合（见图 12-28）。

根据[定理 2]可以得到一个枚举极大子矩形的算法。为了处理方便，首先在障碍点的集合中加上整个矩形四角上的点。每次枚举子矩形的上下左右边界（枚举覆盖的障碍点），然后判断是否合法（内部是否有包含障碍点）。这样的算法时间复杂度为 $O(s^5)$，显然太高了。由于极大子矩形不能包含障碍点，因此枚举 4 个边界势必产生大量的无效子矩形。

考虑只枚举左右边界的情况。对于已经确定的左右边界，可以将所有处在这个边界内的点按从上到下排序，每一格就代表一个有效子矩形，如图 12-29 所示。

由于确保每次得到的矩形都是合法的，所以枚举量比前一种算法小了很多，时间复杂度为 $O(S^3)$。需要注意的是，虽然被枚举的子矩形是合法的，但不一定是极大的，所以这个算法还有优化的余地，通过优化可以得到一个高效的算法。

细心观察后不难发现，被枚举的矩形上下边界要么覆盖了障碍点，要么与整个矩形的上下边界重合，问题就在于左右边界上。只有那些左右边界也覆盖了障碍点，或者与整个矩形的左右边界重合的有效子矩形，才是需要考察的极大子矩形，所以前面的算法做了不少"无用功"。怎么减少这些"无用功"呢？

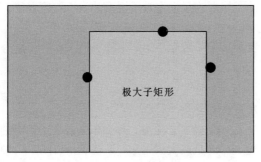

图 12-28　极大子矩形

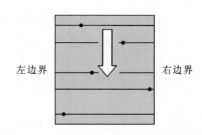

图 12-29　考虑只枚举左右边界的情况

我们不妨先枚举极大子矩形的左边界，然后由左向右依次扫描每一个障碍点，并不断修改可行的上下边界，从而枚举出所有以这个定点为左边界的极大子矩形。以图 12-30 中的 3 个点为例：

现在要确定所有以 1 号点为左边界的极大矩形。先将 1 号点右边的点按横坐标排序，然后按从左到右的顺序依次扫描 1 号点右边的点，同时记录下当前的可行的上下边界。

开始时令当前的上下边界分别为整个矩形的上下边界，然后开始扫描。第一次遇到 2 号点，以 2 号点作为右边界，结合当前的上下边界，就得到一个极大子矩形（见图 12-31）。

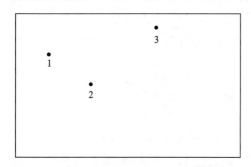

图 12-30　图中有 1、2、3 三个点

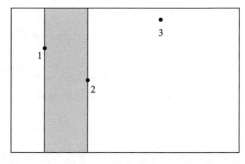

图 12-31　确定以 1 号点为左边界的极大矩形

同时，由于所求矩形不能包含 2 号点，且 2 号点在 1 号点的下方，所以需要修改当前的下边界，即以 2 号点的纵坐标作为新的下边界。第二次遇到 3 号点，这时以 3 号点的横坐标为右边界又可以得到一个满足性质 1 的矩形（见图 12-32）。

类似的，需要相应修改上边界。依此类推，如果这个点是在当前点（确定左边界的点）上方，则修改上边界；如果在下方，则修改下边界；如果处在同一行，则可中止搜索（因为后面的矩形面积都是 0 了）。由于已经在障碍点集合中增加了整个矩形右上角和右下角的两个点，所以不会遗漏右边界与整个矩形的右边重合的极大子矩形（见图 12-33）。

需要注意的是，如果扫描到的点不在当前的上下边界内，那么就不需要对这个点进行处理。

这样做是否将所有的极大子矩形都枚举过了呢？可以发现，这样做只考虑到了左边界覆盖一个点的矩形，因此还需要枚举左边界与整个矩形的左边界重合的情况。分两种情况讨论：

① 左边界与整个矩形的左边界重合，而右边界覆盖了一个障碍点（见图 12-34）。

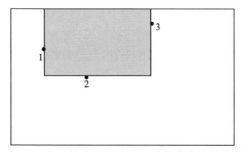
图 12-32　以 2 号点为下边界 3 号点为右边界的矩形

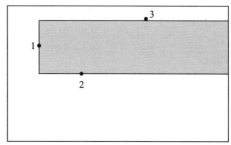
图 12-33　以 3 号点为上边界的矩形

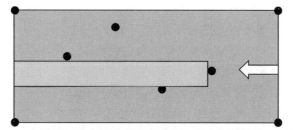
图 12-34　左边界与整个矩形的左边界重合右边界覆盖了一个障碍点

对于这种情况，可以用类似的方法从右到左扫描每一个点作为右边界的情况。

② 左右边界均与整个矩形的左右边界重合（见图 12-35）。

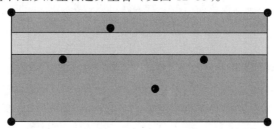
图 12-35　左右边界均与整个矩形的左右边界重合

对于这类情况，可以在预处理中完成：先将所有点按纵坐标排序，然后可以得到以相邻两个点的纵坐标为上下边界，左右边界与整个矩形的左右边界重合的矩形，显然这样的矩形也是极大子矩形，因此也需要被枚举到。

通过前面两步，可以在 $O(s^2)$ 的时间内枚举出所有极大子矩形，这样的时间效率可解决大多数最大子矩形和相关问题。虽然看起来枚举算法比较高效，但也有使用的局限性，因为算法的时间复杂度取决于障碍点的个数 s。s 最大的可能值为 $n \times m$，当 s 较大时，这个算法就未必能满足时间上的要求了。能否设计出一种依赖于 n 和 m 的算法呢？显然，这种算法不能以枚举障碍点为基础，必须重新从最基本的问题开始分析。

算法 2：递推法

递推法依据的依然是[定理 1]，但与前一种算法不同的是，不再要求每一次枚举的一定是极大子矩形，只要求所有的极大子矩形都被枚举到。看起来这种算法可能比前一种差，其实不然，因为前一种算法并不是完美的。虽然每次考察的都是极大子矩形，但它还是做了一定量的"无用功"。可以发现，当障碍点很密集的时候，前一种算法会做大量的比较工作。要解决这个问题，必须跳出前面的思路，重新思考求解方向：从极大子矩形的个数不会超过矩形内单位方格个数的角度出发，寻求一种时间复杂度为 $O(n \times m)$ 的算法。

下面明确两个概念：

有效竖线：除了两个端点外，不覆盖任何障碍点的竖直线段。

悬线：上端点覆盖了一个障碍点或达到整个矩形上端的有效竖线。

图 12-36 所示的 3 个有效竖线都是悬线。

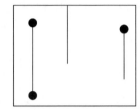

对于任何一个极大子矩形，它的上边界上要么有一个障碍点，要么和整个矩形的上边界重合。如果把一个极大子矩形按 x 坐标的不同切割成多个（实际上是无数个）与 y 轴垂直的线段，则其中一定存在一条悬线。而且一条悬线通过尽可能向左右两个方向移动恰好能得到一个子矩形（未必是极大子矩形，但只可能向下扩展）。通过以上的分析，可以得到一个重要的定理：

图 12-36　3 条有效竖线都是悬线

[定理 3] 如果将一条悬线向左右两个方向尽可能移动所得到的有效子矩形称为这个悬线所对应的子矩形，那么所有悬线所对应的有效子矩形的集合一定包含了所有极大子矩形的集合。

[定理 3]中的"尽可能"移动是指移动到一个障碍点或者矩形边界的位置。

根据[定理 3]可以发现，通过枚举所有的悬线，就可以枚举出所有的极大子矩形。由于每条悬线都与它底部的那个点一一对应，且顶部位置不存在悬线底部的点，所以悬线的条数 = $(n-1) \times m$（以矩形中除了顶部的点以外的每个点为底部，都可以得到一条悬线，且没有遗漏）。

如果能做到对每条悬线的操作时间都为 $O(1)$，那么整个算法的复杂度就是 $O(nm)$。问题是，怎样在 $O(1)$ 的时间内完成对每条悬线的操作？我们知道，每个极大子矩形都可以通过一个悬线左右平移得到，所以对每条确定了底部的悬线，我们需要知道关于它的 3 个量：顶部、左右最多能移动到的位置。对于底部为(i,j)的悬线，设它的高为 hight$[i,j]$，左右最多能移动到的位置为 left$[i,j]$、right$[i,j]$（见图 12-37）。

为了充分利用以前得到的信息，我们用递推的形式定义这 3 个函数。对于以点(i,j)为底部的悬线：

① 如果点$(i-1,j)$是障碍点，那么显然以(i,j)为底的悬线高度为 1，而且左右均可以移动到整个矩形的左右边界，即 $\begin{cases} \text{height}[i,j]=1 \\ \text{left}[i,j]=0 \\ \text{right}[i,j]=m \end{cases}$ （见图 12-38）。

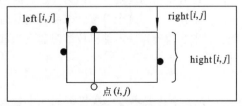

图 12-37　对于底部为(i,j)的悬线，高为 hight$[i,j]$
　　　　　向左和向右能移动的位置

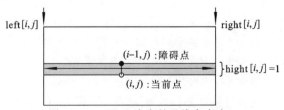

图 12-38　以(i,j)为底的悬线高度为 1

② 如果点$(i-1,j)$不是障碍点，那么以(i,j)为底的悬线就等于以$(i-1,j)$为底的悬线加上点(i,j)到点$(i-1,j)$的线段。因此，$height[i,j]=height[i-1,j]+1$（见图 12-39）。

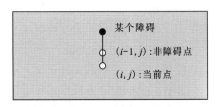

图 12-39　$(i-1,j)$不是障碍点

比较麻烦的是左右边界，先考虑 $left[i,j]$，如图 12-40 所示，(i,j)对应的悬线左右能移动的位置要在$(i-1,j)$的基础上变化，即 $left[i,j]=\min\{left[i-1,j],(i-1,j)$左边第一个障碍点位置（边界 0 也算障碍点）$\}$；$right[i,j]$的求法类似（见图 12-41），即 $right[i,j]=\max\{right[i-1,j],(i-1,j)$右边第一个障碍点位置（边界 m 也算障碍点）$\}$。

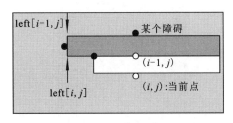

图 12-40　(i,j)对应的悬线左右能移动的位置

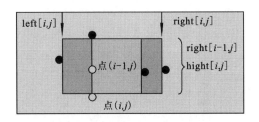

图 12-41　左右边界位置的求法

综合起来，可以得到 3 个函数的递推式：

$$\begin{cases} height[i,j] = height[i-1,j]+1 \\ left[i,j] = \min\{left[i-1,j],(i-1,j)\text{左边第一个障碍点位置（边界0也算障碍点）}\} \\ right[i,j] = \max\{right[i-1,j],(i-1,j)\text{右边第一个障碍点位置（边界}m\text{也算障碍点）}\} \end{cases}$$

递推式充分利用了以前得到的信息，使每条悬线的处理时间复杂度为 $O(1)$。对于以点(i,j)为底的悬线对应的子矩形，它的面积为$(right[i,j]-left[i,j]) \times height[i,j]$，因此最后问题的解为

$$Result = \max\{(right[i,j] - left[i,j]) \times height[i,j] | 1 \leq i < n, 1 \leq j \leq m\}$$

整个算法的时间复杂度为 $O(nm)$，空间复杂度是 $O(nm)$。

以上介绍了两种具有一定通用性的算法，枚举法的时间复杂度为 $O(s^2)$，递推法的时间复杂度为 $O(nm)$，两种算法分别适用于不同的情况。从时间复杂度上来看，枚举法在障碍点稀疏的情况下比较有效；而递推法由于与障碍点个数的多少没有直接关系，因此适用于障碍点密集的情况。当然，障碍点较少时可以通过对障碍点坐标的离散化来减小处理矩形的面积，不过这样做比较麻烦，不如枚举法好。

2．最大子矩形问题的推广

从最大子矩形问题出发，稍做条件变换，可衍生出许多相关或相近的问题，应用极大化思想同样可以解决这些问题。下面列举 3 个推广形式：

推广形式 1：最大权值子矩形问题

模型： 在一个带权（正权）矩形中有一些障碍点，找出一个不包含障碍点的最大权值子矩形。

　　解决方法：由于一个正权值的矩形中的最大权值子矩形一定是极大子矩形，因此可以依据极大化的思想，利用前面的方法解决。

　　推广形式 2：最大子正方形问题

　　模型：在一个矩形中存在 s 个障碍点，要求找出最大的不包含障碍点的正方形。

　　分析：在一个有障碍点的矩形中的最大有效子正方形一定是一个极大有效子正方形。

　　极大子正方形的性质如下：每一个极大子正方形都至少被一个极大子矩形包含，且这个极大子正方形一定有两条不相邻的边与包含它的极大子矩形的边重合（见图 12-42）。

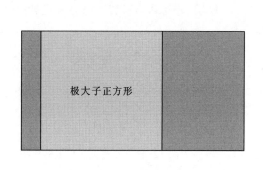

图 12-42　极大子正方形至少被一个极大子矩形包含

　　显然，可以通过枚举每一个极大子矩形找出所有的极大子正方形。每个极大子矩形对应的极大子正方形可能有多个，但大小都一样。

　　推广形式 3：矩形类型变换

　　类型 1：矩形中的点都是两条垂直线段的交点，有效子矩形可以在边界包含障碍点（见图 12-43）。

　　根据极大化思想，利用前面的方法解决，但需要对边界包含障碍的情况做特殊处理。这里不再赘述。

　　类型 2：矩形中的点是单位方格，有效子矩形不能包含任何障碍点（见图 12-44）。处理方法与类型 1 基本相同。

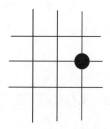
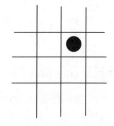

图 12-43　矩形中的点都是两条垂直线的交点　　　　图 12-44　矩形中的点是单位方格

下面看几个极大化思想的应用实例。

【例题12.4】奶牛浴场

John 要在矩形牛场中建造一个大型浴场，这个大型浴场不能包含任何一个奶牛的产奶点，但产奶点可以出现在浴场的边界上。John 的牛场和规划的浴场都是矩形，浴场要完全位于牛场之内，并且浴场的轮廓要与牛场的轮廓平行或者重合。要求所求浴场的面积尽可能大。

参数约定：产奶点的个数 s 不超过 5 000，牛场的范围 $n \times m$ 不超过 30 000 $\times$ 30 000。

题目的数学模型就是给出一个矩形和矩形中的一些障碍点，求矩形内的最大有效子矩形。这正是前面所讨论的最大子矩形问题，因此枚举法和递推法都可以解决这个问题。下面分析两种算法应用在本题上的优劣：

对于枚举法，不用加任何的修改就可以直接应用在这道题上，时间复杂度为 $O(s^2)$，s 为障碍点个数；空间复杂度为 $O(s)$。

对于递推法，需要先做一定的预处理。由于递推法的时间复杂度与牛场的面积有关，而题目中牛场的面积很大（30 000 $\times$ 30 000），因此需要对数据进行离散化处理。离散化后矩形的大小降为 $s \times s$，所以时间复杂度为 $O(s^2)$，空间复杂度为 $O(s)$。需要注意的是，为了保证算法能正确执行，在离散化的时候需要加上 s 个点，因此实际需要的时间和空间较大，而且编程较复杂。

以上的分析可以得出，无论从时空效率角度，还是编程复杂度的角度来看，这道题采用枚举法相对较好。

【例题12.5】切割糖果盒

一个被分为 $n \times m$ 个格子的糖果盒（$1 \leqslant n$，$m \leqslant 1\,000$），第 i 行第 j 列位置的格子里面有 $a[i, j]$ 颗糖，但糖果盒的一些格子被老鼠洗劫。现在要从这个糖果盒里面切割出一个矩形糖果盒，新的糖果盒不能有洞，并且希望保留在新糖果盒内的糖的总数尽量多。

首先需要注意的是：本题的模型是一个数字矩阵，而不是几何矩形。在数字矩阵的情况下，由于点的个数是有限的，所以又产生了一个新的问题——最大权值子矩阵。

下面明确几个概念：

有效子矩阵为内部不包含任何障碍点的子矩形。与有效子矩形不同的是，有效子矩阵的边界上不能包含障碍点。

有效子矩阵的权值（只有有效子矩阵才有权值）为这个子矩阵包含的所有点的权值和。

最大权值有效子矩阵为所有有效子矩阵中权值最大的一个（以下简称最大权值子矩阵）。

本题的数学模型就是正权值条件下的最大权值子矩阵问题。再一次利用极大化思想，因为矩阵中的权值都是正的，所以最大权值子矩阵一定是一个极大子矩阵。这里我们只需要枚举所有的极大子矩阵，就能从中找到最大权值子矩阵。同样，枚举法和递推法也都可以解决这个问题。下面分析两种算法应用在本题上的优劣：

对于枚举法，由于矩形中障碍点的个数是不确定的，而且最大有可能达到 $n \times m$，这样时间复杂度有可能达到 $O(n^2m^2)$，空间复杂度为 $O(nm)$。此外，由于矩形与矩阵的不同，所以在处理上会有一些麻烦。

对于递推法，稍加变换就可以直接使用，时间复杂度为 $O(nm)$，空间复杂度为 $O(nm)$。显然，枚举法并不适合这道题，因此最好还是采用递推法。

【例题12.6】建设谷仓

John 想在正方形农场上建一个正方形谷仓，农场的规模为 $n \times n$（$n \leqslant 1\,000$）。由于农场上有 t 棵树（$t \leqslant 10\,000$），而 John 不想砍这些树，因此要找出一个最大的不包含任何树的正方形场地（每棵树都可以看做一个点）。

 思路点拨

本题虽然是矩形问题，但要求的是最大子正方形。首先明确一些概念：

① **有效子正方形**为内部不包含任何障碍点的子正方形。

② **极大有效子正方形**为不能再向外扩展的有效子正方形，以下简称极大子正方形。

③ **最大有效子正方形**为所有有效子正方形中最大的一个（或多个），以下简称最大子正方形。

本题的模型较特殊，要在一个含有一些障碍点的矩形中求最大子正方形，这与前两题的模型是否有相似之处呢？下面还是从最大子正方形的本质开始分析。

与前面的情况类似，利用极大化思想，可以得到一个定理：

[定理 4] 在一个有障碍点的矩形中的最大有效子正方形一定是一个极大有效子正方形。

根据[定理 4]，我们只需要枚举出所有的极大子正方形，就可以从中找出最大子正方形。极大子正方形有什么特征呢？所谓极大，就是不能再向外扩展。如果是极大子矩形，那么不能再向外扩展的充要条件是 4 条边上都覆盖了障碍点（即[定理 2]）。类似的，一个有效子正方形是极大子正方形的充要条件是它的任何两条相邻边上都覆盖了至少一个障碍点。根据这一点，可以得到一个重要的定理：

[定理 5] 每一个极大子正方形都至少被一个极大子矩形包含，且这个极大子正方形一定有两条不相邻的边与这个包含它的极大子矩形的边重合。

根据[定理 5]，我们只需要枚举所有的极大子矩形，并检查它所包含的极大子正方形（一个极大子矩形包含的极大子正方形都是一样大的）是否是最大的就可以了。这样，问题的实质和前面所说的最大子矩形问题是一样的，同样的，所采用的算法也一样。

因为枚举法和递推法都枚举出了所有的极大子矩形，因此，枚举法和递推法都可以解决这个题。具体的处理方法如下：对于每一个枚举出的极大子矩形，如图 12-45 所示，如果它的边长为 a、b，那么它包含的极大子正方形的边长即为 $\min(a,b)$。

考虑到 n 和 t 的大小不同，所以不同的算法会有不同的效果。下面分析两种算法应用在本题上的优劣：

对于枚举法，时间复杂度为 $O(t^2)$，对于递推法，时间复杂度为 $O(n^2)$。因为 $n<t$，所以从时间复杂度的角度看，递推法比枚举法要好。考虑到两个算法的空间复杂度都可以承受，所以选择递推法相对较好。

我们利用极大化思想和寻找最大子矩形的两种常用算法解决了 3 个具有一定代表性的例题。解题的关键就是如何利用极大化思想转换模型和选择算法，可以从中得到如下启示：

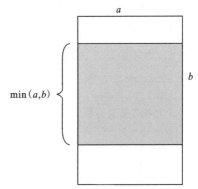

图 12-45 对枚举出的极大子矩形求极大子正方形

设计算法要从问题的基本特征入手，找出解题的突破口。针对大部分最大子矩形问题及相关变形问题，提出了枚举法和递推法。在不同的情况下，这两种算法的效率各有千秋：枚举法是针对障碍点来设计的，因此时间复杂度与障碍点有关；递推法是针对整个矩形来设计的，因此时间复杂度与矩形面积有关。虽然两种算法看起来有着巨大的差别，但本质是相通的，都是利用极大化思想，从枚举所有的极大有效子矩形入手，找出了解决问题的方法。需要说明的是，虽然从极大化思想的角度来看，这两种算法的时间复杂度已经不能再降低了，因为极大有效子矩形的个数就是 $O(nm)$ 或 $O(s^2)$ 的，但并不能因此而断言其他效率更高的算法就不存在。在解决实际问题时，仅靠套用经典算法是不够的，还需要对问题进行全面、透彻地分析，多设想几套解题方案，在比较中寻找最优解法。

12.1.4 利用半平面交的算法计算凸多边形

平面上的直线及其一侧的部分称为半平面，在直角坐标系中可由不等式 $ax+by+c\geq0$ 确定（见图 12-46（a））。在一个有界区域里（在实际计算时不妨设一个足够大的边界），半平面或半平面的交是一个凸多边形区域（图 12-46（b））。n 个半平面的交 $H_1\cap H_2\cap\cdots\cap H_n$ 是一个至多 n 条边的凸多边形，例如图 12-46（c）中有 5 条直线，其中直线 L_i 及其一侧的部分组成半平面 H_i（$1\leq i\leq5$），5 个半平面的交 $H_1\cap H_2\cap\cdots\cap H_5$ 是一个凸 5 边形。

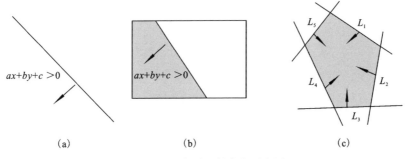

图 12-46 半平面的定义示意图

下面来学习一些半平面或半平面交的知识，因为现实生活中的许多几何问题可以借助半平面交的算法解决。

1. 半平面交的联机算法

```
PROC intersection of half-planes; /*输入 n 个半平面 H₁, H₂, …, Hₙ 对应的不等式组 aᵢx+bᵢy+
cᵢ≥0(1≤i≤n)，输出 H₁∩H₂∩…∩Hₙ*/
初始化区域 A 为整个平面;
For i←1 to n do
{用直线 aᵢx+bᵢy+cᵢ=0 切割 A,保留使不等式 aᵢx+bᵢy+cᵢ≥0 成立的部分}; /*For*/
输出 A;
 End; /*intersection of half-planes*/
```

本算法的时间复杂度为 $O(n \times n)$，并具有联机的优点。

2. 半平面交的分治算法

假设整个半平面由两部分组成：一部分是 m 个半平面的交；一部分是 m 个半平面的交。如果可以在 $O(m+n)$ 的时间内将 m 个半平面的交这两部分的交合并，则可以有一种 $O(n \times logn)$ 的分治算法求整个半平面的交。

```
PROC intersection of half-plane (D&C); /*输入 n 个半平面 H₁, H₂, …, Hₙ 对应的不等式
组 aᵢx+bᵢy+cᵢ≥0(1≤i≤n)，输出 H₁∩H₂∩…∩Hₙ*/
End;                                    /*intersection of half-plane*/
```

算法分为如下几步：

步骤 1：将 $H_1, \cdots, H_n$ 分成两个大小近似相等的集合。

步骤 2：在每个子问题中递归地计算半平面的交。

步骤 3：合并两个凸多边形区域形成 $H_1 \cap H_2 \cap \cdots \cap H_n$。

显然，步骤 1 的时间复杂度为 $O(n \times log_2 n)$。如果步骤 3 在 $O(m+n)$ 的时间里求出了两个凸多边形的交，则分治算法计算半平面交的时间代价约为 $O(n \times log_2 n)$。所以问题的关键为步骤 3，即怎样在 $O(m+n)$ 的时间内求两个凸多边形的交。

如图 12-47 所示，在 $O(m+n)$ 的时间内将两个凸多边形沿平行于 y 轴方向切割成至多 $m+n$ 个梯形区域，每两个梯形区域的交可以在 $O(1)$ 时间内解决。

为了便于操作，采用图 12-48 所示方法描述凸多边形。

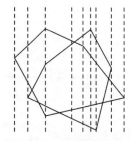

图 12-47　纵线切割两个凸多边形

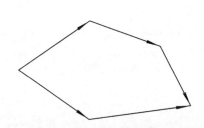

图 12-48　用另一种方法描述凸多边形

凸多边形上方和下方的结点分别构成了一个 x 坐标递增序列。将这两个序列中的结点分别作为一个链表存储，得到确定凸多边形区域的上界和下界。由此得出算法：

```
PROC intersection of convex polygon(A,B); /*输入两个凸多边形区域A、B，输出 C=A∩B*/
End;                                       /*intersection of convex polygon*/
```

算法分为如下几步：

步骤 1：将两个凸多边形的结点 x 坐标分类，得到序列 x_i，$i=1,\cdots,p$。

步骤 2：初始化区域 C 为空。

步骤 3：处理$\{x_1\}$。

步骤 4：依次处理区域(x_i,x_{i+1})，$i=1,\cdots,p-1$。

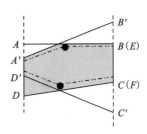

图 12-49　计算两个凸多边形的交

- 计算两个多边形（见图 12-49 中的 ABCD 和 A′B′C′D′）在此区域里截得的梯形（可能退化）。
- 求交点 $AB\cap A'B'$、$AB\cap C'D'$、$CD\cap A'B'$，将存在的点按 x 坐标排序，删除重复，添加到 C 的上界中。用类似的方法求 C 的下界。
- 计算此区域的右侧边界：$EF=BC\cap B'C'$。将 E、F 分别加入 C 的上界和下界。

步骤 5：输出 C。

分析时间复杂度：

步骤 1 中由于 A、B 的上下界 x 坐标分别有序，可采用归并排序，因此时间复杂度为 $O(m+n)$。

步骤 4 中由于是按照 x 递增的顺序扫描这些区域，每条边界上的指针在整个过程中始终向右移动，两个多边形的每个结点至多扫描一次，因此时间复杂度为 $O(m+n)$。

所以，计算两个凸多边形交的时间复杂度为 $O(m+n)$。

下面通过实例来体会半平面交算法的应用价值。

【例题12.7】近与远

游戏者 A 和游戏者 B 在 10×10 的棋盘上进行一个游戏。游戏者 A 确定一个点 P，游戏者 B 每回合移动一次。每次游戏者 A 都会告诉游戏者 B，游戏者 B 当前所处的位置是离 P 更近了（Hot）还是更远了（Cold）（原题还要考虑距离不变的情况）。

请在游戏者 A 每次回答后，确定 P 点可能存在的区域的面积。

思路点拨

解法 1：利用图的性质解题

首先证明可能的位置图形一定是个凸多边形：因为每次对游戏者 B 的回答，就可以确定可能的位置在出发点和到达点中垂线的哪一边或者就是中垂线，每次的可能图形都是凸多边形。所以这个图形是许多个凸多边形的交集，组成了一个凸多边形。

接下来就可以解题了，先令多边形为一个四边形，4 个顶点的坐标分别为 (0,0)、(0,100)、(100,100)、(100,0)，然后根据每次游戏者 A 对游戏者 B 的回答，用这条中垂线将多边形分成 2 部

分，取可能的那部分即可。例如，游戏者 B
从(0,0)出发走至 B'，游戏者 A 回答 Hot，则 P
点的可能区域为凸 5 边形 *EFCDA*，游戏者 B
从 B'走至 B''，游戏者 A 回答 Hot，则 P 点的
可能区域为凸四边形 *HCFG*（见图 12-50）。

不过这样并不是完全正确的，必须考虑
到特殊情况，如游戏者 A 到达的点和游戏者
B 所在的点完全相同，这时就不存在中垂线
了，这些都是解题中要注意的重点。

在这道题中用到了很多解析集合的知
识，包括求线段之间的交点、判断点是否在
线段的两边、证明最终图形是凸多边形等。

解法 2：计算半平面交

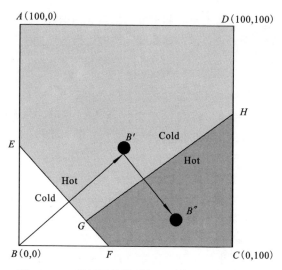

图 12-50　利用图的性质解"近与远"的游戏题

假设游戏者 B 从 $C(x_1,y_1)$ 移动到了 $D(x_2,y_2)$，
若当前回合中游戏者 A 回答 Hot，则点 $P(x,y)$所处的位置满足 $|CP|>|DP|$，即对应于不等式

$$(2 \times x_2-2 \times x_1) \times x+(2 \times y_2-2 \times y_1) \times y+x_1 \times x_1+y_1 \times y_1-x_2 \times x_2-y_2 \times y_2>0$$

类似地，游戏者 A 回答 Cold，点 $P(x,y)$所处的位置满足$|CP|<|DP|$，即对应于不等式

$$(2 \times x_2-2 \times x_1) \times x+(2 \times y_2-2 \times y_1) \times y+x_1 \times x_1+y_1 \times y_1-x_2 \times x_2-y_2 \times y_2<0$$

初始时可能的区域是[0,10]×[0,10]。每回合后都用相应的不等式对应的半平面与当前区域求
交，并输出交的面积。

由于该题是用几个半平面顺次交，并且每次都要输出面积，显然采用联机算法合适。

12.2　应对存在性问题的策略探讨

应对存在性问题，一般有两种策略：
① 直接通过几何计算求解。
② 转换几何模型求解。

12.2.1　直接通过几何计算求解

存在性问题可以用几何计算的方法直接求解，如果求得可行解，则说明是存在的，否则就是
不存在的。由于计算可行解需要枚举所有可能方案，一般计算过程较长，因此必须选择高效率的
几何模型。

【例题12.8】观察点

已知一个多边形 P（不一定是凸的），问在 P 中是否存在点 Q，在 Q 点能观察到整个多边形
区域（例如图 12-51）。

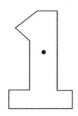 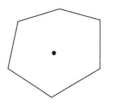

图 12-51　两个不同类型多边形内的观察点

 思路点拨

假设多边形的边界点按逆时针方向给出 $V_0V_1V_2\cdots V_n$，其中 $V_0=V_n$。能够观察到边 V_iV_{i+1} 的点 Q_i 一定满足

$$\overrightarrow{Q_iV_i} * \overrightarrow{Q_iV_{i+1}} \geqslant 0 \quad (i = 0,1,\cdots,n-1)$$

而且能观察到所有边的点一定能够观察到整个多边形区域，例如图 12-52 所示的五角星，每条直线 L_i 及其一侧的部分组成半平面 H_i（$1\leqslant i\leqslant 5$），5 个半平面的交 $H_1\cap H_2\cap\cdots\cap H_5$ 是一个凸 5 边形，位于凸 5 边形内部的任意点均满足上述条件，因此能观察到整个五角星区域。

如果用坐标进行叉积运算，则每个约束条件都对应一个二元一次不等式（也对应于一个半平面）。本题就可以转化为求这 n 个半平面的交是否不为空。

图 12-52　位于凸 5 边形内部的点能观察到整个五角星区域

【例题12.9】铁人三项赛

n 名选手参加铁人三项赛，比赛按照选手在 3 个赛段中所用的总时间排定名次。已知每名选手在 3 个项目中的速度为 u_i、v_i、w_i。

问对于选手 i，能否通过适当的安排 3 个赛段的长度（但每个赛段的长度都不能为 0）来保证他获胜。

 思路点拨

假设 3 个赛段的长度分别为 x、y、z，则选手 i 胜于选手 j 的充要条件是

$$\frac{x}{u_i}+\frac{y}{v_i}+\frac{z}{w_i}<\frac{x}{u_j}+\frac{y}{v_j}+\frac{z}{w_j} \quad (i\neq j)$$

该充要条件是一个三元齐次不等式组，由于 $z>0$，所以不妨将每个不等式两侧都除以 z，并令 $X=\dfrac{x}{z}$，$Y=\dfrac{y}{z}$，就得到

$$\left(\frac{1}{u_j}-\frac{1}{u_i}\right)\times X+\left(\frac{1}{v_j}-\frac{1}{v_i}\right)\times Y+\left(\frac{1}{w_j}-\frac{1}{w_i}\right)>0$$

本题就可以转化为求这 $n-1$ 个不等式对应的半平面的交，并判断其面积是否大于 0（即排除空集、点、线段的情况）。

例题 12.8 和例题 12.9 最终都转化为二元不等式组解的存在性问题，可以用分治算法较有效地解决。但两个例题在对多边形的边界处理上略有不同，一个是等于 0、一个是大于等于 0。也就是说，大于等于的不等式要考虑退化为点、线的情况，稍微复杂一些。

12.2.2 转换几何模型求解

在计算存在性问题的过程中，模型的效率与模型的抽象化程度有关，模型的抽象化程度越高，它的效率也就越高。几何模型的抽象化程度非常低，而且存在性问题一般在一个测试点上有好几组测试数据，几何模型的效率显然远远不能满足要求，这就需要对几何模型进行一定的变换，转换成高效率的模型，下面就通过一个例子来对这种方法进行阐述。

【例题12.10】走路

在一个无限长的条形路上，有 n（$n \leq 200$）个柱子，体积不计，有一个人想从左边走到右边，人近似看成一个半径为 R 的圆（见图 12-53），问能否实现。

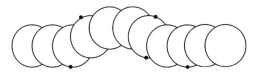

图 12-53 "走路"例题

思路点拨

显然，最基本的解题方法是由左向右扫描每根柱子所在的竖列，计算可走到的范围。如果人能够通过每根柱子所在的列，则有解，否则无解。但问题是，在左端和右端的两根柱子相距非常远的情况下，这种计算方法的时间复杂度非常高，所以应该对这个几何模型进行转化。

首先在这个图形中，不动的是柱子（近似看成点），动的是人（近似看成一个圆），如图 12-54（a）所示，处理起来比较麻烦。因此，应该把人的活动轨迹转换成不动的点，即圆转换成圆心位置上的一点。对这个位置来说，与柱子的距离不能小于 R，可以把每根柱子转换为以其为圆心，半径为 R 的圆，这样就可以使计算简单很多（见图 12-54（b））。

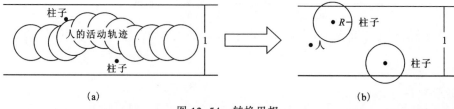

(a)　　　　　　　　　　　　　　　　(b)

图 12-54 转换思想

不过转换成这个模型后，问题还没有得到根本的解决，必须进一步的转换：

前两个算法有一个共同的特点，就是计算的都是圆外部分，而计算圆内部分的连通性显然比计算圆外部分要简单，所以现在的目标就是把圆外部分转换成圆内部分。

由于左右方向上无穷长，因此如果左右部分在圆外相通，那么上下两条直线在圆内部分就不相通（见图 12-55（a））；反之如果左右部分在圆外不相通，那么上下两条直线在圆内部分就相通（见图 12-55（b））。为此，我们可以将对每一个竖列的扫描转换成对每一个横行的扫描，而且又是在圆内操作，这样效率就大大提高了。

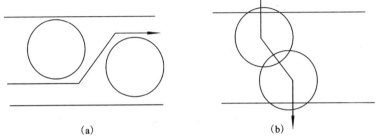

（a）　　　　　　　　　　　　　（b）

图 12-55　进一步转换思想

但是前面的转换对模型的抽象化程度却没有改进，如何在这方面进行改进无疑是最关键的。

分析圆的特性，任意两个同属于一个圆的点必定是相通的，这就启发我们利用圆的特性，把难以处理的区域转换成几个具有代表性的点，使其能够完全表示出区域的连通性。显然，取每个圆的圆心是最好不过了，因为每个圆的大小完全相同，不存在包含、相切（若内切，则为重合；若外切，则中间不连通）等复杂关系，只有相交和相离的关系。为了表示无限长的条形路，我们虚拟一个源点 s 和一个汇点 t。如果两个圆之间相交（$(x[i]-x[j])^2+(y[i]-y[j])^2 \leqslant 4R^2$），那么这两个圆就是相通的，可以在这两个圆之间连一条边，上方的圆（圆心的 y 坐标 $\leqslant R$）与源点 s 连一条边，下方的圆（圆心的 y 坐标 $\geqslant 1-R$）与汇点 t 连一条边（见图 12-56）。

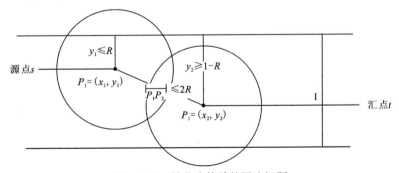

图 12-56　转化为简单的图论问题

这样，人能否从左边走到右边的问题与源点和汇点之间是否无路的问题就完全对应起来了。显然，这个存在性问题通过计算图的传递闭包就可以判断了，一个看似复杂的几何问题转变成了简单的图论问题。

12.3　应对最佳值问题的策略探讨

应对最佳值问题，一般有 3 种策略：
① 采用高效的几何模型。
② 采用极限法。
③ 采用逼近最佳解的近似算法。

12.3.1　采用高效的几何模型

如果能够找到计算几何最优值的数学模型，且求解该模型有现成算法，则理想方案自然是选择该模型。

【例题12.11】面包

SRbGa 有一块凸 n 边形面包和一盆面积足够大但深度仅为 h 的牛奶。他想仅蘸 k 次（每次都保证面包垂直于盆底），使得面包蘸上牛奶的部分面积最大（$1 \leqslant n \leqslant 8$，$1 \leqslant k \leqslant n$）。

 思路点拨

由于本题规模不大，考虑使用深度优先搜索。

蘸一条边，该边的直线方程向凸 n 边形内的一侧平移 h 个单位，剩下的部分对应一个半平面（见图 12-57），某种蘸 k 条边 $E_1, E_2, \cdots, E_k$ 的方法，剩下的部分就对应于这 k 个半平面和原凸 n 边形的交。考察 $C(n,k)$ 种蘸法，选择其中剩下面积最小的那种。

该题如果用脱机的分治算法，复杂度为 $O(C(n,k) \times (n+k \times \log k))$；如果用联机算法，复杂度为 $O(C(n,k) \times n)$，且便于在搜索的过程中剪枝。显然此问题应采用联机算法。

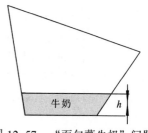

图 12-57　"面包蘸牛奶"问题

【例题12.12】计算距离最远点

在一个矩形 R 中有 n 个点 $P_1, P_2, \cdots, P_n$。现指定一个点 P_i，请找出一个点 $Q \in R$ 使得 $\min(|QP_i|)$ 最大。

 思路点拨

将 R 分成 n 个区域 $Q_1, Q_2, \cdots, Q_n$，Q_i 是离 P_i 点的距离比离其他点都小的点集：
$$Q_i = \{Q \,\|\, QP_j | \geqslant | QP_i |, j \neq i\} \cap R$$
Q_i 可通过在 P_iP_j（$1 \leqslant j \leqslant n, i \neq j$）的中垂线 P_i 一侧的半平面的交求得，其形状为一个凸多边形。例如图 12-58 中的 4 条直线分别为 P_1 与 P_2、P_1 与 P_3、P_1 与 P_4、P_1 与 P_5 的中垂线，4 条直线围成

的凸 4 边形, 即 Q_1。

在 Q_i 里, 离 P_i 最远的点只能出现在凸多边形 Q_i 的结点上, 求其中最远的点即可。

求半平面的交采用分治算法, 复杂度为 $O(n \times \log n)$, 对应于 P_i 的多边形最多有 $O(n)$ 个结点, 因此求 Q_i 中的最远点复杂度为 $O(n)$, 总的复杂度为 $O(n \times n \times \log n)$。

实际上, 每个点与其他点连线的中垂线构成了一个凸 $n-1$ 边形。由以上方法定义的 n 个多边形区域 $Q_1, Q_2, \cdots, Q_n$ 就组成了一个 Voronoi 图（见图 12-59）。

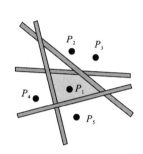

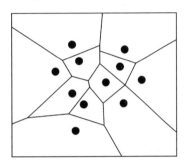

图 12-58　4 条直线围成凸 4 边形　　　图 12-59　n 个多边形区域 $Q_1, Q_2, \cdots, Q_n$ 组成一个 Voronoi 图

Voronoi 图是计算几何中仅次于凸包的几何对象, 有着非常广泛的应用。利用半平面的交求 Voronoi 图的方法并不是最优的, 分治算法、平面扫描法等许多算法都能达到 $O(n \times \log n)$ 的时间复杂度。但这些算法过于复杂, 由于篇幅有限, 这里不做讨论, 读者可参阅有关书籍。

12.3.2　采用极限法

在平面几何问题中经常会遇到一些求极值的问题。由于诸多原因（例如, 自变量和目标函数涉及坐标、斜率、长度、角度、周长、面积等复杂运算；变量的取值方案过多, 点的取值范围可能是整个平面或在某条直线上；约束条件苛刻）, 使得其中有些极值问题不能直接用数学递推的方法求解, 或者通过穷举所有取值方案来找最值的方法也行不通。这时往往能够通过极限法证明：自变量取某些非特殊情况值时目标函数不可能是最优的——因为这时经过微调一个无穷小量能够使得目标函数的值变得更优, 从而剩下有限种特殊的取值情况可能成为最优解, 通过枚举所有特殊情况就能找到目标函数的最优解了。需要说明的是, 极限法中微调一个无穷小量是指旋转一个足够小的角度, 或微移一段足够小的距离, 使点的相对位置、线段的相交情况等不发生改变。极限法的本质类似于对目标函数求导, 如果导数不为 0 且自变量不在定义域的边界, 则不可能为最优值。这正是采用"极限法"命名的原因。

以上就是极限法的大致思想, 它的作用就是：化无限为有限, 变有限为少量。

极限法的应用实例非常多, 如经典的最小矩形覆盖问题（平面上有 n 个已知点, 求一个面积最小的矩形, 使得所有已知点都在矩形的内部）就是通过极限法证明了最小矩形的某条边必须过两个已知点, 从而大大减少了需要枚举的矩形数目。然而有时候极限法的证明比较困难, 需要涉及三角函数等复杂的数学知识, 使用起来也有一定难度, 可能会因为情况复杂而不知所措。因此真正掌握极限法, 除了需要扎实的数学功底外, 敏锐的观察力及丰富的解题经验也是必不可少的。

下面就用极限法来解决一些典型的问题，从实例的分析中一步步引导读者体会极限法的用途和用法。

【例题12.13】巧克力

糖果厂有一种凸起的 N（$4 \leqslant N \leqslant 50$）边形巧克力，Kiddy 和 Carlson 凑钱买了一块，想把它用一刀割成两半。两半的大小必须相等，找出用以分割巧克力的分割线的最短长度。

 思路点拨

本题的数学模型：已知 N 个点 (X_i, Y_i)（$1 \leqslant i \leqslant N$）构成一凸包 P（已知量），求一条分割线 L，使得 L 两侧的面积相等（约束条件），并且使 L 的长度（目标函数）最小。

设分割线 L 的两个端点分别为 A、B，L 既可能过凸包 P 的结点，也可能不过，分这两种情况讨论：

① A 在凸包 P 的结点上（如果 B 在 P 的结点上，此时交换 A、B 两点）：显然可以枚举凸包 P 中的一个结点作为 A，由分割线两侧面积相等这一约束条件直接确定 B 的位置，如图 12-60 所示。

② A、B 都在凸包 P 的边上：枚举 A、B 所在的两条边，设这两条边相交于 C，如图 12-61 所示。

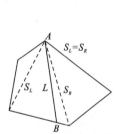

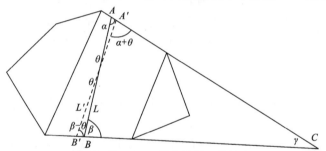

图 12-60　A 在凸包 P 的结点上　　　　图 12-61　A、B 都在凸包 P 的边上

设 $\angle C = \gamma$，$\angle CAB = \alpha$，$\angle CBA = \beta$。当 $\alpha \neq \beta$ 时，可以得出如下定理：

[定理 6] 把分割线 L 稍微旋转一个无穷小量 θ 到 L' 并保持 L' 两边的面积相等，能够使 L' 的长度小于 L。

证明： 不妨设 $\alpha > \beta$，旋转后 L' 仍与原来的两边相交（因为仅旋转了一个无穷小量），交点为 A'、B'，$\angle CA'B' = \alpha + \theta$，$\angle CBA = \beta - \theta$。

在三角形 ABC 中，有正弦定理：$\dfrac{AC}{\sin \beta} = \dfrac{BC}{\sin \alpha} = \dfrac{L}{\sin \gamma}$；

在三角形 $A'B'C$ 中，有正弦定理：$\dfrac{A'C}{\sin(\beta - \theta)} = \dfrac{B'C}{\sin(\alpha + \theta)} = \dfrac{L'}{\sin \gamma}$；

由于 L 和 L' 都是分割线，所以 $S_{ABC} = S_{A'B'C}$，即

$$\frac{1}{2} AC \cdot BC \sin \gamma = \frac{1}{2} A'C \cdot B'C \sin \gamma$$

$$\Leftrightarrow AC \cdot BC = A'C \cdot B'C$$

$$\Leftrightarrow \frac{L \sin \beta}{\sin \gamma} \frac{L \sin \alpha}{\sin \gamma} = \frac{L' \sin (\beta - \theta)}{\sin \gamma} \frac{L' \sin (\alpha - \theta)}{\sin \gamma}$$

$$\Leftrightarrow \frac{L^2}{L'^2} = \frac{\sin (\beta - \theta) \sin (\alpha + \theta)}{\sin \beta \sin \alpha}$$

$$= \frac{-\dfrac{1}{2}[\cos (\beta + \alpha) - \cos (\beta - \alpha - 2\theta)]}{-\dfrac{1}{2}[\cos (\beta + \alpha) - \cos (\beta - \alpha)]}$$

$$= \frac{\cos (\beta + \alpha) - \cos (\beta - \alpha - 2\theta)}{\cos (\beta + \alpha) - \cos (\beta - \alpha)}$$

因为 $\pi > \beta > \alpha > 0$；

所以 $\pi > \beta - \alpha > 0$；

$$\cos (\beta - \alpha - 2\theta) > \cos (\beta - \alpha);$$

$$\frac{\cos (\beta + \alpha) - \cos (\beta - \alpha - 2\theta)}{\cos (\beta + \alpha) - \cos (\beta - \alpha)} > 1;$$

所以 $L^2 > L'^2$，即 $L' < L$。如果 A、B 所在的两边平行（即 C 在无穷远处），也有相同的结论（见图 12-62）。

因此若 $\beta > \alpha$ 时，L 不可能为最短分割线。同理，当 $\beta < \alpha$ 时，L 也不可能是最短的。由此得出这么一个结论：

若 L 是不过凸包 P 的结点的最短分割线，那么 L 与凸包 P 的两个夹角必然相等。

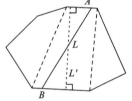

图 12-62 A、B 所在的两边平行

这就是我们希望得到的，因为枚举 L 两个端点 a、b 所在的边后，L 的斜率就确定了。需要枚举的 (a, b) 只有 N 对，可以用滑动指针的算法找到所有这样的边对。根据 P 在 L 两边面积等的约束条件，可直接算出 L 的位置。由此得到时间复杂度为 $O(N)$ 的算法。

通过此题，我们已经初次接触到了极限法，并利用它得到了一个简单的结论，使得最短分割线 L 的取值范围从无穷多条减少到了有限条，从而通过简单的穷举法解决。

【例题12.14】太空站

平面上有 n（$3 \leq n \leq 10\ 000$）个互不重合的点，要求一条直线，使得所有点到这条直线的距离和最小。

 思路点拨

本题的数学模型：已知 n 点的坐标分别为：$V_1(x_1, y_1)$，$V_2(x_2, y_2)$，$\cdots$，$V_n(x_n, y_n)$。直线 $l(ax + by + c = 0$（$ab \neq 0$））的 f 值定义为

$$f(l) = \sum_{i=1}^{n} \text{点 } i \text{ 到直线 } l \text{ 的距离} = \sum_{i=1}^{n} \frac{|ax_i + by_i + c|}{\sqrt{a^2 + b^2}}$$

求 $\min\{f(l)\}$。

最容易想到的做法是枚举所有的直线，从中找最优值。但平面中的直线有无穷多条，怎样的直线才有可能是要找的那一条呢？

① 规定直线 l 经过某一个已知点。若 l 不经过任何一个已知点，则 l 两侧肯定有一侧的点数不少于另一侧。设多的一侧有 a 个点，少的一侧有 b 个点（见图 12-63（a）），将 l 往点多的那侧平移一个微量 Δ 到 l'，则 $f(l')-f(l)=b\Delta-a\Delta=(b-a)\Delta\le0$，故 $f(l')\le f(l)$（见图 12-63（b））。

所以已知点相对于 l 的位置未发生改变，即 a、b 值未变。可不断往同一个方向平移 l 直至碰到一个已知点，到 l'' 处，同样有 $f(l'')\le f(l)$。l'' 经过某一个已知点，且费用不比 l 高（见图 12-63（c））。

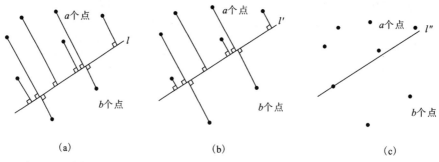

图 12-63 找一条直线使所有点到这条直线的距离和最小

② 直线 l 必经过两个已知点。原因如下：根据①，设 l 过 V_1 而不过其他点，记 L_i 为 V_i 到 V_1 的距离，α_i 为 V_i 到 V_1 的连线与 V_i 到 l 的垂线的夹角（见图 12-64）。

设直线绕 V_1 逆时针旋转一个很小的角度 $\alpha(\alpha\to0^+)$ 到 l'，l 顺时针旋转相同的角度 α 到 l''（见图 12-65）。

只要 α 足够小，就能使旋转过程中不碰到其他已知点。

如果 $\alpha_i=0$，那么不论直线旋转到 l' 还是 l''，V_i 到直线的距离都严格减小了（见图 12-66）。

如果 $\alpha_i\ne0$，则旋转后的夹角分别变为 $\alpha_i'=\alpha_i+\theta$（见图 12-67（a）），$\alpha_i''=\alpha_i-\theta$（见图 12-67（b）），对称情况是 $\alpha_i'=\alpha_i-\theta$，$\alpha_i''=\alpha_i+\theta$。

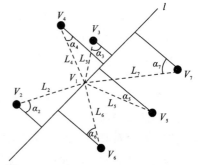

图 12-64 直线 l 过 V_1 而不过其他点

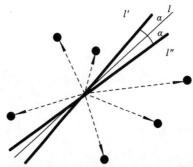

图 12-65 直线 l 绕 V_1 逆时针和顺时针方向分别旋转 α 角

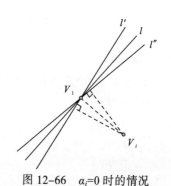

图 12-66 $\alpha_i=0$ 时的情况

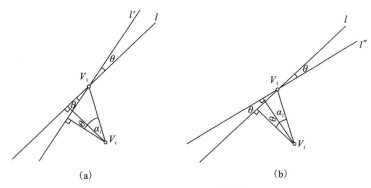

图 12-67　$\alpha_i \neq 0$ 的情况

由于 $\cos(\alpha_i - \theta) + \cos(\alpha_i + \theta) = 2\cos\alpha_i \cos\alpha < 2\cos\alpha_i$，所以

$$L_i \cos(\alpha_i - \theta) + L_i \cos(\alpha_i + \theta) = 2L_i \cos\alpha_i \cos\alpha < 2L_i \cos\alpha_i$$

将每点所做的改变量相加可以得出

$$\sum_{i=2}^{n} L_i \cos(\alpha_i - \theta) + \sum_{i=2}^{n} L_i \cos(\alpha_i + \theta) < 2\sum_{i=2}^{n} L_i \cos\alpha_i$$

即 $f(l') + f(l)'' < 2f(l)$。而由直线 l 的最优性可以知道：$f(l) \leqslant f(l')$，$f(l) \leqslant f(l)''$，$f(l') + f(l)'' \geqslant f(l) + f(l)$，矛盾。

因此，可以规定直线 l 必过两个已知点。

至此，待枚举的直线就变为了有限条，因此我们可以得到一个有效的算法了：

```
min←∞;
For i←1 To n do
 For j←i+1 To n do
   { 根据结点i和结点j确定直线h;
     计算直线 now←f(h);
     If now<min then{l←h, min←now}; /*Then*/
   }                               /*For*/
```

通过极限法，已经将需要考虑的直线从无限条转化为了有限的 n^2 条，从而能够设计出一个时间复杂度为 $O(n^3)$ 的算法解决问题。显然，要进一步提高时效，需要尽可能地避免枚举无用的直线。下面，再次用极限法进一步减少需要枚举的直线。

③ 分析直线两侧的点数的关系。

定义：直线 l 上方（若直线竖直则为右方）的点数为 $a(l)$；与直线 l 重合的点数为 $b(l)$；直线 l 下方（若直线竖直则为左方）的点数为 $c(l)$，如图 12-68 所示。

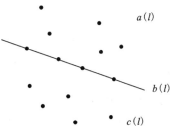

图 12-68　分成直线上、直线上方、直线下方的点数

最优直线的特征由一个定理给出：

[定理7]：若 l 是最优的，那么必有 $a(l) + b(l) > c(l)$ 且 $c(l) + b(l) > a(l)$。

证明：若 $a(l) + b(l) \leqslant c(l)$ 且 $c(l) + b(l) \leqslant a(l)$（见图 12-69（a））。先把直线往点数较多（可能相等）的一侧平移一个微量，到达

l'位置（见图 12-69（b））。显然，采用①的相同证法，有 $f(l') \leqslant f(l)$。由于移动的是一个微量，所以 l' 上没有其他已知点，在 l' 上任取一点 A（见图 12-69（c））。把 A 看成结论②中的 V_1，绕 A 微调，用类似②的证明方法，可得到 $f(l')$ 不可能为最优解的结论，因此 $f(l)$ 也不可能为最优解。

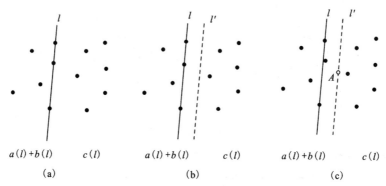

图 12-69　最优直线的特征及其证明

满足结论①②③的直线集合设为 E。可证 $|E|$ 为 n 级，用旋转方法可以使得从 E 中的一条直线找下一条直线花 $O(n)$ 的时间复杂度（旋转一周后便能把 E 中的所有直线找到），计算一条直线的 f 值也只需要 $O(n)$ 的时间复杂度，所以总的时间复杂度只需 $O(n^2)$。

回顾解题过程：初始时，l 的取值范围为平面中的所有直线。通过 3 种情况的分析，使得 l 的取值范围不断缩小。分析过程并不复杂，从本质上说，都是和极限法紧密相关的：

① 通过平移一个微量，证明某一类直线不可能为最优解，将 l 的取值范围从所有平面中的直线降为过一个已知点的直线，但没有明显减少的特征。

② 通过旋转一个微量，证明剩下直线中的某一类不可能为最优解，从而将 l 的取值范围限定为过两个已知点的直线，达到 n^2 条。

③ 通过平移一个微量和旋转一个微量，将 l 的取值范围限定为过两点且平分所有点的直线，使得待考虑的直线条数从 n^2 降到了 n。

通过本题可以看出解决平面最优化问题的一般规律：遇到问题后容易产生猜想，如最优解是不是满足某种性质？如果满足，是不是满足更特殊的性质等。这样不断地提出猜想并且尝试证明，使得自变量的取值范围不断缩小，直至不能再小或者达到我们满意的地步，剩下的工作就只需要通过枚举和计算就可以解决了。提出的这些猜想有的是正确的，有的存在反例，有的是显然易懂的，有的证明起来却很难。怎么形成猜想呢？最简单有效的方法就是通过一些简单的例子寻找一些规律，要靠认真地观察才能得到直觉和灵感。怎么证明猜想呢？最容易的方法是拿几个例子进行验证，如果有反例，那么猜想失败，需要部分的修改猜想或者提出全新的猜想；如果找不到反例，也并不代表猜想就是正确的，需要进行严密的逻辑推理来完整地证明，而极限法正是一个简单、实用的分析工具。

通过对前面两个例题的仔细分析，相信大家已经逐渐的了解了极限法的含义和用法，并且领略到了它的威力：简明而又实用。可以说，极限法是解决平面最优化问题的捷径。极限法在证明中需要有比较扎实的平面几何功底，使用起来有一定的难度。极限法的思想内涵要靠自己在分析的过程中去领会，灵活的掌握更需要经验的积累。

12.3.3 采用逼近最佳解的近似算法

如果问题规模较大、且难以找到有效算法，则可采用近似算法去逼近最佳解，近似算法的优劣完全取决于得出的解与最优解的近似程度。

【例题12.15】奶牛位置

一个农夫在一个 $x \times y$ 的矩形田地上放牧 n 只奶牛（$n \leq 25$），它们互相之间都非常敌视，所以都希望能够离其他奶牛尽量远。它们有自己的标准，就是离其他奶牛距离的倒数和越小越好，因为农夫想让它们尽量高兴，所以他必须找到一种方法使所有奶牛之间的距离的倒数和尽量小，请你来为他找到这种方案，他将按照方案的解和最优解的差距来付给你酬劳。

已知矩形田地的规模 x、y，奶牛的数量 n。要求计算 n 只奶牛的位置。

思路点拨

从题目中的一句话"按照方案的解和最优解的差距来付给你酬劳"可以看出，这是一道用近似算法求几何最值的问题。你的解与最优解越接近，得分越高，而接近程度完全取决于近似算法的优劣。

解法 1："直接模拟"法

最简单的想法就是：既然 n 最多也只不过是 25，就不妨来个"手算"，将手算得出的较优解按比例放到矩形里去。例如 $n=4$ 时，正方形上的 4 个角是最优解，对于 x 两个轴向上移动的和 y 值相差不大的矩形，这个方案也是最优的。但是当 x 和 y 值相差较大时，这种算法就显露出破绽了，x 和 y 值相差越大，得出的解与最优解差的越远，所以这种算法并不适用。

解法 2：贪心法

一般来说，在求最值的问题中，贪心法虽然不是精确的，但如果运算时间较短且错误率能够被控制，仍不乏其实用价值，我们不妨试用一下贪心法：第一只奶牛取 $(0,0)$，第二只奶牛取 (x, y)。然后用逐步求精法，依次贪心计算第三只奶牛，…，第 n 只奶牛的位置。

从矩形中央 $\left(\dfrac{x}{2}, \dfrac{y}{2}\right)$ 开始枚举第 i 只奶牛所有可能的位置 (x', y')：

$$x' = \frac{x}{2} + j \times \frac{x}{4^{p_1}}, \quad y' = \frac{y}{2} + k \times \frac{y}{4^{p_2}} \qquad \left(-2 \leq j, \ k \leq 2, \ \frac{x}{4^{p_1}}, \ \frac{y}{4^{p_2}} \geq 0.002\right)$$

公式说明如下：如 $j=0$，$k=0$，则第 i 只奶牛的位置就在矩形中央 $(\dfrac{x}{2}, \dfrac{y}{2})$。$j$，$k$ 的取值范围在 -2 至 2 之间，j 和 k 的正负号表示 (x', y') 与 $(\dfrac{x}{2}, \dfrac{y}{2})$ 间的方向关系，p_1、p_2 分别决定点 (x', y') 与点 $(\dfrac{x}{2}$,

$\frac{y}{2}$)之间的水平距离和垂直距离。

若 $j<0$，则点 (x', y') 位于 $(\frac{x}{2}, \frac{y}{2})$ 的左方，否则位于右方，$j=0$ 时，重合。两点间的水平距离为

$$\frac{|j| \times x}{4^{p_1}}$$

若 $k<0$，则点 (x', y') 位于点 $(\frac{x}{2}, \frac{y}{2})$ 的上方，否则位于下方，$k=0$ 时，重合。两点间的垂直距离为

$$\frac{|k| \times y}{4^{p_2}}$$

p_1 和 p_2 都是正整数，由数据大小据实验决定，控制 $\frac{x}{4^{p_1}}$，$\frac{y}{4^{p_2}} \geqslant 0.002$。

若 (x', y') 在界内，且与前 $i-1$ 头奶牛的位置未发生重合，离前 $i-1$ 只奶牛距离的倒数和最小，则确定第 i 头奶牛的最佳位置为 (x', y')（见图 12-70）。

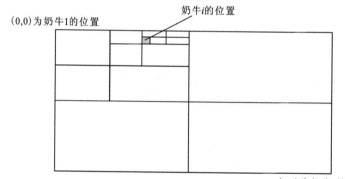

图 12-70 用贪心法计算奶牛位置

经过测试，上述算法的运行结果大都是最优解，即便是少数近似解，偏离最优解的程度也很小，所以贪心法是一种非常实用的近似算法。但无法证明其完全正确性，产生个别偏差自然在所难免。目前为止，还没有找到理论上成立的最佳解法，已知的各种解法都存在偏离最优的测试数据。读者不妨试一试非固定的随机化算法，看看有没有更出色的表现。

📖 小　结

ACM/ICPC 竞赛中的几何类试题一般分成 3 类：

① 纯粹的几何计算题。

② 几何的存在性问题，即判断一个几何问题是否存在可行解。

③ 求几何问题的最佳值。

本章介绍了应对这 3 类几何题的基本策略，其中穿插了一些竞赛需要的几何知识：

①　在计算几何问题上，要求读者在熟悉基本算法和经典算的基础上，了解一些拓展性的几何知识。

为此本章节针对几何计算上的 4 种特例，提出了有效的解决方法：

在计算长方体体积并的问题上，介绍了二重二叉树；

在平面或空间统计问题上，介绍了多维线段树和矩形切割思想；

在寻找最大子矩形的问题上，介绍了极大化思想；

在计算凸多边形问题上，介绍了求半平面交的算法。

本章在介绍相关概念的同时，对这些方法的思想实质、基本操作、改进和推广等内容进行了详细分析，并比较了各种方法的时空复杂度、优缺点和适用范围等，为读者今后选择适宜方法解题提供了思路。同时提醒读者，虽然这些方法是解决相关几何问题的利刃，但在实际应用中不能简单套用，需要对问题进行全面、透彻的分析，找出解题的"突破口"和应用的"着力点"，甚至还需要对几何模型作适当变换或对方法作局部调整后，才能真正解决问题。

②　在几何的存在性问题上，提出了两条求解途径：

● 通过直接计算可行解的途径回答存在性问题。由于计算可行解需要枚举所有可能方案，一般计算过程比较长，因此尽可能选择高效率的几何模型或数学模型。

● 通过几何变换得到高效率的模型，在此基础上回答存在性问题。

无论是选择模型还是几何变换，都需要充分探索问题的本质，挖掘隐含的线索，建立一个高效率的模型，使得任何相关的存在性问题都能够在这个模型上得到迅速回答。

③　在几何最佳值问题上，提出了 3 种基本策略：

● 在能够找到计算几何最优值的数学模型，且求解该模型有现成算法的情况下，自然是首选该模型。

● 如果微调一个无穷小量就能使目标函数值变得更优，则采用极限法。

● 在问题的规模比较大，难以找到有效算法的情况下，采用逼近最佳解、且能够控制运算时间和错误概率的近似算法。

在介绍这 3 种基本策略的基础上，指出了策略选择的优先顺序、适用条件和利弊关系："上策"是选择高效的几何模型，因为这种选择可能意味着问题的高效解决；"中策"是选择极限法，因为极限法虽然可能会使问题得到解决，但需要有比较扎实的平面几何功底，使用起来也有一定的难度；选择近似算法是无奈的"下策"，尽管近似算法一般比较容易实现，但存在出错的危险，且解答与最优解的近似程度不容易把握。